近代物理实验

主　编　管永精
副主编　黄宇阳　王慧娟　徐守磊
参　编　蓝志强　王戎丞　王祥高
　　　　张卫平　梁　毅　陆　翔

内 容 简 介

本书是广西大学物理实验教学中心多年来教学内容和课程体系改革的建设成果.本书在原有实验讲义的基础上,总结编者多年的教学实践经验,吸收物理学科和新技术的一些新成果,对原有内容进行筛选、增补和修订而成.在实验的选择上,编者选择了在近代物理学发展的一些重要领域中有代表性和基础性的实验,并吸收了编者在科学研究中的成果.

本书的目的是从培养学生的独立工作能力出发,使他们具备灵活运用实验方法去研究物理现象和规律的能力,以及将学科基础知识和近代高新技术相结合的能力.本书包括了原子与分子物理、微波与磁共振、核探测技术及应用、激光与光学、真空与薄膜技术等领域共 29 个实验.

本书可作为高等学校物理专业本科生和其他专业本科生或研究生的"近代物理实验"课程的教学参考书,也可供从事实验物理的科技人员参考.

前　言

"近代物理实验"是面向物理专业高年级本科生和除物理专业外的理工科专业研究生,以及对近代物理实验感兴趣的非物理专业本科生开设的实验课程.本实验课程的开设,旨在使学生掌握近代物理学发展过程中所涉及的某些关键实验的基本实验思路、方法和技术;使学生熟悉并掌握相关仪器的使用;培养学生观察、分析现象,独立操作,判断实验中尚存问题的能力;加深学生对有关物理概念的理解,正确认识物理概念的产生、形成和发展过程;培养学生严谨的科学作风,以及用实验方法研究物理现象与规律的独立工作能力;巩固和加强学生在数据处理、误差分析等方面的训练;逐步提升学生科学严谨、追求真理、精益求精、勇于创新的品质.

1993年,广西大学依托于物理实验教学中心在"工科物理实验"中增加"近代物理实验"项目,此后,"近代物理实验"成为物理实验的独立设课课程.数十年来,广西大学经历了若干重要的发展阶段,如1997年开始的"211工程",以及后来的中西部高校综合实力提升工程,陆续为"近代物理实验"课程投入经费并进行了必要仪器的更新,课程体系及内容不断完善,先后开设了多个经典实验项目.2015年,学院全面开展科教融合的教学改革,修订的新培养计划将实验内容分为经典实验和前沿科学技术实验.本着立德树人、教育优先发展、深化教育改革创新的精神,在广西壮族自治区教育厅和广西大学的支持下,学院对物理实验教学中心的实验设备进行了全面的扩充,对实验室环境进行了提升,极大地改善了教学条件.经过多年的教学积累,在吸收其他高校经验的基础上,我们对教学讲义进行了多次修订和完善,以此为基础编写了本书,力求适应物理实验教学的需要,适应学校科教融合的育人思路和国家的科教兴国、人才强国战略.书中每一个实验都介绍了实验目的、实验原理、实验仪器、实验内容、注意事项、思考题等,以便学生清楚地了解该实验的物理思想,能自行根据本书内容,独立进行实验.

实验教学工作是一项群体性的工作,从实验室的建设、教材的编写,到实验内容的改进和改革,都凝聚着教师们的心血.本书的编写,得到了广西大学优质教材倍增计划项目的资助.广西大学物理科学与工程技术学院承担"近代物理实验"课程教学的教师和相关专业教师共同参与了本书的编写工作.本书内容涵盖了学校多年来"近代物理实验"课程教学工作的经验和总结,包括自1993年以来参加"近代物理实验"课程教学工作的吴伟明、邓文、高英俊、阮向东、刘宏邦等教师的宝贵教学经验.

本书结合学校的特色,精选了原子与分子物理、微波与磁共振、核探测技术及应用、激光与光学、真空与薄膜技术等领域共29个实验.在这些实验中,有些是在近代物理学发展过程中起过重要作用的著名实验,有些是依托学院科研团队特色开设的研究性实验.

本书由管永精担任主编,黄宇阳、王慧娟、徐守磊担任副主编.参加本书编写的人员还有蓝志强、王戎丞、王祥高、张卫平、梁毅和陆翔.贾华、沈辉、谷任盟、龚维安提供了版式和装帧设计方案,在此一并表示衷心的感谢!

限于编者水平,书中不妥之处在所难免,欢迎专家和读者批评指正.

编　者

2022年10月

目 录

实验 1　弗兰克-赫兹实验 ………………………………………………………………… 1

实验 2　密立根油滴法测定电子电荷实验 ……………………………………………… 6

实验 3　费米-狄拉克分布实验 …………………………………………………………… 11

实验 4　热电子发射规律和钨逸出功的测定实验 ……………………………………… 17

实验 5　冉绍尔-汤森效应实验 …………………………………………………………… 22

实验 6　法拉第效应实验 ………………………………………………………………… 31

实验 7　塞曼效应实验 …………………………………………………………………… 37

实验 8　表面磁光克尔效应实验 ………………………………………………………… 46

实验 9　微波段电子自旋共振实验 ……………………………………………………… 52

实验 10　脉冲核磁共振实验 …………………………………………………………… 58

实验 11　微波特性测量实验 …………………………………………………………… 74

实验 12　微波铁磁共振实验 …………………………………………………………… 89

实验 13　盖革-米勒计数器和核衰变的统计分布实验 ………………………………… 101

实验 14　NaI(Tl)单晶 γ 闪烁谱仪与 γ 能谱测量实验 ……………………………… 108

实验 15　双闪烁符合法测 ^{60}Co 放射源的绝对活度实验 …………………………… 114

实验 16　康普顿散射实验 ……………………………………………………………… 122

实验 17　氡的放射性测量实验 ………………………………………………………… 128

实验 18　低能 γ 射线测量薄膜厚度实验 ……………………………………………… 134

实验 19　双光栅色散-汇合光谱成像实验 ……………………………………………… 139

实验 20　白光-光栅再现菲涅耳全息图实验 ……………………………………… 145

实验 21　氦氖激光器与激光谐振腔实验 …………………………………………… 151

实验 22　光纤光学与半导体激光器的电光特性实验 …………………………… 160

实验 23　电光调制实验 ………………………………………………………………… 166

实验 24　声光调制实验 ………………………………………………………………… 174

实验 25　真空的获得与蒸发镀膜实验 ……………………………………………… 179

实验 26　溅射法镀膜与测量实验 …………………………………………………… 192

实验 27　磁电阻测量实验 ……………………………………………………………… 200

实验 28　相关器的研究及其主要参数的测量实验 ……………………………… 209

实验 29　微弱信号检测实验 ………………………………………………………… 225

实验 1

弗兰克-赫兹实验

光谱学的研究证明了原子能级的存在. 原子光谱中的每条谱线都相应表示了原子从某一较高能级向另一较低能级跃迁时的辐射. 除了用光谱学方法外, 1914 年, 弗兰克(Franck)和赫兹(Hertz)用慢电子与稀薄气体原子碰撞的方法, 使原子从较低能级激发到较高能级, 通过测量电子与原子碰撞时交换的能量, 证明了原子发生跃迁时吸收和发射的能量是完全确定的、不连续. 弗兰克-赫兹实验直接证明了原子能级的存在, 弗兰克和赫兹也因此于 1925 年获得了诺贝尔(Nobel)物理学奖.

实验目的

通过对氩原子第一激发电势(又称中肯电势)的测量, 证明原子能级的存在.

实验原理

卢瑟福(Rutherford)原子模型的经典理论在解释原子的结构问题上遇到了难以克服的困难, 为此, 丹麦物理学家玻尔(Bohr)突破经典概念的束缚, 提出了量子化条件、分立轨道、频率条件、能级跃迁等极其重要的新概念. 1922 年, 玻尔因对研究原子的结构和原子的辐射所做出的重大贡献而获得诺尔物理学奖.

玻尔原子模型关于能级的理论包含以下两点.

(1) 原子可以较长时间停留在一些稳定状态(简称定态). 原子处于定态时, 不发射或吸收能量. 各定态有一定的能量(称为能级), 其数值是彼此分立的. 原子的能量不论通过什么方式发生改变, 它只能使原子从一个定态跃迁到另一个定态.

(2) 原子从一个定态跃迁到另一个定态而发射或吸收能量时, 其频率是一定的. 如果用 E_m 和 E_n 分别代表有关的两定态的能量, 发射或吸收的能量的频率 ν 由下式决定:

$$h\nu = |E_m - E_n|, \quad (1-1)$$

式中, $h = 6.63 \times 10^{-34}$ J·s 称为普朗克(Planck)常量.

原子从低能级向高能级的跃迁, 可以通过具有一定能量的电子与原子相碰撞进行能量交换的办法来实现. 设初速度为零的电子在电势差为 U_0 的加速电场作用下, 获得能量 eU_0. 当具有这种能量的电子与稀薄气体原子(如氩原子)发生碰撞时, 就会发生能量交换. 设氩原子的基态能量为 E_0, 第一激发态的能量为 E_1. 当电子与氩原子碰撞后, 若氩原子所获得的能量满足

$$eU_0 = E_1 - E_0, \quad (1-2)$$

则氩原子就会从基态跃迁到第一激发态, 而相应的电势差 U_0 称为氩原子的第一激发电势. 测出这个电势差 U_0, 就可根据式(1-2)求出氩原子的基态和第一激发态之间的能量差.

弗兰克-赫兹管(F-H管)是一只充满稀薄气体的真空三极管,其原理如图1-1所示,弗兰克-赫兹管内空间电势分布则如图1-2所示.在充满稀薄氩气的弗兰克-赫兹管中,电子从热阴极发出,阴极K和栅极G_1之间有一加速电压U_{G_1K},可使电子加速.电子经加速后进入G_1G_2空间,在电势差$U_{G_2G_1}$的作用下,电子所获得的能量越来越大.当电子能量$E<eU_0$时,电子与氩原子只能发生弹性碰撞,由于电子质量比氩原子质量小得多,电子能量损失很少.当电子能量$E \geqslant eU_0$时,电子与氩原子会发生非弹性碰撞,氩原子从电子中获得能量eU_0,氩原子从基态跃迁到第一激发态.在阳极A和栅极G_2之间存在一反向拒斥电压U_{G_2A},当电子通过KG_2空间进入G_2A空间时,如果电子具有较高的能量($E>eU_{G_2A}$),就会冲过反向拒斥电场而到达阳极,从而定向移动形成电流,其电流的大小可由电流计G测出.如果电子在G_1G_2空间与氩原子碰撞把一部分能量给了氩原子而使后者激发,电子本身所具有的能量下降,以致通过栅极G_2后已不足以克服反向拒斥电场而被斥回,这时通过电流计G的电流就将显著减小.实验时,使$U_{G_2G_1}$逐渐增大,并仔细观察电流计G的指示.如果原子能级确实存在,且基态与第一激发态之间有确定的能量差,就能观察到如图1-3所示的I_a-U_{G_2K}曲线.

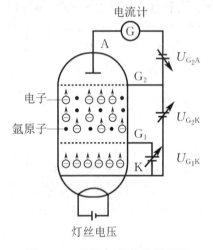

图1-1 弗兰克-赫兹管原理图

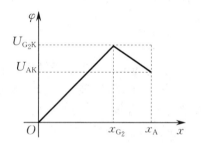

图1-2 弗兰克-赫兹管内空间电势分布图

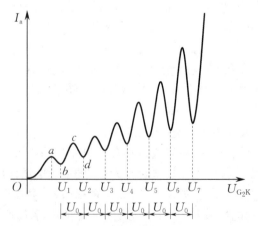

图1-3 弗兰克-赫兹管的I_a-U_{G_2K}曲线

图1-3所示的曲线反映了氩原子在KG_2空间与电子进行能量交换的情况.当U_{G_2K}逐渐增大时,电子在KG_2空间被加速而获得越来越高的能量.在起始阶段,由于电压较低,电子的能

量较小,与氩原子的碰撞只能发生微小的能量交换(弹性碰撞),穿过栅极的电子所形成的阳极电流 I_a 将随栅极电压 U_{G_2K} 的增大而增大(见图1-3中的 Oa 段).当 U_{G_2K} 达到氩原子的第一激发电势 U_0 时,电子在栅极 G_2 附近与氩原子发生碰撞(非弹性碰撞),将自身从加速电场中获得的能量传递给后者,并使后者从基态跃迁到第一激发态.电子自身由于把能量传递给了氩原子,即使穿过了栅极 G_2 也不能克服反向拒斥电场而被斥回,因此阳极电流 I_a 将显著减小(见图1-3中的 ab 段).随着 U_{G_2K} 逐渐增大,电子的能量也随之升高,在与氩原子的碰撞后还留下足够的能量,可以克服反向拒斥电场而达到阳极 A.这时,阳极电流 I_a 又开始上升(见图1-3中的 bc 段),直到 U_{G_2K} 达到氩原子的第一激发电势的两倍,即当 $U_{G_2K}=2U_0$ 时,电子又会因碰撞而失去能量,从而造成第二次阳极电流的下降(见图1-3中的 cd 段).U_{G_2K} 越大,电子为了获得不小于 eU_0 的能量而加速运动的距离就越短,与氩原子发生非弹性碰撞的次数就越多,而且碰撞区随着 U_{G_2K} 的增大,越来越往阴极 K 靠近.由此可知,凡在满足

$$U_{G_2K}=nU_0 \quad (n=1,2,\cdots) \tag{1-3}$$

的地方,阳极电流 I_a 都会相应下降,形成规则起伏的 I_a-U_{G_2K} 曲线,而与各次阳极电流 I_a 下降到最低点相对应的栅极 G_2、阴极 K 的电势差 $U_{n+1}-U_n$,即为氩原子的第一激发电势 U_0.

然而,在实际的实验过程中,由于接触电势差和反向拒斥电压的存在,通常 U_{G_2K} 大于 nU_0 时,才会出现上述情况.因此,式(1-3)应该修正为

$$U_{G_2K}=a+nU_0 \quad (n=1,2,\cdots), \tag{1-4}$$

式中,a 为一修正电势差.

原子处于激发态是不稳定的,因此,当原子被慢电子激发到第一激发态后由于失稳最终还是会回到基态,同时辐射出能量为 eU_0 的光子,这种光辐射的波长 λ 满足

$$eU_0=h\nu=h\frac{c}{\lambda}, \tag{1-5}$$

式中,c 为真空中的光速.

如果在弗兰克-赫兹管内充满其他气体原子,也可以得到它们的第一激发电势和发生跃迁时光辐射的波长.几种元素的第一激发电势如表1-1所示.

表1-1 几种元素的第一激发电势

元素	钠(Na)	钾(K)	锂(Li)	镁(Mg)	氖(Ne)	氩(Ar)
第一激发电势 U_0/V	2.12	1.63	1.84	3.2	18.6	13.1

实验仪器

FH-1型弗兰克-赫兹管实验仪,示波器,弗兰克-赫兹管测试架.

图1-4所示为FH-1型弗兰克-赫兹管实验仪的面板功能,下面对各功能键的功能和用法进行简单的描述.

1为第二栅压(U_{G_2K})输出(可设直流0.00~90.00 V);2为反向拒斥电压(U_{G_2A})输出(可设直流0.00~9.00 V);3为第一栅压(U_{G_1K})输出(可设直流0.00~6.00 V);4为灯丝电压(U_f)输出(可设直流0.00~5.00 V);5~8为对应电压显示窗;9~12为电压设置切换按钮,仅被选中的电压可以通过电压调节旋钮进行设置;13为电压调节旋钮;14,15为移位键,用于改变电压调节步进值大小;13,14组合功能:在手动模式 U_{G_2K} 设定时,按住14不放,顺时针旋

转 13 设定 U_{G_2K} 最小步进值,可以设定为 0.1 V,0.2 V 和 0.5 V 步进(默认为 0.1 V 步进);16 为信号输出,与示波器 CH1 或 CH2 相连;17 为同步输出,与示波器触发通道相连;18 为微电流显示窗;19 为启/停键;20 为自动/手动模式选择键;21 为复位键,当系统出现意外死机后,按此键复位系统;22 为电流输入,与弗兰克-赫兹管测试架上的微电流输出接口相连;23 为 PC 接口指示.

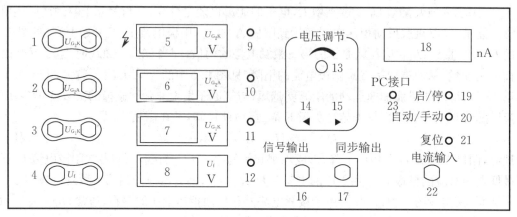

图 1-4 FH-1 型弗兰克-赫兹管实验仪面板功能图

实验内容

1. 实验前准备

(1) 将弗兰克-赫兹管实验仪前面板上的四组电压输出与弗兰克-赫兹管测试架上的插座分别对应连接;将电流输入与弗兰克-赫兹管测试架上的微电流输出口相连.

(2) 将仪器前面板上的信号输出与示波器 CH1 通道相连,同步输出与示波器触发通道相连.

(3) 开启电源,默认工作方式为"手动"模式.

(4) 将电压设置切换按钮选择为灯丝电压设定,进行电压调节,使其与出厂参考值一致(详见弗兰克-赫兹管测试架标示).灯丝电压调节好后,中途不再变动.

注意:灯丝电压不可超过出厂参考值 0.5 V.

(5) 将电压设置切换按钮选择为第一栅压设定,进行电压调节,使其与出厂参考值一致,一般设定在 2~3 V 之间.

(6) 将电压设置切换按钮选择为反向拒斥电压设定,进行电压调节,使其与出厂参考值一致,一般设定在 5~9 V 之间.

(7) 将电压设置切换按钮选择为第二栅压设定,进行电压调节,使阳极电流输出为零.

(8) 预热仪器 10~15 min,待上述电压都稳定后,即可开始实验.

2. 作弗兰克-赫兹管的 I_a-U_{G_2K} 曲线

(1) 将电压设置切换按钮选择为第二栅压设定,进行电压调节,使第二栅压从 0 V 到 90 V 按最小步进电压值依次增加,一边调节,一边观察示波器上显示的波形曲线和实验仪面板上的电流示值.当波形处于谷值附近时放慢调节节奏,在电流反转的电压点上顺时针和逆时针调节电压多次,确定谷值点(顺时针和逆时针调节,电流均增大的点),用同样的方法确定后面的 5 个谷值点电压.实验前,可以通过"电压调节"组合键设置第二栅压最小电压步进值为 0.1 V,

0.2 V 或 0.5 V(实验过程中请不要再改变最小步进值),建议步进值为 0.1 V.

(2) 将反向拒斥电压增大或减小 0.5 V,重复步骤(1),作出另外一条 I_a-U_{G_2K} 曲线,然后比较上述两条曲线.

(3) 求出各谷值点所对应的电压值,用最小二乘法求出氩原子的第一激发电势,并与公认值相比较,求出相对误差.

!注意事项

1. 使用前应正确连接好仪器面板至测试架的连线,连好后至少检查三遍.
2. 更换弗兰克-赫兹管前要关闭仪器电源.拔插弗兰克-赫兹管时要小心,不要损坏弗兰克-赫兹管.
3. 灯丝电压不要超过出厂参考值 0.5 V.
4. 要避免各组电源间短路.
5. 连续工作不要超过 2 h.

?思考题

1. 什么是原子的第一激发电势,它与原子能级有什么关系?
2. 谷值电流为什么不为零?
3. 能否用氢气代替氩气进行实验?
4. 如果增大反向拒斥电压,电流会如何变化?

参考文献

[1] 陈发堂.大学物理实验教程.北京:中国电力出版社,2009.
[2] 吴晓立,杨仕君,朱宏娜.大学物理实验教程.成都:西南交通大学出版社,2007.
[3] 崔益和,殷长荣.大学物理实验.苏州:苏州大学出版社,2018.

实验 2

密立根油滴法测定电子电荷实验

密立根(Millikan)于 1910 年所做的测量微小油滴所带电荷的工作,即著名的密立根油滴实验,之所以成为近代物理发展史中具有重要意义的实验,有以下几方面原因:(1)证明了电荷的不连续性,所有电荷都是元电荷 e 的整数倍;(2)测定了元电荷 e. 密立根在测定元电荷以及光电效应的工作上做出了突出贡献,因而获得了 1923 年诺贝尔物理学奖. 密立根的实验装置随着技术的进步得到了不断的改进,但其实验思想至今仍在物理科学研究的前沿发挥着作用. 油滴实验中将微观量测量转化为宏观量测量的巧妙设想和精确构思,以及用比较简单的仪器测得比较精确而稳定的结果等都是富有启发性的.

本实验测量的是半径约为 10^{-6} m,质量约为 10^{-15} kg 的微小带电油滴的电荷. 由于油滴很微小,因此做本实验时,特别需要有严谨的科学态度、严格的实验操作、准确的数据处理,才能得到比较好的结果.

实验目的

1. 测定电子的电荷值 e 并验证电荷的不连续性.
2. 培养严谨的科学态度.

实验原理

利用喷雾器将油滴喷入两块相距为 d 的水平放置的平行板之间(见图 2-1). 油滴在喷射时由于摩擦,一般都已经带电. 设油滴的质量为 m,所带电量为 q,则油滴所受重力为 mg. 若两极板间的电压为 U,平行板间的电场强度为 E,则油滴所受电场力大小为

$$qE = q\frac{U}{d}. \tag{2-1}$$

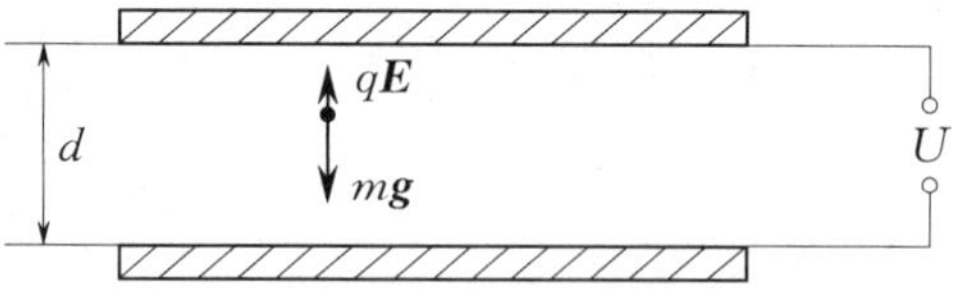

图 2-1 油滴受力情况

当平行板间不接电源时,$E=0$,落入平行板中的油滴在重力作用下下降. 此外,油滴在运动中还受到空气浮力的作用. 此时,油滴所受的重力和浮力的合力大小为

$$f = \frac{4}{3}\pi r^3 (\sigma - \rho)g, \tag{2-2}$$

式中，r 为油滴(视为球形)的半径，σ 为油的密度，ρ 为空气的密度，g 为重力加速度.

空气的黏滞性也会对油滴产生黏滞阻力. 根据斯托克斯(Stokes)定律，此阻力大小为

$$F = 6\pi\eta rv, \tag{2-3}$$

式中，η 为空气的黏滞系数，v 为油滴下降速度. 由于黏滞阻力与速度成正比，油滴运动一小段距离到某一速度 v_g 后将匀速下降(向上运动在显微镜中观察为向下). 此时，黏滞阻力、浮力和重力达到平衡，油滴所受合外力为零，因而得到关系式

$$\frac{4}{3}\pi r^3 (\sigma - \rho) g = 6\pi \eta r v_g. \tag{2-4}$$

只要测量出油滴匀速运动的速度 v_g，便可以由式(2-4)求得油滴半径

$$r = \sqrt{\frac{9\eta}{2(\sigma-\rho)g} \cdot v_g}. \tag{2-5}$$

当平行板接上电源时，由于平板间存在电场，只要电源极性选择得当，油滴受电场力作用将向上做匀速运动(在显微镜中观察为向下运动)，此时

$$qE - \frac{4}{3}\pi r^3 (\sigma - \rho) g = 6\pi \eta r v_E, \tag{2-6}$$

式中，v_E 为有电场时油滴匀速运动的速度. 将式(2-5)表示的油滴半径值及式(2-1)代入式(2-6)，便可得到油滴所带的电量为

$$q = \frac{4}{3}\pi \left(\frac{9}{2}\eta\right)^{\frac{3}{2}} \frac{d}{U} \frac{1}{\sqrt{(\sigma-\rho)g}} (v_E + v_g)\sqrt{v_g} = K\frac{1}{U}(v_E + v_g) v_g^{1/2}, \tag{2-7}$$

式中，$K = \frac{4}{3}\pi \left(\frac{9}{2}\eta\right)^{\frac{3}{2}} \frac{d}{\sqrt{(\sigma-\rho)g}}$. 一般情况下，油滴的密度远大于空气的密度($\sigma \gg \rho$)，因此近似有 $K = \frac{4}{3}\pi \left(\frac{9}{2}\eta\right)^{\frac{3}{2}} \frac{d}{\sqrt{\sigma g}}$，在具体的实验条件下 K 为一个常量.

应该指出，斯托克斯定律仅当物体在一个连续的黏滞流体中运动时才是正确的. 只有当油滴的半径 r 较大或大气压强 p 较大时，空气才能被看作是连续流体. 在常温常压下，空气分子的平均自由程约为 1×10^{-7} m. 若油滴的半径达 10^{-6} m 的数量级，斯托克斯定律便应进行修正，修正后式(2-7)变为

$$q = \frac{\frac{K}{U}(v_E + v_g) v_g^{1/2}}{\left(1 + \frac{b}{pr}\right)^{3/2}}, \tag{2-8}$$

式中，b 为修正常量，至于式(2-8)中出现在修正项中的 r，仍可用式(2-5)求得的值代入，不会引起太大的误差. 实际上，r 的修正值如下式所示：

$$r = \sqrt{\frac{9\eta}{2(\sigma-\rho)g} \cdot v_g \cdot \frac{1}{1+\frac{b}{pr}}}. \tag{2-9}$$

若实验中油滴在无电场和有电场时所走的距离均为 l，而测得的时间分别为 t_g (无电场时) 和 t_E (有电场时)，则 $v_E = \frac{l}{t_E}, v_g = \frac{l}{t_g}$. 用电压表测出平行板间的电压 U，则可以计算出 q.

对同一油滴而言,式(2-8)中除 v_E 和 v_g 外,其他的量都是常量.如果以射线或其他放射源改变油滴所带电量,则 v_E 和 v_g 也随之改变.对同一油滴,多次改变其所带电量,重复测量 v_E 和 v_g,我们会发现油滴所带电量的增(或减)量 $\Delta q_1, \Delta q_2, \cdots$ 与油滴原有的电量 q 具有一个最大公约数,这说明油滴的电量是某一最小电量 e 的整数倍,即 $q = ne (n = 1, 2, \cdots)$. 对于不同的油滴,也可以发现同样的规律,而且 e 是共同的常量,这就证明了电荷的不连续性,并存在最小的电荷单位,即元电荷 e. 目前公认的 e 值为 $e = 1.602\ 176\ 634 \times 10^{-19}$ C.

本实验中的已知量(计算用近似值)如下:

空气的黏滞系数 $\quad\quad\quad\quad \eta = 1.83 \times 10^{-5}$ Pa·s;

空气的密度 $\quad\quad\quad\quad\quad \rho = 1$ kg/m³;

重力加速度(南宁) $\quad\quad\quad g = 9.78$ m/s²;

平行板间距 $\quad\quad\quad\quad\quad d = 5.0 \times 10^{-3}$ m;

大气压强 $\quad\quad\quad\quad\quad\quad p = 76.0$ cmHg;

修正常量 $\quad\quad\quad\quad\quad\quad b = 6.17 \times 10^{-6}$ m·cmHg.

根据以上各已知量和实验室给出的油的密度 σ,可计算出 K.

实验中用式(2-8)计算 q,式中,$v_E = \dfrac{l}{t_E}, v_g = \dfrac{l}{t_g}$,$l$ 可用显微镜读出,显微镜中每分格距离为 0.5 mm.

实验仪器

密立根油滴仪(包括油滴仪、电源、计时器、喷雾器等).

油滴仪包括油滴测量室、防风罩、照明装置、显微镜、水准仪等部分,其结构如图 2-2 所示.

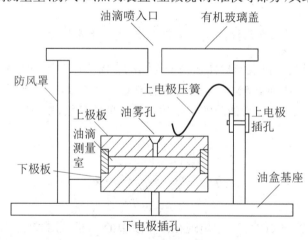

图 2-2 油滴仪的结构图

油滴测量室固定于基座的杆上,塑料防风罩之内.中间是上下两块圆形的平行极板,间距 $d = 0.500$ cm,上极板中心开有直径 $D = 0.4$ mm 的油雾孔,以便油滴落入.照明装置包括灯室和导光玻璃棒.灯室中装 2.2 V 聚光小电珠,由于小电珠功率小,并有导光玻璃棒隔热,油盒中的空气热对流弱,油滴也就比较稳定.显微镜是用来观测油滴运动的.目镜中装有分划板,共分 10 格,每格相当于 0.05 cm. 分划板用来测量油滴运动的距离 l,用以计算油滴运动的速度.

电源有两组:2.2 V 接线柱供油滴照明使用;U_+ 输出接线柱可提供 $0 \sim 500$ V 连续可调电

压,并可从电压表上直接读数,此输出电压通过电压极性转换开关加到油滴测量室上、下极板上去,形成电场.电压极性转换开关置于中间时,无电压加到油滴测量室两极板上,且上、下极板处于短路状态;置于"+"或"−"则有电压加至平行板.接"+"还是接"−",应视油滴所带电荷正负而选择,目的是在视场中看见油滴在有电场时向"下"运动(向上运动在显微镜中观察为向下).

计时器可采用测量精度为0.01 s的液晶显示的电子停表.

实验内容

1. 调节仪器

(1) 将油滴照明装置接2.2 V电源,电压极性转换开关置于中间位置,直流高压电位器U_+应旋至最小位置,控制盒上的电极转换开关亦置于中间位置.

(2) 调节调平螺丝,使水准仪气泡位于中央,此时平行板处于水平位置,以保证电场与重力场方向相同.

(3) 调节显微镜目镜对分划板聚焦.

(4) 在喷雾器中注入少许油,将油喷入油滴测量室.视场中将出现大量油滴,有如夜空繁星.如油滴太暗,可转动照明小电珠,使油滴明亮.调节显微镜镜筒,使油滴清晰.

2. 测量练习

(1) 练习控制油滴:在平行板上加上电压(150~300 V),驱走不需要的油滴,直到只剩下几颗为止.聚焦于其中一颗,然后去掉电压,让它匀速下降(看上去是上升).下降一段距离后又加上电压,使油滴上升(看上去是下降).如此反复练习,掌握控制油滴的方法.

(2) 练习选择油滴:要做好本实验,选择好油滴很重要.油滴的体积不能太大,带电也不能太多,体积太大或带电太多,运动速度会太快;体积太小则由于热扰动和布朗运动涨落很大,也不易测准.比较理想的状态为:未加电压时,t_g约为20~50 s;加150~300 V电压时,t_E约为10~30 s(l取1.5 mm).

(3) 练习测量速度:任意选择几个下降速度不同的油滴,用停表测出它们下降一段距离所需的时间,以掌握测量速度的方法.

3. 正式测量

(1) 对一个油滴进行反复测量.

① 选择好油滴,加上电场,测出油滴运动一段距离(如3格,即1.5 mm)的时间t_E.撤去电场,测出油滴自由下降(看上去是上升)同一段距离的时间t_g.如此反复交替地测量t_E和t_g,共测5~10次,对t_E、t_g分别取平均,计算出v_E、v_g,求出q.

② 改变电压,重新对该油滴进行测量(选做).

(2) 对不同油滴进行测量.

对另一油滴按步骤(1)中的第①步进行测量,如此共对10个油滴进行测量,求各油滴所带的电量.

4. 数据处理

对大量油滴进行测量,求其所带电量,从中找出最大公约数(约1.60×10^{-19} C)是不容易的.而且实验存在误差,这使寻找最大公约数几乎不可能.因此,可采用"倒过来验证"的方法进行数据处理,即用 1.60×10^{-19} C 去除实验测得的电荷值 q,得到一个很接近某一整数的数值,然后按四舍五入取整数,这个整数就是油滴所带的元电荷数 n. 再用 n 去除实验测得的电荷值 q,就求得电子的电荷值(包括误差).

用上面的方法求得 10 个油滴的平均电子电荷值 $\bar{e}$,依 $\sigma = \sqrt{\dfrac{\sum_{i=1}^{10}(e_i - \bar{e})^2}{10 \times (10-1)}}$ 求 e 的平均值的标准偏差. 将 $\bar{e}$ 与 1.60×10^{-19} C 比较,分析实验是否存在显著的系统误差.

注意事项

1. 实验时喷雾器装油不能太多. 喷油时喷雾器应竖拿,用力挤压气囊一次即可,切勿将喷油嘴直接插入油滴测量室.
2. 实验用油一般为钟表用油,用完请注意密封好,放置到不易碰倒的地方.
3. 为了能清晰观测油滴的运动情况,不应在明亮的环境下进行,应该在光线较暗的地方进行,并适当调节观测屏幕的对比度.

思考题

1. 按"倒过来验证"的方法,有人发现让油滴带的电量 q 越大,求得 e 越接近 1.60×10^{-19} C. 这能否说明 q 越大,实验做得越好?试从误差和有效数字的观点加以说明.
2. 为什么向油滴测量室喷油时,一定要使两平行板短路?

参考文献

[1] 李保春. 近代物理实验. 2 版. 北京:科学出版社,2019.
[2] 陈宏芳. 原子物理学. 北京:科学出版社,2006.
[3] 褚圣麟. 原子物理学. 2 版. 北京:高等教育出版社,2022.

实验 3

费米-狄拉克分布实验

实验目的

1. 通过实验验证费米-狄拉克(Fermi-Dirac)分布.
2. 学会一种实验方法及处理实验数据的技巧.

实验原理

热电子发射是指当金属的温度升高时,金属中电子的动能随之增大,温度升高到一定值时,电子从金属表面逸出的现象. 近代电子理论认为金属中的电子的能量服从费米-狄拉克分布,即在热平衡情况下电子能量状态的概率为

$$f(E) = \frac{1}{\exp[(E-E_F)/(kT)]+1}, \quad (3-1)$$

式中,E 为电子的能量,E_F 为费米能,k 为玻尔兹曼(Boltzmann)常量. 金属中的每个电子都占有一定能量的能级,这些能级相互靠得很近,形成能带. 图 3-1 所示为费米-狄拉克分布曲线. 在 0 K 时,金属中电子的平均能量并不为零,金属中从零到 E_F 的电子能级全部被占据,$f(E)=1$,费米能级 E_F 则是 0 K 下自由电子的最高能级;对于 $E > E_F$,则没有电子去占据相应的能级,$f(E)=0$. 而当温度升高时,靠近费米能级的少数电子随着温度的升高,热运动加剧从而使能量增大,其能量超过 E_F,会从低于费米能级的能带跃迁到高于费米能级的能带上去.

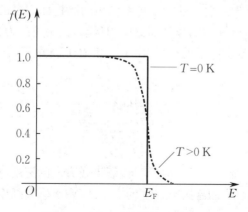

图 3-1 费米-狄拉克分布曲线

通常情况下,实验是在灯丝灼热(约 1 400 ~ 1 500 ℃)的情况下进行的,因此我们实验所测的结果也只是靠近费米能级的一部分. 对式(3-1)求导数可得

$$g(E)=\frac{\mathrm{d}f(E)}{\mathrm{d}E}=\frac{-\exp[(E-E_F)/(kT)]}{kT\{\exp[(E-E_F)/(kT)]+1\}^2}. \qquad (3-2)$$

由于金属内部电子的能量无法测量,因此只能对真空中热发射电子的动能分布进行测量. 电子在真空中的热运动与电子在金属内部的运动情况完全不同,因为金属内部存在着带正电的原子核,电子不但有热运动的动能,而且还具有势能,真空中的电子就不存在势能. 此外,电子从金属内部逃逸到真空中需要克服一定的能量势垒高度,也就是通常所说的逸出功,因此用金属内部电子的能量 E 减去逸出功 A,就能得到真空中热发射电子的动能为

$$E_k = E - A. \qquad (3-3)$$

此外,在真空与金属表面附近还存在着电子气形成的偶电层,也就是说逸出金属表面的电子还要消耗一部分能量穿越偶电层. 根据苏联科学院院士弗仑克尔(Frenkel)和塔姆(Tamm)的理论,电子穿越偶电层所需的能量,也就是该金属的费米能 E_F,由此,对费米函数进行适当的修正,修正后的费米函数应为

$$f(E_k)=\frac{1}{\exp[(E_k-E_F)/(kT)]+1}. \qquad (3-4)$$

对式(3-4)求导数得

$$g(E_k)=\frac{\mathrm{d}f(E_k)}{\mathrm{d}E_k}=\frac{-\exp[(E_k-E_F)/(kT)]}{kT\{\exp[(E_k-E_F)/(kT)]+1\}^2}. \qquad (3-5)$$

由式(3-4)和式(3-5)可以看出,真空中热发射电子的动能也服从费米-狄拉克分布.

本实验利用理想二极管的特殊结构,在二极管外套一个螺线管,实验过程中若通以直流电流,则螺线管中的磁感应强度的方向与二极管的轴线(灯丝)方向平行. 在二极管不加电压的情况下,当给灯丝通电使其发热后发射出热电子,沿半径方向飞向圆柱面极板(阳极),由于阳极电压为零,因此电子在不受外电场力的作用下,保持其初动能飞向阳极形成电流,其线路如图 3-2 所示.

由于热电子发射出来后,电子所具有的动能服从费米-狄拉克分布,每个电子的初动能各不相同,因此如何区分各个电子的动能,求出电子数目的相对值,便成为本实验的重点. 由图 3-3 可知,从二极管灯丝发射出的沿半径方向飞向圆柱面阳极的电子,在磁感应强度 $\boldsymbol{B}$ 的作用下,受到洛伦兹(Lorentz)力的作用而做圆周运动,而洛伦兹力方向与速度方向垂直,它只改变电子的运动轨迹,不改变电子的动能. 由于 $v \perp \boldsymbol{B}$,因此电子所受的洛伦兹力及电子的速度可分别表示为

$$f_L = Bev = \frac{mv^2}{R}, \qquad (3-6)$$

$$v = \frac{BeR}{m}, \qquad (3-7)$$

式中,v,m,R 以及 B 分别为电子发出时沿二极管半径方向的速度、电子的质量、电子做匀速圆周运动的半径,以及螺线管中的磁感应强度的大小. 其中磁感应强度的大小 B 可表示为

$$B=\frac{\mu_0 NI_B}{\sqrt{L^2+D^2}}, \qquad (3-8)$$

式中,$\mu_0 = 4\pi \times 10^{-7}$ H/m 为真空磁导率,N 为螺线管的总匝数,L 和 D 分别为螺线管的长度和直径,I_B 为通过螺线管的电流. 将式(3-8)代入式(3-7)可得真空中电子的动能为

$$E_k = \frac{1}{2}mv^2 = \frac{m\mu_0^2 N^2 R^2}{2(L^2+D^2)}\left(\frac{e}{m}\right)^2 I_B^2. \tag{3-9}$$

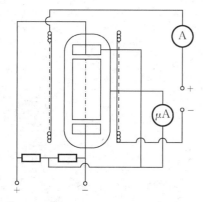

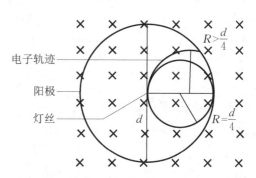

图 3-2 实验线路图　　　图 3-3 磁场中热电子做匀速圆周运动示意图

如图 3-3 所示,$R = \dfrac{d}{4}$ 为电子做匀速圆周运动的临界半径,若 $R \geqslant \dfrac{d}{4}$,电子就能到达阳极,形成阳极电流;若 $R < \dfrac{d}{4}$,电子就不能到达阳极,这一部分电子对阳极电流无贡献. 显然,阳极电流的大小取决于电子做匀速圆周运动半径的大小,将 $R = \dfrac{d}{4}$ 代入式(3-9)可得

$$E_k = K I_B^2, \tag{3-10}$$

式中,$K = \dfrac{\pi^2 \times 10^{-14} m N^2 d^2}{2(L^2+D^2)}\left(\dfrac{e}{m}\right)^2$ 为一常量,其大小与螺线管的长度和直径有关. 由此可见,E_k 与 I_B^2 成正比,而洛伦兹力不改变电子的动能,它只影响电子做匀速圆周运动半径的大小. 对动能一定的电子,向心力与匀速圆周运动的半径成反比. 当通过螺线管的电流增大 ΔI_B 时,恰好能达到阳极的电子的动能增大 ΔE_k,又因为向心力也会随螺线管中电流的增大而增大,将有相应数量的电子因其圆周运动的半径小于 $\dfrac{d}{4}$ 而不能到达阳极,所以阳极电流将减小 ΔI_p. 由于 E_k 与 I_B^2 成正比,因此可用 I_B^2 代替变量 E_k 进行实验及数据处理.

实验中,设灯丝电流保持不变,阳极电压为零,理想二极管的饱和电流为

$$I_{P_0} = n_0 e. \tag{3-11}$$

式(3-11)中的 n_0 以及下面的 $n_1, n_2, \cdots$ 均为单位时间内到达阳极的电子数目,当 I_B^2 以相等的改变量依次增大时,我们将得到一组方程

$$\begin{cases} I_{P_1} = n_1 e, \\ I_{P_2} = n_2 e, \\ \cdots\cdots \end{cases} \tag{3-12}$$

由式(3-11)和式(3-12)联立可得

$$\begin{cases} \Delta I_{P_1} = I_{P_0} - I_{P_1} = (n_0 - n_1)e = \Delta n_1 e, \\ \Delta I_{P_2} = I_{P_1} - I_{P_2} = (n_1 - n_2)e = \Delta n_2 e, \\ \cdots\cdots \end{cases} \quad (3-13)$$

式(3-12)除以式(3-11)可得

$$\begin{cases} \dfrac{I_{P_1}}{I_{P_0}} = \dfrac{n_1}{n_0}, \\ \dfrac{I_{P_2}}{I_{P_0}} = \dfrac{n_2}{n_0}, \\ \cdots\cdots \end{cases} \quad (3-14)$$

式(3-13)除以式(3-11)可得

$$\begin{cases} \dfrac{\Delta I_{P_1}}{I_{P_0}} = \dfrac{\Delta n_1}{n_0}, \\ \dfrac{\Delta I_{P_2}}{I_{P_0}} = \dfrac{\Delta n_2}{n_0}, \\ \cdots\cdots \end{cases} \quad (3-15)$$

根据上述理论,由于 E_k 与 I_B^2 成正比,它们之间呈线性关系,因此可用 I_B^2 代替变量 E_k 进行数据处理,在实验操作时,按给定的 I_B^2 值使其等间隔地增大,然后以 I_B 的值进行测试.

实验仪器

FM-Ⅱ型费米-狄拉克分布实验仪(主要包括理想二极管实验装置及测试仪电源两部分).

测试仪电源部分由灯丝电源、螺线管电源及微安表组成. 图3-4所示为FM-Ⅱ型费米-狄拉克分布实验仪的实物图.

(a) FM-Ⅱ型费米-狄拉克分布实验仪

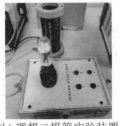

(b) 理想二极管实验装置　　(c) 测试仪电源

图3-4　FM-Ⅱ型费米-狄拉克分布实验仪的实物图

实验内容

(1) 将实验装置与测试仪电源部分对应连接.

(2) 逆时针方向将灯丝电流调节旋钮旋到底.

(3) 开启电源开关.顺时针方向转动灯丝电流调节旋钮,同时观察数显电流表的显示值到合适值为止(电流值写在理想二极管的玻璃壳上),预热 10 min.

(4) 逆时针方向调节螺线管励磁调节旋钮使励磁电流值为零,即 $I_B = 0$.

(5) 记录 $I_B = 0$ 时的阳极电流(微安表的示数),即记录 I_p.

(6) 依次调节 I_B 值,记录相应的 I_{p_i} 值,逐渐增大 I_B 值,直到 $I_B = 1.000$ A 为止.

(7) 将对应的数据记入表 3-1 中.

表 3-1 数据记录表

I_B^2/A^2	0.000	0.040	0.080	……	0.920	0.960	1.000
I_B/A	0.000	0.200	0.283	……	0.959	0.980	1.000
$I_{p_i}/\mu\text{A}$							
$\dfrac{I_{p_i}}{I_{p_0}}$	—						
$\Delta I_{p_i} = (I_{p_{i-1}} - I_{p_i})/\mu\text{A}$	—						
$\dfrac{\Delta I_{p_i}}{I_{p_0}}$	—						

注:使 I_B^2 值以等间隔(0.040 A²)逐渐增大.

(8) 以 $\dfrac{I_{p_i}}{I_{p_0}}$ 为纵轴,以 I_B^2 为横轴,绘制 $f(E_k)$-E_k 曲线.

(9) 以 $\dfrac{\Delta I_{p_i}}{I_{p_0}}$ 为纵轴,以 I_B^2 为横轴,绘制 $g(E_k)$-E_k 曲线.

(10) 求 $\sum\limits_i \dfrac{\Delta I_{p_i}}{I_{p_0}}$,检查是否满足归一化条件.

注意事项

1. 必须保证预热时间,待灯丝电流稳定后,按实验步骤测试.
2. 在灯丝灼热的状况下,严禁倾斜,更不可平放,以免灯丝弯曲.
3. 理想二极管是玻璃制品,严禁碰撞,以免破裂.

思考题

1. 如何理解热电子发射,热电子发射中电子的能量有什么特点?
2. 什么是费米能级,实验为什么要在灯丝灼热状态下进行?

3. 为什么理想二极管的阴极和阳极由同轴圆柱系统构成？如果它们之间不构成严格意义上的同轴圆柱系统,对实验结果会有什么样的影响？

参考文献

[1] 王鸿谟,龚远芳,游寿星. 基础理论物理. 成都:四川大学出版社,1992.

实验4

热电子发射规律和钨逸出功的测定实验

实验目的

1. 了解热电子发射的基本规律.
2. 用里查孙(Richardson)直线法测定钨的逸出功.

实验原理

在高真空二极管中,阴极通常由钨丝制成,当在阳极上施加一正电压时,在连接这两个电极的回路中将有电流通过,如图 4-1 所示. 金属被加热后就会发射出热电子,在温度足够高时所有金属都能发射热电子. 没有空间电荷时的热电子发射公式为

$$j_0 = A_0 T^2 e^{-A/(kT)}, \quad (4-1)$$

式中,j_0 为发射电流密度,A_0 为发射常数的理论值,A 为金属电子的逸出功,T 为热力学温度,k 为玻尔兹曼常量. 热电子发射电流随温度 T 的升高而迅速增大,阴极材料的逸出功 A 小,发射电流就大. 因此,利用纯金属作为热电子发射体,常要求该金属具有较小的逸出功和较高的熔点,以获得较大的发射电流. 目前应用最广泛的阴极材料是金属钨,此外还有钼和钽. 本实验以钨丝作为研究对象.

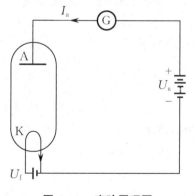

图 4-1 实验原理图

1. 理想二极管

为了保证测量的发射电流是从温度均匀的一定面积上发射出来的,实验中一般采用理想二极管. 这种二极管的阳极电流 I_a(或电流密度 j_a)随阳极电压 U_a 变化的曲线称为伏安曲线,如图 4-2 所示. 显然,它们之间的关系并不满足欧姆(Ohm)定律,可以根据曲线的特征,将它

们划分为三个区域：温度限制区、空间电荷区和饱和区．

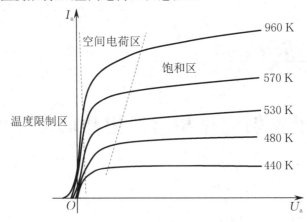

图 4-2　理想二极管的伏安曲线

(1) 温度限制区．

在此区域中，电流密度 j_a 满足

$$j_a = j_0 \exp\left[\frac{e(U_a - U_{ca})}{kT}\right], \qquad (4-2)$$

式中，j_0 由式(4-1)给出，U_{ca} 为阴极和阳极之间的接触电势差．在这个区域中，$\ln I_a$ 随 U_a 直线上升，直线的斜率取决于温度，所以称为温度限制区，有时也称为起始电流区．

(2) 空间电荷区．

空间电荷区是温度限制区和饱和区之间的过渡区域．此区域中的电流密度

$$j_a \propto U_a^{\frac{3}{2}}, \qquad (4-3)$$

即 j_a 与 U_a 的二分之三次方成正比．

(3) 饱和区．

在此区域中，阴极发射的电子全部被阳极收集，电流密度为

$$j_0 = A_0 T^2 e^{-A'/(kT)}. \qquad (4-4)$$

有外加电场时，逸出功的表达式可以写为

$$A' = A - e\sqrt{\frac{eE}{4\pi\varepsilon_0}}, \qquad (4-5)$$

式中，A' 为有外加电场下的逸出功，E 为阴极表面的外加电场强度，ε_0 为真空电容率．

2. 热电子发射公式和逸出功的测定

把式(4-1)中的电流密度 j_0 换成总电流 I_0，则有

$$I_0 = A_0 S T^2 e^{-A/(kT)}. \qquad (4-6)$$

式(4-6)称为里查孙-杜什曼(Richardson-Dushman)公式，式中，I_0 为零场发射电流；S 为阴极有效发射面积；A_0 为发射常数，它与阴极表面的化学纯度有关；A 为阴极金属的逸出功．逸出功常以电子伏(eV)为单位，因此又把 A 写成 $e\varphi$．e 为电子电量，φ 为逸出电势，单位是伏[特]，在数值上等于以电子伏表示的逸出功．只要测出 I_0，S 和 T 就可算出阴极的逸出功 A (或 $e\varphi$)．但由于 A_0 和 S 也难以精确测量，利用式(4-6)难以直接测定出金属的逸出功，因此常用下述的里查孙直线法计算逸出功．

3. 里查孙直线法

将式(4-6)两边除以 T^2，再取对数得到

$$\lg \frac{I_0}{T^2} = \lg(A_0 S) - \frac{e\varphi}{2.30kT} = \lg(A_0 S) - 5.04 \times 10^3 \frac{\varphi}{T}. \quad (4-7)$$

从式(4-7)可以看出 $\lg \frac{I_0}{T^2}$ 与 $\frac{1}{T}$ 呈线性关系. 若以 $\lg \frac{I_0}{T^2}$ 为纵轴，以 $\frac{1}{T}$ 为横轴，绘制 $\lg \frac{I_0}{T^2}$ 与 $\frac{1}{T}$ 的关系曲线，就能得一条直线，该直线的斜率为 $5.04 \times 10^3 \varphi$，通过建立等式关系即可求得 φ 值，这种方法就叫作里查孙直线法. 该方法的优点是不需要求出 A_0 和 S 的值，直接由 T 和 I_0 即可求出 φ 值. 不同 A_0 和 S 的值仅使 $\lg \frac{I_0}{T^2} - \frac{1}{T}$ 关系曲线平移，只影响直线的截距，而不影响直线的斜率. 这种巧妙的思想在实验上有广泛的应用，值得我们好好领会，举一反三.

4. I_0 的测量 —— 肖特基外延法

在利用里查孙直线法计算金属逸出功时，直接测量 I_0 仍有一定的困难，因为式(4-6)给出的是阴极表面不存在外电场的发射电流 —— 零场发射电流. 然而，为了避免热电子在阴极表面堆积以及保证热电子能连续不断地飞向阳极，必须在阳极和阴极间外加一个加速电场，这会导致发射电流(阳极电流) I_a 随外电场的增强而增大，这不仅是因为发射电子全部被阳极吸收，而且因为阴极本身的发射本领随外电场的增强而增大，即所谓的肖特基(Schottky)效应 —— 在外加电场的作用下，有效逸出功减小，这从式(4-5)可以看出. 由式(4-1)、式(4-4)及式(4-5)可得饱和区的外场(E_a)发射电流和零场发射电流的关系为

$$I_a = I_0 e^{\frac{0.44\sqrt{E_a}}{T}}. \quad (4-8)$$

对式(4-8)两边取对数得

$$\lg I_a = \lg I_0 + \frac{0.44}{2.30T}\sqrt{E_a}. \quad (4-9)$$

如果把理想二极管的阴极和阳极做成同轴圆柱形(见图4-3)，并忽略接触电势差和其他影响，则加速电场可表示为

$$E_a = \frac{U_a}{r_1 \ln \frac{r_2}{r_1}}, \quad (4-10)$$

从而有

$$\lg I_a = \lg I_0 + \frac{0.44}{2.30T}\sqrt{\frac{U_a}{r_1 \ln \frac{r_2}{r_1}}}, \quad (4-11)$$

式中，r_1，r_2 分别为阴极和阳极的半径，U_a 为阳极电压. 可见，当阴极温度不变时，$\lg I_a$ 和 $\sqrt{U_a}$ 呈线性关系，以 $\lg I_a$ 为纵轴，以 $\sqrt{U_a}$ 为横轴作直线，此直线的截距为 $\lg I_0$，由此可求出该温度下的零场发射电流 I_0. 这就是肖特基外延法.

综上所述，要测量某种金属的逸出功，可以首先以该金属材

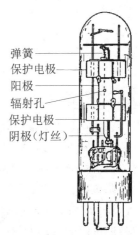

图4-3 理想二极管示意图

料制成理想二极管的阴极,再结合里查孙直线法和肖特基外延法求出逸出电势 φ,从而得到逸出功 A.

5. 灯丝温度的测定

灯丝温度对发射电流的影响很大,通常灯丝温度的获得有两种方法,一种是通过光测高温计直接测量获得,另一种是根据已经标定的理想二极管的灯丝(阴极)电流,查表 4-1 获得. 相对而言,第二种方法的实验结果较为稳定,但测定灯丝电流需要选用级别较高的电流表.

表 4-1 灯丝电流 I_f 与灯丝温度 T 之间的关系

灯丝电流 I_f/A	0.50	0.55	0.60	0.65	0.70	0.75	0.80
灯丝温度 $T/(10^3\ \text{K})$	1.72	1.80	1.88	1.96	2.04	2.12	2.20

实验仪器

本实验所用电子管为直阴极式理想二极管. 阴极由直径约为 0.007 5 cm 的钨丝制成,阳极是由镍片制成的圆筒形电极(内径为 9.0～9.2 mm,长度为 0.15 m),在阳极上有一辐射孔(直径为 1.5 mm),以便用光测高温计测定灯丝温度.

阴极灯丝用 0～5 V,2 A 直流电源加热,用 0～1 A,0.5 级直流电流表测量灯丝电流,用 0～1 000 μA,0.5 级直流微安表测量阳极电流,加速电源用 0～150 V 直流可调稳压电源,用 0～150 V 电压表测量电压(见图 4-4).

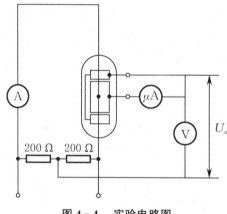

图 4-4 实验电路图

实验内容

(1) 熟悉仪器装置,并连接好电流表和微安表,接通电源预热 10 min.

(2) 取理想二极管参考灯丝电流 I_f 约从 0.55 A 到 0.75 A,每隔约 0.05 A 进行一次测量,对每一参考灯丝电流在阳极上加 25 V,36 V,49 V,64 V,81 V,100 V,121 V,144 V 电压,各测出一组阳极电流,记录下数据,并进行换算.

(3) 根据换算后的数据,作出 $\lg I_a$ 和 $\sqrt{U_a}$ 的线性关系曲线,求出截距 $\lg I_0$,即可得到在不同灯丝温度时的零场发射电流 I_0.

(4) 根据数据,作出 $\lg \dfrac{I_0}{T^2} - \dfrac{1}{T}$ 关系曲线,从直线斜率求出钨的逸出功 A(或逸出电势 φ).

(5) 分析实验结果.

注意事项

  1. 理想二极管经高温老化处理,灯丝较脆,使用时应轻拿轻放,升温与降温均须缓慢进行,尤其在灯丝灼热后更应避免强烈振动.

  2. 本实验所用钨的熔点约为 3 643 K,正常工作温度为 1 600~2 100 K,过高的灯丝温度会缩短理想二极管的寿命.

  3. 由于灯丝具有热动平衡的滞后性,因此实验前需要预热数分钟. 每调一次灯丝电流 I_f 读取一组阳极电流 I_a,也要略等片刻,以待灯丝温度稳定.

思考题

  1. 本实验的误差主要来源有哪些?
  2. 什么是逸出功?不同的金属材料逸出功是否相同?
  3. 什么是肖特基效应?试简述.
  4. 采用里查孙直线法求金属逸出功的优点有哪些?

参考文献

[1] 吴伟明. 大学物理实验. 北京:科学出版社,2010.

实验5

冉绍尔-汤森效应实验

1921 年,德国物理学家冉绍尔(Ramsauer)在研究电子与气体原子的碰撞时,发现弹性散射截面与电子能量密切相关.1922 年,英国物理学家汤森(Townsend)在研究电子速度变化的情况时,亦发现有类似的现象.后来,把这种气体原子的弹性散射截面在低能区与碰撞电子能量密切相关的现象称为冉绍尔-汤森效应.要圆满地解释这种效应,需要用到量子力学的相关知识,因此冉绍尔-汤森效应是量子力学理论极好的实验佐证.

实验目的

1. 了解电子碰撞管的设计原理,掌握电子与原子的碰撞规则和测量原子散射截面的方法.
2. 测量低能电子和气体原子碰撞的散射概率与电子速度的关系.
3. 测量气体原子的有效弹性散射截面与电子速度的关系,测量散射截面最小时的电子的能量.
4. 理解冉绍尔-汤森效应,并学习用量子力学理论对其进行解释.

实验原理

1. 理论原理

冉绍尔在研究极低能量(0.75～1.1 eV)电子的平均自由程时,发现氩气中电子自由程比用气体分子运动理论计算出来的数值大. 后来,把电子的能量扩展到一个较宽的范围内进行观察时,发现氩原子对电子的有效弹性散射总截面(简称总散射截面)Q 随着电子能量的减小而增大,约在 10 eV 附近达到一个极大值,而后开始下降,当电子能量逐渐减小到 1 eV 左右时,总散射截面 Q 出现一个极小值.也就是说,对于能量为 1 eV 左右的电子,氩气竟好像是透明的. 电子能量小于 1 eV 以后 Q 再度增大.此后,冉绍尔又对各种气体进行了测量,发现无论哪种气体的总散射截面都和碰撞电子的速度有关,并且结构上类似的气体原子或分子,它们的总散射截面对电子速度的关系曲线 $Q = f(\sqrt{U})$(U 为加速电压值,电子速度与其平方根成正比)具有相同的形状,称为冉绍尔曲线. 图 5-1 所示为氙(Xe)、氪(Kr)和氩(Ar) 的冉绍尔曲线,其中,横坐标是加速电压平方根值,纵坐标是总散射截面 Q 值(为了表达方便,这里以 πa_0^2 为单位,其中 a_0 为原子的玻尔半径). 图 5-1 中右方的横线表示用气体分子运动理论计算出的 Q 值. 显然,用两个钢球相碰撞的模型来描述电子与原子之间的相互作用是无法解释冉绍尔-汤森效应的,因为这种模型得出的总散射截面与电子能量无关. 要解释冉绍尔效应需要用到粒子的波动性,即把电子与原子的碰撞看成是入射粒子在原子势场中的散射,其散射程度用总散射截面 Q

来表示.

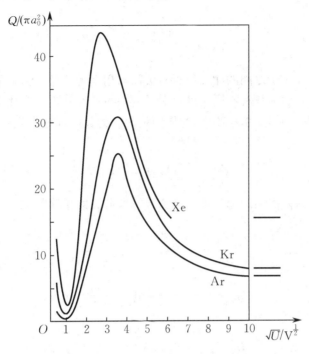

图 5-1　氙、氪、氩的冉绍尔曲线

为了更好地理解冉绍尔-汤森效应,下面用量子力学对冉绍尔-汤森效应做简单定性解释. 设 Ψ 为电子的波函数,$V(r)$ 为电子与原子之间的相互作用势. 理论计算表明,只要 $V(r)$ 取得适当,那么在边界条件

$$\Psi \xrightarrow{r \to \infty} e^{ikz} + f(\theta)\frac{e^{ikz}}{r} \quad \left(k = \sqrt{\frac{2mE}{\hbar^2}}\right) \tag{5-1}$$

下求解薛定谔方程

$$\left[-\frac{\hbar^2}{2m}\nabla^2 + V(r)\right]\Psi = E\Psi, \tag{5-2}$$

则可以给出与实验曲线相吻合的理论曲线. 式(5-1) 中,θ 为散射角,$f(\theta)$ 为散射振幅. 式(5-2) 中,∇^2 为拉普拉斯(Laplace) 算符. 对于氙、氪、氩原子来说,用上述方法计算,的确能够得到在 1 eV 附近散射截面取极小值的结果.

$V(r)$ 究竟取什么形式合适,取决于将所设的 $V(r)$ 代入薛定谔方程后,能否对冉绍尔曲线做出正确的解释. 最为简化的一个模型是一维方势阱. 解一维的薛定谔方程可以得出:对于一个给定的势阱深度 V_0,当入射粒子的能量满足条件

$$k'a = n\pi \quad (n = 1, 2, \cdots) \tag{5-3}$$

时,或者说当势阱宽度是入射粒子半波长的整数倍时,便会发生共振透射现象. 式(5-3) 中, $k' = \sqrt{\frac{2m(E + V_0)}{\hbar^2}} = \frac{2\pi}{\lambda}$,$a$ 为势阱宽度. 按照这个模型,在总散射截面-电子能量关系曲线中,随着电子能量的改变,总散射截面应该周期性地出现极小值. 但实际情况并非如此,例如图 5-1 所示的氙、氪、氩的冉绍尔曲线,只在能量为 1 eV 附近出现了一个极小值. 如果把惰性

气体的势场看成是一个三维方势阱,则可以定性地解释冉绍尔曲线的形状.

三维方势阱由下式表示:

$$V(r) = \begin{cases} -V_0, & r \leqslant a, \\ 0, & r > a. \end{cases} \tag{5-4}$$

由于 $V(r)$ 只与电子和原子之间的相对位置有关而与角度无关,因此 $V(r)$ 为中心力场. 对于中心力场,波函数可以表示为具有不同角动量子数 l 的各入射波与出射波的相干叠加. 对于每一个 l(称为一个分波),中心力场 $V(r)$ 的作用是使它的径向部分产生一个相移 δ_l,而总散射截面为

$$Q = \frac{4\pi}{k^2} \sum_{l=0}^{\infty} (2l+1)\sin^2\delta_l. \tag{5-5}$$

由此可知,计算总散射截面的问题就可归结为计算各分波的相移 δ_l. δ_l 可以通过解径向方程

$$\frac{1}{r^2}\frac{d}{dr}\left[r^2\frac{d}{dr}R_l(r)\right] + \left[k^2 - \frac{l(l+1)}{r^2} - \frac{2m}{\hbar^2}U(r)\right]R_l(r) = 0 \tag{5-6}$$

求出,当边界条件 $kr \to \infty$ 时,

$$R_l(r) \xrightarrow{kr \to \infty} \frac{1}{kr}\sin\left(kr - \frac{l\pi}{2} + \delta_l\right). \tag{5-7}$$

式(5-6)中,

$$k^2 = \frac{2mE}{\hbar^2}, \quad U(r) = \frac{2mV(r)}{\hbar^2}, \quad l = 0, 1, 2, \cdots. \tag{5-8}$$

对于低能的情况,即 $ka \ll 1$ 时,高 l 分波的贡献很小,考虑 $l=0$ 的分波的相移 δ_0 即可. 此时式(5-5)变为

$$Q_0 = \frac{4\pi}{k^2}\sin^2\delta_0. \tag{5-9}$$

可见,对于 $k \neq 0$(电子能量不为零)的情况,当 $\delta_0 = \pi$,$Q_0 = 0$,而高 l 分波的贡献又非常小时,总散射截面可能呈现出一个极小值. 此外,在 $l=0$ 的条件下解方程(5-7),可以得到使 $\delta_0 = \pi$ 的条件为

$$\frac{\tan(ka)}{k} = \frac{\tan(k'a)}{k'}, \tag{5-10}$$

式中,$k' = \sqrt{\frac{2m(E+V_0)}{\hbar^2}}$. 由此可见,调整势阱深度 V_0 和势阱宽度 a,可以使入射电子能量为 1 eV 时散射截面出现一个极小值,即出现共振透射现象. 而当能量逐渐增大时,高 l 分波的贡献便不可忽略,在这种情况下需要解 $l \neq 0$ 时的方程(5-7). 各 l 分波相移的总和使总散射截面不再出现类似一维情形的周期下降,这样三维方势阱模型就可定性地说明冉绍尔曲线. 更精确地计算总散射截面,需要用到哈特里-福克(Hartree-Fock)自洽场方法,这里不再详述. 从上面的论述可以看出,从对总散射截面与电子能量的关系的分析中,我们可以得到有关原子势场的信息.

2. 测量原理

测量气体原子对电子的总散射截面的方法很多,装置也各式各样. 图5-2所示为充氙电子碰撞管的结构示意图. 管子的屏极 S 为盒状结构,中间由一片开有矩形孔的隔板把它分成左右两个区域. 左面区域的一端装有圆柱形旁热式氧化物阴极 K,内有螺旋式灯丝 H,阴极与屏极

隔板之间有一个通道式栅极 G，右面区域是等电势区，通过屏极隔离板孔的电子与氙原子在这一区域进行弹性散射，该区域内的板极 P 用来收集未能被散射的透射电子.

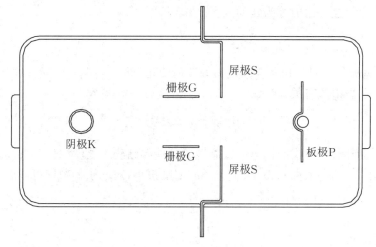

图 5-2　充氙电子碰撞管结构示意图

图 5-3 所示为测量气体原子总散射截面的原理图，当灯丝加热后，就有电子从阴极逸出. 设阴极电流为 I_K，电子在加速电压的作用下，一部分在到达栅极之前被屏极接收，形成电流 I_{S1}；另一部分穿越屏极上的矩形孔，形成电流 I_0. 由于屏极上的矩形孔与板极之间是一个等势区，因此电子穿越矩形孔后就做匀速运动，受到气体原子散射的电子则到达屏极，形成散射电流 I_{S2}；而未受到散射的电子则到达板极 P，形成板流 I_P，因此有

$$I_K = I_0 + I_{S1}, \tag{5-11}$$

$$I_S = I_{S1} + I_{S2}, \tag{5-12}$$

$$I_0 = I_P + I_{S2}. \tag{5-13}$$

电子在等电势区内的散射概率为

$$P_S = 1 - \frac{I_P}{I_0}. \tag{5-14}$$

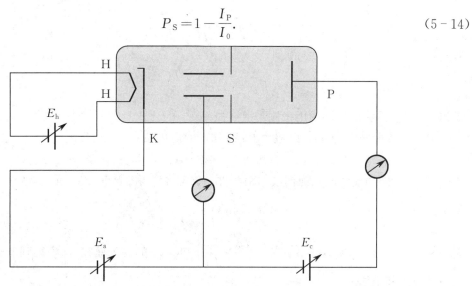

图 5-3　测量气体原子总散射截面原理图

综上所述，只要分别测量出 I_P 和 I_0 即可求出散射概率. I_P 可以直接测量，至于 I_0 则需要用间接的方法测量. 阴极电流 I_K 分成 I_{S1} 和 I_0 两部分，它们不仅与 I_K 成比例，而且相互之间也有一定的比例关系，这一比值称为几何因子 f，即有

$$f = \frac{I_0}{I_{S1}}. \tag{5-15}$$

几何因子 f 由电极间相对张角及空间电荷效应所决定，即 f 与电子碰撞管的几何结构及所施加的加速电压、阴极电流有关. 将式(5-15) 代入式(5-14) 得到

$$P_S = 1 - \frac{1}{f} \cdot \frac{I_P}{I_{S1}}. \tag{5-16}$$

为了测量几何因子 f，我们把电子碰撞管的管端部分浸入温度约为 77 K 的液氮中，这时，管内的气体凝固，在这种低温状态下，氩原子的密度很小，对电子的散射可以忽略不计，几何因子 f 就等于这时的板流 I_P^* 与屏流 I_S^* 之比，即

$$f = \frac{I_P^*}{I_S^*}. \tag{5-17}$$

如果这时阴极电流和加速电压保持与式(5-14) 和式(5-15) 中的值相同，那么式(5-17) 中的 f 值与式(5-16) 中的 f 值相等，因此有

$$P_S = 1 - \frac{I_P}{I_{S1}} \cdot \frac{I_S^*}{I_P^*}. \tag{5-18}$$

由式(5-12) 和式(5-13) 得到

$$I_S + I_P = I_{S1} + I_0, \tag{5-19}$$

再由式(5-15) 和式(5-17) 得到

$$I_0 = I_{S1} \frac{I_P^*}{I_S^*}, \tag{5-20}$$

从而有

$$I_{S1} = \frac{I_S^*(I_S + I_P)}{I_S^* + I_P^*}. \tag{5-21}$$

将式(5-21) 代入式(5-18) 得到

$$P_S = 1 - \frac{I_P}{I_P^*} \cdot \frac{I_S^* + I_P^*}{I_S + I_P}. \tag{5-22}$$

式(5-22) 就是我们实验中用来测量散射概率 P_S 的公式.

电子总散射截面 Q 和散射概率 P_S 有如下的简单关系：

$$P_S = 1 - e^{-QL}, \tag{5-23}$$

式中，L 为屏极隔板矩形孔到板极的距离. 由式(5-22) 和式(5-23) 可以得到

$$QL = \ln\left(\frac{I_P^*}{I_P} \cdot \frac{I_S + I_P}{I_S^* + I_P^*}\right). \tag{5-24}$$

因为 L 是一个常量，所以作 $\ln\left(\frac{I_P^*}{I_P} \cdot \frac{I_S + I_P}{I_S^* + I_P^*}\right)$ 和 $\sqrt{E_a}$ 的关系曲线，即可得到电子总散射截面与电子速度的关系.

实验仪器

FD-RTE-A型冉绍尔-汤森效应实验仪(见图5-4)、双踪示波器.其中,FD-RTE-A型冉绍尔-汤森效应实验仪包括两台主机(一台为电源组,另一台是微电流计和交流测量装置)、电子碰撞管(包括固定支架)、低温容器(盛放液氮用).

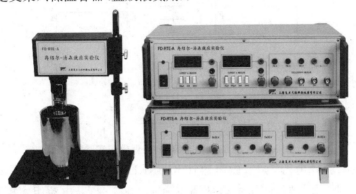

图5-4　FD-RTE-A型冉绍尔-汤森效应实验仪

实验内容

1. 交流测量冉绍尔-汤森效应

(1) 测量线路如图5-5所示,按照交流测量冉绍尔-汤森效应实验线路图正确连接测量仪器设备和线路进行交流测量.

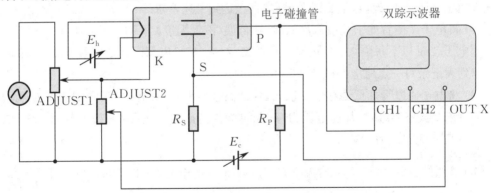

图5-5　交流测量冉绍尔-汤森效应实验线路图

(2) 打开主机和双踪示波器电源,将电子碰撞管阴极电源"E_h"调至"2.000 V"左右,补偿电压"E_c"先调节至"0.000 V".记录灯丝电压与补偿电压.

(3) 调节电位器"ADJUST1"改变交流加速电压的幅度,调节电位器"ADJUST2"改变示波器X轴的扫描幅度.这时可以在示波器上观察到室温下电流I_P和I_S与加速电压的关系.

(4) 在低温容器中注入液氮,把电子碰撞管下部约$\frac{1}{2}$浸入液氮(注意:电子碰撞管应该缓慢浸入液氮,以避免管壳突然受冷而炸裂),用示波器观察电流I_P和I_S的变化,观察低温(液氮温度)下电流I_P^*和I_S^*与加速电压的关系并与室温下的曲线做比较,记录描绘并分析实验

2. 直流测量冉绍尔-汤森效应

(1) 测量线路如图 5-6 所示，按照直流测量冉绍尔-汤森效应实验线路图正确连接测量仪器设备和线路.

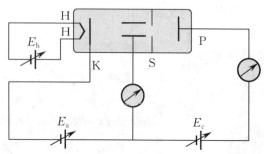

图 5-6　直流测量冉绍尔-汤森效应实验线路图

(2) 打开微电流计电源，调节微电流计"CURRENT I_P MEASURE"和"CURRENT I_S MEASURE"的调零电位器，将示值全部调节为"0.000"。打开电源组主机电源开关，将灯丝电压"E_h"调至"2.000 V"，将直流加速电压"E_a"和补偿电压"E_c"全部调至"0.000 V"。

(3) 调节电源组主机电源上的直流加速电压"E_a"旋钮(往负电压调节)，等到微电流计主机上两个表头示值全部为"0.000"时，把电子碰撞管下部约 $\frac{1}{2}$ 浸入液氮，调节"E_a"旋钮观察微电流计两个表头是否同时有电流出现. 如果同时有电流，记录此时的补偿电压值的大小，后面测量过程需保持补偿电压值不变. 如果不是同时有电流，适当改变补偿电压"E_c"的值，再调节直流加速电压"E_a"旋钮，重复以上过程，直至达到上述要求.

(4) 将电子碰撞管的下端浸入液氮后，在低温(液氮温度)下调节 E_a，从 0～10 V 逐渐增大加速电压(2 V 以下每隔 0.1 V 记录一次数据，2～3 V 可以每隔 0.2 V 测量，以后每隔 0.5 V 测量)，列表记录每一点对应的电流 I_P^* 和 I_S^* 的大小.

(5) 将电子碰撞管从低温容器中取出，将低温容器中剩余的液氮缓慢倒入液氮罐，等到电子碰撞管恢复到室温，调节加速电压为零，此时为保持阴极温度不变，改变灯丝电压 E_h 的大小，使得加速电压 E_a 为 1 V.

(6) 参照低温情况列表记录常温下 E_a 每一点对应的电流 I_P 和 I_S 的大小. 作 $\ln\frac{I_P^* I_S}{I_S^* I_P}$-$E_a$ 关系曲线，并根据式(5-14)作 P_S-E_a 关系曲线. 测量低能电子与气体原子的散射概率随电子能量变化的关系. 记录工作状态时室温下灯丝电压，液氮温度下灯丝电压和补偿电压.

(7) 根据实验数据作板极电流 I_P，I_P^*(液氮温度下)与加速电压 E_a 的关系曲线，并分析实验误差.

(8) 由实验数据作总散射截面 Q(取 QL，L 为常数)与加速电压平方根 $\sqrt{E_a}$(反映电子速度)的关系曲线以及电子散射概率 P_S 与加速电压平方根 $\sqrt{E_a}$ 的关系曲线，并分析实验误差.

注　数据记录参考表如表 5-1 所示. 表中 I_P 和 I_S 以及 I_P^* 和 I_S^* 分别为室温及液氮温度下的板极电流和栅极电流的测量值. $10I_P$ 是为了能更好地观察室温下和低温下电流 I_P 与加

速电压 E_a 的关系而做的一个转换,相当于交流加速电压情况下用双踪示波器测量时,室温下的电压挡为液氮低温情况下的 10 倍.

表 5-1 数据记录参考表

E_a/V	$I_P^*/\mu\text{A}$	$I_S^*/\mu\text{A}$	$I_P/\mu\text{A}$	$I_S/\mu\text{A}$	$10I_P/\mu\text{A}$	$\sqrt{E_a}/\text{V}^{\frac{1}{2}}$	P_S	QL
0.1								
0.2								
0.3								
……								
2.2								
2.4								
2.6								
2.8								
3.0								
3.5								
4.0								
4.5								
5.0								
6.0								
7.0								
8.0								
9.0								
10.0								

！注意事项

1. 将电子碰撞管浸入液氮中进行低温测量时,注意不要将管子金属底座浸入液氮,防止管子炸裂.

2. 电子碰撞管上下端的限位螺丝的作用是防止在将电子碰撞管浸入液氮时,因管子的突然或者全部浸入液氮引起管子炸裂.

3. 为了保证室温和低温两种测量条件下阴极的发射情况基本一致,应该保证加速电压 $E_a=1\text{ V}$ 时,$I_P+I_S=I_P^*+I_S^*$,这是因为室温下加速电压为 1 V 时的散射概率最小,最接近真空的情况.

4. 应保持实验室有良好的通风. 当心不要让低温液体触及人体,避免造成冻伤.

？思考题

1. 影响电子实际加速电压值的因素有哪些? 有什么修正方法?
2. 仪器选用的电子碰撞管灯丝的正常工作电压为 6.3 V,实验中应该降压使用,为什么?

3. 已知标准状态下氙原子的有效半径为 0.2 nm，按照经典气体分子运动理论计算其总散射截面及电子平均自由程，与实验结果比较，并进行讨论。

4. 屏极隔板矩形孔以及板极的大小对散射概率和总散射截面的测量有何影响？

参考文献

[1] 戴道宣,戴乐山. 近代物理实验. 2 版. 北京:高等教育出版社,2006.
[2] 曾谨言. 量子力学导论. 2 版. 北京:北京大学出版社,1998.
[3] 吴思诚,荀坤. 近代物理实验. 4 版. 北京:高等教育出版社,2015.

实验 6

法拉第效应实验

1845 年,英国物理学家法拉第(Faraday)发现原本没有旋光性的介质在磁场中出现了旋光性,后来这种磁致旋光现象也被称为法拉第效应. 之后韦尔代(Verdet)对许多介质进行了研究,发现法拉第效应普遍存在于固体、液体和气体中,只不过大部分物质的法拉第效应很弱. 法拉第效应第一次显示了光和电磁现象之间的联系,促进了对光本性的研究,在物理学上具有重要的意义. 法拉第效应的应用领域极其广泛,在激光技术中可用于制造光调制器、光隔离器和光频环行器,在半导体物理中可用于测量有效质量、迁移率等.

实验目的

1. 了解法拉第效应的原理.
2. 观察线偏振光在磁场中偏振面旋转的现象,确定测量样品的韦尔代常数.
3. 验证偏振面旋转角度和磁感应强度之间的关系.

实验原理

当线偏振光穿过介质时,若在介质中加一平行于光的传播方向的磁场,则光的偏振面会发生旋转,这种性质称为磁致旋光性,这个现象由法拉第首先发现,故称为法拉第效应. 图 6-1 所示为法拉第效应的示意图. 实验表明,在磁场不是特别强时,偏振面旋转的角度 θ_F 与光在介质中走过的路程(介质的厚度)l 及介质中的磁感应强度在光的传播方向上的分量 B 的乘积成正比,即

$$\theta_F = VBl, \tag{6-1}$$

式中,比例系数 V 与介质的性质、温度及入射光波长有关,表征着介质的磁光特性,称为韦尔代常数. 对于顺磁、弱磁和抗磁性材料(如重火石玻璃),V 为常数,即 θ_F 与 B 为线性关系;而对铁磁性或亚铁磁性材料(如钇铁石榴石等立方晶体材料),V 不为常数,θ_F 与 B 不是简单的线性关系.

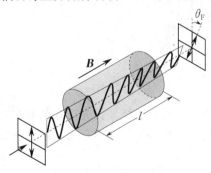

图 6-1 法拉第效应示意图

表 6-1 所示为部分物质的韦尔代常数参考值.

表 6-1 部分物质的韦尔代常数参考值

物质	入射光波长 λ/nm	韦尔代常数 V/[(′)/(G·cm)]
水	589.3	1.31×10^2
二硫化碳	589.3	4.23×10^2
轻火石玻璃	589.3	3.17×10^2
重火石玻璃	830.0	$8 \times 10^2 \sim 10 \times 10^2$
冕玻璃	632.8	$1.36 \times 10^2 \sim 7.27 \times 10^2$
石英	632.8	4.83×10^2
磷素	589.3	13.3×10^2

旋光性分右旋和左旋两种.一般约定,顺着磁场方向观察,偏振面按顺时针方向旋转的称为右旋介质,其韦尔代常数 $V > 0$;按逆时针方向旋转的称为左旋介质,其韦尔代常数 $V < 0$. 法拉第效应与天然旋光性不同,不具备一般的光学过程可逆的性质.对于给定的物质,光矢量的旋转方向只由磁场的方向决定,而与光的传播方向无关(不管传播方向与磁场同向还是反向),这叫作法拉第效应的"旋光非互易性",这是法拉第效应与某些物质的天然旋光效应的重要区别.天然旋光效应的旋光方向与光的传播方向有关,因此当光线往返两次穿过天然旋光性物质时,线偏振光的偏振面没有发生旋转.法拉第效应则不同,在磁场方向不变的情况下,线偏振光往返穿过磁致旋光物质时,偏振面的旋转角将是单次穿过该物质时的两倍.利用这一特性,可以使线偏振光在介质中往返数次,从而增大旋转角.这一性质使得磁光晶体在激光技术、光纤通信技术中获得重要应用,例如利用磁致旋光性可制作光隔离器、光循环器、磁光开关、磁光调制器、磁光光盘、磁光电流传感器和磁光偏频器等.

线偏振光可以分解为左旋和右旋圆偏振光的相干叠加.在没有外加磁场时,它们在介质中具有相同的折射率和传播速度.由原子物理学的知识可知,在有外加磁场时,磁场使原子中的振荡电荷产生进动,这种进动称为拉莫尔(Larmor)进动,进动的频率 ω_L 称为拉莫尔频率,且有

$$\omega_L = \frac{e}{2m} \cdot B, \quad (6-2)$$

式中,e 和 m 分别为振荡粒子的电荷和质量,B 为磁感应强度.

线偏振光的左旋圆偏振光和右旋圆偏振光部分,在经过外加磁场的介质时,由于介质的光学性质发生改变,它们在介质中的折射率和传播速度也发生改变,因此它们在介质中通过相同距离 l 后,就会产生不同的相移:

$$\varphi_L = \frac{2\pi}{\lambda} n_L l, \quad (6-3)$$

$$\varphi_R = \frac{2\pi}{\lambda} n_R l, \quad (6-4)$$

式中,φ_L 和 φ_R 分别为左旋圆偏振光和右旋圆偏振光产生的相移,n_L 和 n_R 分别为左旋圆偏振光和右旋圆偏振光对应的折射率,λ 为真空中的波长.根据式(6-3)和式(6-4)可以得到偏振面旋转的角度

$$\theta_F = \frac{1}{2}(\varphi_R - \varphi_L) = \frac{\pi}{\lambda}(n_R - n_L)l. \quad (6-5)$$

由 $\omega = \dfrac{2\pi}{T} = \dfrac{2\pi}{\lambda}c$，式(6-5)也可以用光的角频率 ω 来表示，即

$$\theta_F = \dfrac{\omega}{2c}(n_R - n_L)l.$$

由量子理论可知，原子中电子的轨道磁矩

$$\boldsymbol{\mu} = -\dfrac{e}{2m_e}\boldsymbol{L}, \tag{6-6}$$

式中，e 为电子电荷，m_e 为电子质量，$\boldsymbol{L}$ 为轨道角动量.

在磁场 $\boldsymbol{B}$ 的作用下，一个轨道磁矩具有势能

$$U = -\boldsymbol{\mu}\cdot\boldsymbol{B} = \dfrac{e}{2m_e}\boldsymbol{L}\cdot\boldsymbol{B} = \dfrac{eB}{2m_e}L_z, \tag{6-7}$$

式中，L_z 为电子的轨道角动量沿磁场方向的分量.

当平面偏振光在磁场 $\boldsymbol{B}$ 的作用下通过介质时，光子与电子发生相互作用，光子使电子由基态激发到高能态，处于激发态的电子吸收了光子的角动量 $\Delta L_z = \pm\hbar\left(\hbar = \dfrac{h}{2\pi}\right)$，虽然电子的能量和之前一样没有发生改变，但电子的势能将增加

$$\Delta U = \dfrac{eB}{2m_e}\Delta L_z = \pm\dfrac{eB}{2m_e}\hbar, \tag{6-8}$$

式中，"+"对应于左旋圆偏振光，"−"对应于右旋圆偏振光. 由于电子的势能增加了 ΔU，由能量守恒可知光子减少了 ΔU 的能量.

由量子理论可知，光子具有的能量为 $\hbar\omega$，介质对光子的折射率 n 是 $\hbar\omega$ 的函数，有 $n = n(\hbar\omega)$. 当光子的能量减少了 ΔU 时，有 $n = n(\hbar\omega - \Delta U)$，对 n 在 ω 附近展开有

$$n = n\left(\omega - \dfrac{\Delta U}{\hbar}\right) \approx n(\omega) \pm \dfrac{\Delta U}{\hbar}\dfrac{\mathrm{d}n}{\mathrm{d}\omega}. \tag{6-9}$$

将式(6-8)代入式(6-9)有

$$n = n(\omega) \mp \dfrac{eB}{2m_e}\dfrac{\mathrm{d}n}{\mathrm{d}\omega}, \tag{6-10}$$

式中，"+"和"−"分别对应于右旋圆偏振光和左旋圆偏振光. 将式(6-10)代入式(6-5)，结合 $\lambda = \dfrac{2\pi c}{\omega}$，有

$$\theta_F = \dfrac{Ble}{2m_e c}\omega\dfrac{\mathrm{d}n}{\mathrm{d}\omega}, \tag{6-11}$$

也可写成

$$\theta_F = -\dfrac{Ble}{2m_e c}\lambda\dfrac{\mathrm{d}n}{\mathrm{d}\lambda}. \tag{6-12}$$

式(6-12)表明偏振面旋转角的大小 θ_F 与样品介质厚度 l 和磁感应强度 B 成正比，并且和入射光的波长 λ 及介质的色散 $\dfrac{\mathrm{d}n}{\mathrm{d}\lambda}$ 有关. 将式(6-12)与式(6-1)对比，可得到韦尔代常数为

$$V = -\dfrac{e}{2m_e c}\lambda\dfrac{\mathrm{d}n}{\mathrm{d}\lambda}. \tag{6-13}$$

可见,韦尔代常数是波长的函数,所以对于不同波长的入射光,物质对应的偏振面旋转角是不同的,这也被称为旋光色散.与天然旋光效应类似,法拉第效应也有旋光色散,即韦尔代常数随波长而变.一束白色的线偏振光穿过磁致旋光介质后,紫光的偏振面要比红光的偏振面转过的角度大,这就是旋光色散.实验表明,磁致旋光物质的韦尔代常数 V 随波长 λ 的增大而减小.

实验仪器

法拉第效应实验装置(见图 6-2)主要由法拉第效应实验控制主机、励磁电源、电磁铁、转台、激光器、起偏器、检偏器、光电探测器、薄透镜、干涉滤光片以及厚透镜组成.

图 6-2 法拉第效应实验装置

实验内容

1. 励磁电流与磁头中心磁感应强度的关系

(1) 按要求正确连接仪器设备.

(2) 将特斯拉(Tesla)计探头移至磁头中心,打开励磁电源.

(3) 调节励磁电流,记录相应的磁感应强度数值(参考表 6-2),作励磁电流 I 与磁感应强度 B 的关系图,拟合出公式,分析其线性范围,对结果进行分析和讨论.(注意,在励磁电流为零时,磁头中心磁感应强度并不为零,这是磁头材料剩磁引起的.)

表 6-2 励磁电流与磁头中心磁感应强度关系数据记录表

I/A	B/mT	I/A	B/mT	I/A	B/mT
0.00		1.80		3.60	
0.20		2.00		3.80	
……		……		……	
1.60		3.40		5.20	

2. 法拉第效应实验

(1) 将电磁铁纵向放置,一边滑块上依次固定激光器和起偏器,另一边滑块上依次固定检偏器和光电探测器.

(2) 调节激光器固定架上的二维调节旋钮,使激光光斑完全通过电磁铁的中心孔(注意,这一步要求仔细调节,在此之前需要调节激光器前端的调焦镜头减小光斑的发散角).调节光电探测器前端的光阑,使通过电磁铁的激光能够完全被光电探测器接收.

(3) 取走检偏器,旋转起偏器使探测器输出数值最大,这是因为半导体激光器输出光为部分偏振光,调节起偏器使其透光轴方向与部分偏振光较大的电矢量方向一致,这样光强输出较大,可以增强后面法拉第效应实验的效果.(可以在法拉第效应实验之前,测量激光器的偏振度.)

(4) 放入检偏器,并调节样品架前端的旋钮,升起实验样品,并移动样品架,使直径较小的旋光玻璃样品处于磁场中间,激光完全通过样品.调节检偏器的中心转盘,使得光电探测器的输出值最小,即正交消光(因为其他因素影响,光电探测器输出数值不会为零,找到最小值即可).记录检偏器的初始角度.

(5) 打开励磁电源,增大励磁电流(磁感应强度可通过实验内容 1 中所得的拟合公式根据励磁电流计算得出,即通过励磁电源表头直接读出,而不必再移动特斯拉计探头逐次测量),调节检偏器的中心转盘,使得光电探测器再次输出最小,即正交消光,记录对应的偏振面旋转角(参考表 6-3).

表 6-3 旋光玻璃样品法拉第效应测试数据记录表

I/A	B/mT	消光位置 /mm	旋转角 θ/(′)	θ/B /[(′)/mT]
0.00			—	
0.40				
0.80				
1.20				
1.60				
2.00				
2.40				

(6) 逐渐调节励磁电流,重复步骤(5).绘制旋转角和磁感应强度的关系曲线.根据公式 $\theta_F = VBl$,用游标卡尺测量样品厚度,计算样品的韦尔代常数 V.因为旋光玻璃样品实验现象非常明显,所以磁场不需要加到最大.实验中励磁电流调节范围在 0~2.50 A 之间即可,因为较强的磁场可能使旋转角超过检偏器测量范围.检偏器的结构是将角位移转换成直线位移(大角度转动时直接旋转检偏器后部旋钮),即根据加工标准,测微头每移动一格,即 0.01 mm,偏振片转动 1.9′.测微头的移动范围为 0~10.00 mm,所以用测微头测量角度的范围大约为 30°.

!注意事项 ■

1. 在完成实验后应及时切断电源,以避免长时间工作使电磁铁线圈聚积过多热量而破坏其稳定性.

2. 测量磁头中心磁感应强度时,应注意探头在同一实验中不同次测量时放于同一位置,以使测量更加准确、稳定.

3. 因为法拉第效应实验要求尽量减小外界光的影响,所以实验最好在暗室内完成,以使实验现象更加明显,实验数据更加准确.

?思考题 ■

1. 韦尔代常数与哪些物理量有关?

2. 消光法测量样品的韦尔代常数的关键操作要点是什么?
3. 测量磁感应强度应该注意什么?
4. 如何正确调整光路?

参考文献

[1] 吴先球,熊予莹. 近代物理实验教程. 2版. 北京:科学出版社,2009.
[2] 戴道宣,戴乐山. 近代物理实验. 2版. 北京:高等教育出版社,2006.
[3] 王正行. 近代物理学. 2版. 北京:北京大学出版社,2010.
[4] 葛惟昆,王合英. 近代物理实验. 北京:清华大学出版社,2020.
[5] 姚启钧. 光学教程. 6版. 北京:高等教育出版社,2019.

实验 7

塞曼效应实验

1896年,荷兰物理学家塞曼(Zeeman)发现当光源处于足够强的磁场中时,原来的一条光谱线会分裂成多条光谱线,分裂的谱线成分是偏振的,分裂的条数随能级的类别而不同,这一现象称为塞曼效应.塞曼效应是继法拉第1845年发现法拉第效应和克尔(Kerr)1876年发现磁光克尔效应之后,发现的又一个磁光效应.塞曼效应不仅证实了洛伦兹电子论的准确性,而且为汤姆孙(Thomson)发现电子提供了证据,还证实了原子具有磁矩并且空间取向是量子化的.1902年,塞曼与洛伦兹因这一发现共同获得了诺贝尔物理学奖.直到今日,塞曼效应仍旧是研究原子能级结构的重要方法.

谱线分裂为三条,且裂距按波数计算正好等于一个洛伦兹单位$\left(\text{洛伦兹单位}\ L = \dfrac{eB}{4\pi mc}\right)$的现象称为正常塞曼效应.正常塞曼效应用经典理论就能进行解释.实际上大多数谱线的塞曼分裂不是正常塞曼分裂,分裂的谱线多于三条,谱线的裂距可以大于或小于一个洛伦兹单位,这一现象称为反常塞曼效应.反常塞曼效应只有用量子理论才能得到圆满的解释.对反常塞曼效应以及复杂光谱的研究,促使朗德(Landé)于1921年提出 g 因子概念,乌伦贝克(Uhlenbeck)和古德斯米特(Goudsmit)于1925年提出电子自旋的概念,推动了量子理论的发展.

实验目的

1. 掌握观测塞曼效应的方法,加深对原子磁矩及空间量子化等原子物理学概念的理解.
2. 观察汞原子546.1 nm谱线在磁场中的分裂现象以及谱线的偏振状态,计算电子荷质比.
3. 学习法布里-珀罗(Fabry-Perot)标准具的调节方法.
4. 学习CCD(电荷耦合器件)在光谱测量中的应用.

实验原理

1. 原子的总磁矩和总角动量的关系

严格来说,原子的总磁矩由电子磁矩和核磁矩两部分组成,但由于后者比前者小三个数量级,所以暂时只考虑电子磁矩这一部分.原子中的电子由于轨道运动和自旋运动而分别产生轨道磁矩和自旋磁矩,根据量子力学,电子的轨道磁矩 $\boldsymbol{\mu}_L$ 和轨道角动量 $\boldsymbol{P}_L$ 在数值上有如下关系:

$$\mu_L = \frac{e}{2m} P_L, \quad P_L = \sqrt{L(L+1)}\hbar; \tag{7-1}$$

自旋磁矩 $\boldsymbol{\mu}_S$ 和自旋角动量 $\boldsymbol{P}_S$ 在数值上有如下关系:

$$\mu_S = \frac{e}{m} P_S, \quad P_S = \sqrt{S(S+1)}\,\hbar, \tag{7-2}$$

式中，e,m 分别表示电子电荷和电子质量；L,S 分别表示轨道量子数和自旋量子数. 轨道角动量和自旋角动量合成原子的总动量 $\boldsymbol{P}_J$，轨道磁矩和自旋磁矩合成原子的总磁矩 $\boldsymbol{\mu}$，由于 $\boldsymbol{\mu}$ 绕 $\boldsymbol{P}_J$ 运动时，只有 $\boldsymbol{\mu}$ 在 $\boldsymbol{P}_J$ 方向的投影 $\boldsymbol{\mu}_J$ 对外平均效果不为零，可以得到 $\boldsymbol{\mu}_J$ 与 $\boldsymbol{P}_J$ 在数值上的关系为

$$\mu_J = g \frac{e}{2m} P_J, \tag{7-3}$$

式中，

$$g = 1 + \frac{J(J+1) - L(L+1) + S(S+1)}{2J(J+1)} \tag{7-4}$$

称为朗德 g 因子（简称 g 因子），它表征原子的总磁矩与总角动量的关系，而且决定了能级在磁场中分裂的大小. 式(7-4)中，$J = L + S$ 称为总角动量量子数.

2. 外磁场对原子能级的作用

原子的总磁矩在外磁场中会受到力矩 $\boldsymbol{L}$ 的作用，且满足

$$\boldsymbol{L} = \boldsymbol{\mu}_J \times \boldsymbol{B}, \tag{7-5}$$

式中，$\boldsymbol{B}$ 为磁感应强度. 力矩 $\boldsymbol{L}$ 使角动量 $\boldsymbol{P}_J$ 绕磁场方向做进动，进动引起的附加的能量为

$$\Delta E = -\mu_J B \cos\alpha, \tag{7-6}$$

式中，α 为 $\boldsymbol{\mu}_J$ 与 $\boldsymbol{B}$ 的夹角. 将式(7-3)代入式(7-6)得

$$\Delta E = g \frac{e}{2m} P_J B \cos\beta, \tag{7-7}$$

式中，β 为 $\boldsymbol{P}_J$ 与 $\boldsymbol{B}$ 的夹角. $\boldsymbol{\mu}_J$ 和 $\boldsymbol{P}_J$ 在磁场中的取向是量子化的，也就是 $\boldsymbol{P}_J$ 在磁场方向的分量是量子化的，且等于磁量子数 M 和约化普朗克常量 $\hbar$ 的积，即

$$P_J \cos\beta = M\hbar \quad (M = J, J-1, \cdots, -J), \tag{7-8}$$

磁量子数 M 共有 $2J+1$ 个值. 将式(7-8)代入式(7-7)得到

$$\Delta E = Mg \frac{e\hbar}{2m} B. \tag{7-9}$$

这样，无外磁场时的一个能级在外磁场作用下分裂为 $2J+1$ 个子能级. 从式(7-9)中可以看出，每个子能级的附加能量正比于外磁场的磁感应强度，并且与 g 因子有关.

3. 塞曼效应的选择定则

设某一光谱线在无外磁场时跃迁前、后的能级分别为 E_2 和 E_1，则谱线的频率 ν 满足

$$h\nu = E_2 - E_1. \tag{7-10}$$

在外磁场中，两能级分别分裂为 $2J_2+1$ 和 $2J_1+1$ 个子能级，附加能量分别为 ΔE_2 和 ΔE_1，并且可以按式(7-9)算出. 新的谱线频率 ν' 满足

$$h\nu' = (E_2 + \Delta E_2) - (E_1 + \Delta E_1), \tag{7-11}$$

所以分裂后谱线与原谱线的频率差为

$$\Delta\nu = \nu' - \nu = \frac{1}{h}(\Delta E_2 - \Delta E_1) = (M_2 g_2 - M_1 g_1)\frac{eB}{4\pi m}. \tag{7-12}$$

用波数 $\tilde{\nu} = \dfrac{\nu}{c}$ 来表示，有

$$\Delta\tilde{\nu} = (M_2 g_2 - M_1 g_1)\frac{eB}{4\pi mc}, \tag{7-13}$$

式中，$\frac{eB}{4\pi mc}=L$ 即为洛伦兹单位．将有关物理常量代入得 $L=4.67\times10^{-3}B$（单位：m^{-1}），式中，B 的单位为 $G(1\,G=10^{-4}\,T)$．

但是，并非任何两个能级间的跃迁都可能发生．跃迁必须满足以下条件（选择定则）：

$$\Delta M = M_2 - M_1 = 0, \pm 1 \quad 且 \quad J_2 \neq J_1,$$

习惯上取较高能级的磁量子数之差为 ΔM．

(1) 当 $\Delta M = 0$ 时，产生 π 线，沿垂直于磁场的方向观察时，得到光振动方向平行于磁场的线偏振光．沿平行于磁场的方向观察时，光强为零．

(2) 当 $\Delta M = \pm 1$ 时，产生 $\sigma^{\pm}$ 线，合称 σ 线．沿垂直于磁场的方向观察时，得到的都是光振动方向垂直于磁场方向的线偏振光．当光线的传播方向与磁场方向相同时，σ^+ 线为一左旋圆偏振光，σ^- 线为一右旋圆偏振光．当光线的传播方向与磁场方向相反时，σ^+ 线为一右旋圆偏振光，σ^- 线为一左旋圆偏振光．

沿其他方向观察时，π 线保持为线偏振光，σ 线变为圆偏振光．由于光源必须置于电磁铁两磁极之间，为了在沿磁场方向上观察塞曼效应，必须在磁极上镗孔．

4. 汞绿线在外磁场中的塞曼效应

本实验中所观察的汞绿线 546.1 nm 对应于 $6s7s^3S_1$ 能级跃迁至 $6s6p^3P_2$ 能级．与这两个能级及其塞曼分裂能级对应的 L, S, J 量子数和 g, M, Mg 值以及偏振态分别如表 7-1 和表 7-2 所示．

表 7-1 塞曼分裂能级对应的量子数和 g, M, Mg 值

物理量符号	$6s7s^3S_1$ 能级	$6s6p^3P_2$ 能级
L	0	1
S	1	1
J	1	2
g	2	$\frac{3}{2}$
M	1, 0, −1	2, 1, 0, −1, −2
Mg	2, 0, −2	3, $\frac{3}{2}$, 0, $-\frac{3}{2}$, −3

表 7-2 各光线的偏振态

选择定则	$K \perp B$（横向）	$K \parallel B$（纵向）
$\Delta M = 0$	线偏振光 π 成分	无光
$\Delta M = +1$	线偏振光 σ 成分	右旋圆偏振光
$\Delta M = -1$	线偏振光 σ 成分	左旋圆偏振光

注：K 为波矢，B 为磁感应强度，σ 表示电矢量 $E \perp B$，π 表示电矢量 $E \parallel B$．

这两个能级的 g 因子及其在磁场中的分裂，可以由式(7-4)和式(7-7)计算得出，绘成能级跃迁图，如图 7-1 所示．

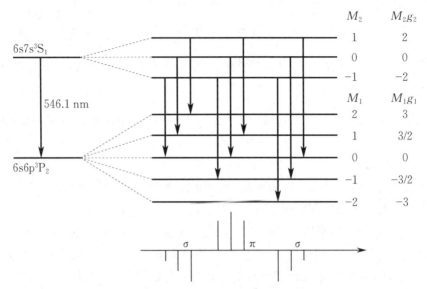

图 7-1 汞绿线的能级跃迁图

由图可见,上、下能级在外磁场中分别分裂为三个和五个子能级. 在能级图上画出了选择定则允许的九种跃迁. 在能级图下方画出了与各跃迁相应的谱线在频谱上的位置,它们的波数从左到右增加,并且是等距的,为了便于区分,将 π 线和 σ 线都标在相应的地方,各线段的长度表示光谱线的相对强度.

5. 法布里-珀罗标准具的原理和性能

塞曼分裂的波长差很小,普通的棱镜摄谱仪无法分辨,应使用分辨本领高的光谱仪器,如法布里-珀罗标准具、陆末-格尔克(Lummer-Gehrcke)板、迈克耳孙(Michelson)阶梯光栅等. 大部分的塞曼效应实验仪器选择法布里-珀罗标准具.

法布里-珀罗标准具(以下简称 F-P 标准具)由两块平行平面玻璃板和夹在中间的一个间隔圈组成. 平面玻璃板内表面是平整的,其加工精度要求优于 1/20 中心波长. 内表面上镀有反射膜(其反射率高于 90%). 间隔圈用膨胀系数很小的熔融石英材料制成,精加工成有一定的厚度,用来保证两块平面玻璃板之间有很高的平行度和稳定间距.

F-P 标准具的多光束干涉光路图如图 7-2 所示,当单色平行光束从光源 S_0 以某一小角度入射到 F-P 标准具的平面玻璃板 M 上,光束在 M 和 M' 表面上经过多次反射和折射,分别形成一系列相互平行的反射光束 $1,2,\cdots$ 及折射光束 $1',2',\cdots$,任何相邻光束间的光程差 Δ 都相同,且有

$$\Delta = 2nd\cos\theta, \qquad (7-14)$$

式中,d 为两平行平面玻璃板之间的距离;θ 为光束入射角;n 为两平行平面玻璃板之间的介质的折射率,在空气中使用时可以取 $n=1$. 一系列相互平行并有一定光程差的光束(多光束)经会聚透镜在焦平面上发生干涉,当光程差为波长整数倍时产生相长干涉,得到光强极大值,即

$$\Delta = 2d\cos\theta = k\lambda, \qquad (7-15)$$

式中,k 为整数,称为干涉级. 由于 F-P 标准具的间隔 d 是固定的,对于波长 λ 一定的光,不同的干涉级 k 出现在不同的入射角 θ 处,如果采用扩展光源照明,在 F-P 标准具中将产生等倾干

涉，这时相同 θ 角的光束所形成的干涉条纹是一圆环，整个干涉图样则是一组同心圆环.

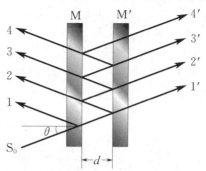

图 7-2　F-P 标准具的多光束干涉光路图

由于 F-P 标准具中发生的是多光束干涉，因此干涉条纹的宽度非常窄. 通常用精细度（定义为相邻条纹间距与条纹半宽度之比）F 表征其分辨性能，可以证明

$$F = \frac{\pi \sqrt{R}}{1-R}, \tag{7-16}$$

式中，R 为平面玻璃板内表面的反射率. 精细度的物理意义是在相邻的两干涉级的条纹之间能够分辨的最大条纹数. 精细度仅依赖于反射膜的反射率，反射率越大，精细度越高，则每一干涉条纹越窄，仪器能分辨的条纹数越多，也就是仪器的分辨本领越高. 实际上，平面玻璃板内表面加工精度受到一定的限制，反射膜层中出现各种非均匀性，这些都会带来散射等耗散因素，使仪器的实际精细度比理论值低.

我们考虑两束具有微小波长差的单色光 λ_1 和 λ_2（$\lambda_1 > \lambda_2$，且 $\lambda_1 \approx \lambda_2 \approx \lambda$），例如加磁场后汞绿线分裂从而形成的九条谱线中，对于同一干涉级 k，根据式(7-15)，λ_1 和 λ_2 的光强极大值对应于不同的入射角 θ_1 和 θ_2，因而所有的干涉级形成两套条纹. 如果 λ_1 和 λ_2 的波长差（随磁感应强度）逐渐增大，使得 λ_2 的 k 级条纹与 λ_1 的 $k-1$ 级条纹重合，这时满足

$$k\lambda_2 = (k-1)\lambda_1. \tag{7-17}$$

考虑到靠近干涉圆环中央处 θ 都很小，因而 $k = \frac{2d}{\lambda}$，于是上式可以写成

$$\Delta\lambda = \lambda_1 - \lambda_2 = \frac{\lambda^2}{2d}. \tag{7-18}$$

用波数表示为

$$\Delta\tilde{\nu} = \frac{1}{2d}. \tag{7-19}$$

按以上两式算出的 $\Delta\lambda$ 或 $\Delta\tilde{\nu}$ 定义为 F-P 标准具的色散范围，又称为自由光谱范围. 色散范围是 F-P 标准具的特征量，它给出了靠近干涉圆环中央处不同波长差的干涉条纹不重级时所允许的最大波长差.

6. 分裂后各谱线的波长差或波数差的测量

用焦距为 f 的透镜使 F-P 标准具的干涉条纹成像在焦平面上，这时靠近中央各干涉圆环的入射角 θ 与它的直径 D 有如下关系（见图 7-3）：

$$\cos\theta = \frac{f}{\sqrt{f^2 + (D/2)^2}} \approx 1 - \frac{D^2}{8f^2}, \tag{7-20}$$

代入式(7-15)得

$$2d\left(1-\frac{D^2}{8f^2}\right)=k\lambda. \tag{7-21}$$

由式(7-21)可见,靠近中央各干涉圆环的直径平方与干涉级成线性关系. 对同一波长而言,随着条纹直径的增大,条纹越来越密,并且式(7-21)左侧括号内符号表明,直径大的干涉圆环对应的干涉级低. 同理,就不同波长的同干涉级的干涉圆环而言,直径大的波长小.

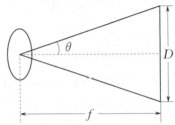

图7-3 入射角与干涉圆环直径的关系

同一波长相邻两级(如k和$k-1$)干涉圆环的直径平方差ΔD^2可以由式(7-21)求出,有

$$\Delta D^2 = D_{k-1}^2 - D_k^2 = \frac{4f^2\lambda}{d}. \tag{7-22}$$

可见,ΔD^2是一个常数,与干涉级k无关.

由式(7-21)可以求出在同一级中不同波长λ_a和λ_b之差,例如,分裂后两相邻谱线的波长差为

$$\lambda_a - \lambda_b = \frac{d}{4f^2 k}(D_b^2 - D_a^2) = \frac{\lambda}{k}\frac{D_b^2 - D_a^2}{D_{k-1}^2 - D_k^2}. \tag{7-23}$$

测量时,通常可以只利用在中央附近的k级干涉圆环,通常满足$\cos\theta \approx 1$(θ很小). 考虑到F-P标准具间隔圈的厚度比波长大得多,中心干涉圆环的干涉级是很大的. 因此,用中心干涉圆环干涉级代替被测干涉圆环的干涉级所引入的误差可以忽略不计,由式(7-15)可知

$$k = \frac{2d}{\lambda}. \tag{7-24}$$

将上式代入式(7-23)得到

$$\lambda_a - \lambda_b = \frac{\lambda^2}{2d}\frac{D_b^2 - D_a^2}{D_{k-1}^2 - D_k^2}, \tag{7-25}$$

用波数表示为

$$\tilde{\nu}_a - \tilde{\nu}_b = \frac{1}{2d}\frac{D_b^2 - D_a^2}{D_{k-1}^2 - D_k^2} = \frac{1}{2d}\frac{\Delta D_{ab}^2}{\Delta D^2}, \tag{7-26}$$

式中,$\Delta D_{ab}^2 = D_b^2 - D_a^2$. 由式(7-26)可知波数差与相应干涉圆环的直径的平方差成正比.

将式(7-26)代入式(7-13)得到电子荷质比为

$$\frac{e}{m} = \frac{2\pi c}{(M_2 g_2 - M_1 g_1) Bd}\left(\frac{D_b^2 - D_a^2}{D_{k-1}^2 - D_k^2}\right). \tag{7-27}$$

7. CCD摄像器件

CCD即电荷耦合器件,是一种金属-氧化物-半导体结构的新型器件,具有光电转换、信息存储和信号传输功能,在图像传感、信息处理和存储等方面有广泛的应用. CCD摄像器件是CCD在图像传感领域中的重要应用. 在本实验中,经由F-P标准具出射的多光束,经透镜会聚

相干,使多光束干涉条纹成像于 CCD 光敏面.利用 CCD 的光电转换功能,将其转换为电信号"图像",由显示屏显示.因为 CCD 是对弱光极为敏感的光放大器件,所以能够呈现明亮、清晰的干涉图样.

实验仪器

塞曼效应综合实验仪包含控制主机、励磁电源、电磁铁、转台、激光器、起偏器、检偏器、薄透镜、干涉滤光片、F-P 标准具、厚透镜、测微目镜,还包括 CCD 摄像系统、USB 图像采集系统以及塞曼效应实验分析软件.实验装置如图 7-4 和图 7-5 所示.图 7-4 中,N,S 为直流电磁铁的两极,励磁电流由励磁电源提供,电流与磁感应强度的关系可以测定,S_1 为汞灯,L_1 和 L_2 为会聚透镜,P 为偏振片,Q 为干涉滤光片(546.1 nm),AB 为 F-P 标准具.

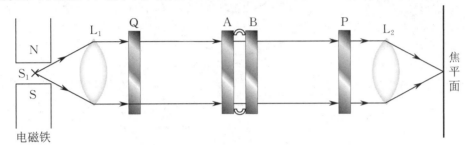

图 7-4 直读法测量塞曼效应实验装置示意图

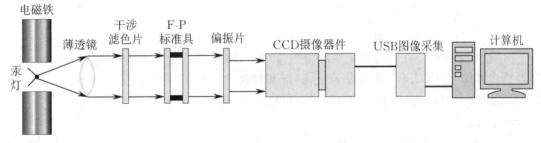

图 7-5 CCD 测量塞曼效应实验装置示意图

实验内容

(1) 按照说明书和图 7-4 正确连接仪器设备.

(2) 依次放置各光学元件(偏振片可以先不放置),并调节光路上各光学元件等高共轴,点亮汞灯.

(3) 调节 F-P 标准具内表面的平行度.先通过读数显微镜观察,移动会聚透镜使入射光尽量为平行光束,调节标准具上的三个微调螺丝,使得干涉圆环上、下、左、右等各方向的条纹宽度均匀而且锐细.

(4) 从测量望远镜中可观察到干涉圆环发生分裂的图像.调节会聚透镜的高度,或者调节电磁铁两端的内六角螺丝,改变磁场强弱,可以看到随着磁场的增强,谱线的分裂宽度也在不断增宽,表现为干涉圆环的每个环由于塞曼分裂而向外两旁分开.放置偏振片(注意,直读法测量时应将偏振片中的小孔光阑取掉,以增加通光量),当旋转偏振片为 0°,45°,90° 各不同位置时,可观察到偏振性质不同的 π 成分和 σ 成分.

(5)旋转测微目镜读数鼓轮,通过测微目镜能够看到清晰的每级三个分裂圆环,如图7-6所示.用测量分划板的铅垂线依次与被测圆环相切,从读数鼓轮上读出相应的一组数据,它们的差值即为被测的干涉圆环直径,测量四个圆的直径 D_c,D_b(即为 D_{k-1}),D_a,D_k,用特斯拉计测量中心磁场的磁感应强度 B,利用式(7-27)计算电子荷质比,并计算测量误差.

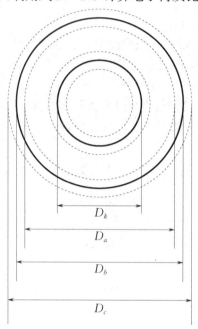

图 7-6　汞 546.1 nm 光谱加磁场后的图像

(6)按照图7-5,在前面直读法测量的基础上,将测微目镜和成像透镜(L_2)去掉,装上CCD摄像器件,连接USB图像采集系统,运行塞曼效应实验分析软件并完成测量.注意这时偏振片上应该加装小孔光阑.软件的具体操作见软件的"使用说明".

!注意事项

1. F-P标准具等光学元件应避免沾染灰尘、污垢和油脂,避免在潮湿、过冷、过热和酸碱性蒸汽环境中存放和使用.注意轻拿轻放,避免强烈震动或跌落.

2. 在完成实验后应及时切断电磁铁电源,避免长时间工作使线圈聚积过多热量而破坏其稳定性.

3. 测量中心磁场的磁感应强度时,应注意探头在同一实验中不同次测量时放置于同一位置,以使测量更加准确、稳定.

4. 因为塞曼效应要求尽量减小外界光的影响,所以实验最好在暗室内完成,以使实验现象更加明显,实验数据更加准确.

5. 汞灯工作时辐射出较强的 253.7 nm 紫外线,实验时操作者请不要直接目视汞灯灯光,如需要直接观察灯光,请佩戴防护眼镜.

6. 将汞灯放入磁头间隙时,注意尽量不要使灯管接触磁头.

7. 汞灯起辉电压在 1 000 V 以上,所以通电时注意不要触碰汞灯的接插件和连接线,以免发生触电.

?思考题

1. 简单描述塞曼效应的工作原理.
2. 如何正确调节设备观测塞曼效应的 π 成分?
3. 轨道量子数 L 与磁场有什么关系?
4. 波长为 546.1 nm 的光谱线的塞曼分裂的依据是什么?

参考文献

[1] 吴先球,熊予莹. 近代物理实验教程. 2 版. 北京:科学出版社,2009.
[2] 杨福家. 原子物理学. 5 版. 北京:高等教育出版社,2019.
[3] 冯文林,杨晓占,魏强. 近代物理实验教程. 重庆:重庆大学出版社,2015.
[4] 戴道宣,戴乐山. 近代物理实验. 2 版. 北京:高等教育出版社,2006.
[5] 苏汝铿. 量子力学. 2 版. 北京:高等教育出版社,2002.
[6] 王正行. 近代物理学. 2 版. 北京:北京大学出版社,2010.
[7] 潘笃武,贾玉润,陈善华. 光学:上册. 上海:复旦大学出版社,1997.
[8] 褚圣麟. 原子物理学. 2 版. 北京:高等教育出版社,2022.

实验 8

表面磁光克尔效应实验

1876 年,物理学家克尔发现铁磁体对反射光的偏振状态会产生影响,如线偏振光会变为椭圆偏振光,这就是磁光克尔效应.磁光克尔效应在表面磁学中的应用,即为表面磁光克尔效应(surface magneto-optic Kerr effect,SMOKE),它是指铁磁性样品(如铁、钴、镍及其合金)的磁化状态对于从其表面反射的光的偏振状态的影响. 当入射光为线偏振光时,样品的磁性会引起反射光偏振面的旋转和椭偏率的变化. 表面磁光克尔效应应用于薄膜磁性探测技术始于 1985 年.

1. 了解 SMOKE 测量系统的测量原理.
2. 掌握 SMOKE 测量系统测量磁滞回线和克尔椭偏率的方法.

如图 8-1 所示,当一束线偏振光入射到样品表面上时,如果样品是各向异性的,那么反射光的偏振方向会发生偏转.如果此时样品还处于铁磁状态,那么由于铁磁性,还会导致反射光的偏振面相对于入射光的偏振面额外再转过一个小的角度,这个小角度称为克尔旋转角 θ_K. 同时,一般而言,由于样品对 p 光和 s 光的吸收率是不一样的,即使样品处于非铁磁状态,反射光的椭偏率也会发生变化,而铁磁性会导致椭偏率有一个附加的变化,这个变化称为克尔椭偏率 ε_K. 由于克尔旋转角 θ_K 和克尔椭偏率 ε_K 都是磁化强度 M 的函数,因此通过探测 θ_K 或 ε_K 的变化可以推测出磁化强度 M 的变化.

按照磁场相对于入射面的配置状态不同,磁光克尔效应可以分为三种:极向克尔效应、纵向克尔效应和横向克尔效应.

极向克尔效应如图 8-2 所示,其特点是磁化强度方向垂直于样品表面并且平行于入射面.通常情况下,极向克尔信号的强度随光的入射角的减小而增大,在入射角为零(垂直入射)时达到最大.

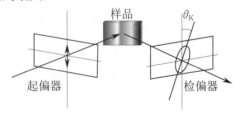

图 8-1 SMOKE 原理

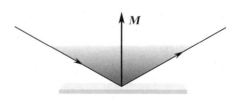

图 8-2 极向克尔效应

纵向克尔效应如图 8-3 所示,其特点是磁化强度方向在样品膜面内并且平行于入射面. 纵向克尔信号的强度一般随光的入射角的减小而减小,在入射角为零时为零. 通常情况下,纵向克尔信号中无论是克尔旋转角还是克尔椭偏率都要比极向克尔信号小一个数量级,因此纵向克尔效应的探测远比极向克尔效应的探测困难. 但对于很多薄膜样品来说,易磁化轴往往平行于样品表面,因而只有在纵向克尔效应影响下,样品的磁化强度才容易达到饱和. 因此,纵向克尔效应对于薄膜样品的磁性研究是十分重要的.

横向克尔效应如图 8-4 所示,其特点是磁化强度方向在样品膜面内并且垂直于入射面. 横向克尔效应中反射光的偏振状态没有变化. 这是因为在这种情况下电矢量与磁化强度矢积的方向永远没有与光传播方向相垂直的分量. 横向克尔效应中,只有在 p 光入射条件下,才有一个很小的反射率的变化.

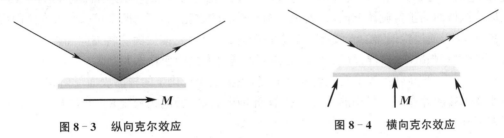

图 8-3 纵向克尔效应　　　　　图 8-4 横向克尔效应

以下以极向克尔效应为例详细讨论 SMOKE 测量系统,原则上完全适用于纵向克尔效应和横向克尔效应. 图 8-5 所示为常见的 SMOKE 测量系统光路,氦氖激光器发射的激光束通过起偏器后变成线偏振光,然后从样品表面反射,经过检偏器后进入光电探测器. 检偏器的偏振化方向与起偏器设置成偏离消光位置一个很小的角度 δ,如图 8-6 所示. 样品放置在磁场中,当外加磁场改变样品磁化强度时,反射光的偏振状态发生改变,通过检偏器的光强也发生变化. 在一阶近似下光强的变化和磁化强度呈线性关系,光电探测器探测到这个光强的变化就可以推测出样品的磁化状态.

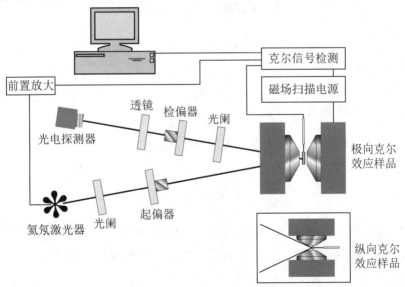

图 8-5 常见的 SMOKE 测量系统的光路图

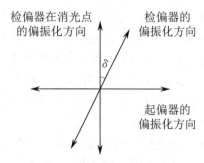

图 8-6　检偏器与起偏器的设置

两个偏振器的设置状态主要是为了区分正负克尔旋转角. 若两个偏振化方向设置在消光位置,无论反射光偏振面是顺时针还是逆时针旋转,反映在光强的变化上都是强度增大. 这样无法区分偏振面的正负旋转方向,也就无法判断样品的磁化方向. 当两个偏振化方向之间有一个小角度 δ 时,通过检偏器的光线有一个本底光强 I_0. 反射光偏振面旋转方向和 δ 同向时光强增大,反向时光强减小,这样样品的磁化方向可以通过光强的变化来判断.

在图 8-1 的光路中,假设取入射光为 p 光,当光线从磁化了的样品表面反射时,反射光中因磁光克尔效应含有一个很小的垂直于 $\boldsymbol{E}_p$(p 光的电矢量)的电场分量 $\boldsymbol{E}_s$,通常 $E_s \ll E_p$,在一阶近似下有

$$\frac{E_s}{E_p} = \theta_K + i\varepsilon_K, \tag{8-1}$$

通过检偏器的光强为

$$I = |E_p \sin\delta + E_s \cos\delta|^2. \tag{8-2}$$

将式(8-1)代入式(8-2)可得

$$I = E_p^2 |\sin\delta + (\theta_K + i\varepsilon_K)\cos\delta|^2, \tag{8-3}$$

因为 δ 很小,所以可以取 $\sin\delta = \delta$,$\cos\delta = 1$,得到

$$I = E_p^2 |\delta + (\theta_K + i\varepsilon_K)|^2, \tag{8-4}$$

整理可近似得到

$$I = E_p^2(\delta^2 + 2\delta\theta_K). \tag{8-5}$$

在无外加磁场的条件下,有

$$I_0 = E_p^2 \delta^2. \tag{8-6}$$

由式(8-5)和式(8-6)可得

$$I = I_0\left(1 + \frac{2\theta_K}{\delta}\right), \tag{8-7}$$

于是在饱和状态下的克尔旋转角为

$$\Delta\theta_K = \frac{\delta}{4} \frac{I_+ - I_-}{I_0} = \frac{\delta}{4} \frac{\Delta I}{I_0}, \tag{8-8}$$

式中,I_+ 和 I_- 分别是正、负饱和状态下的光强. 从式(8-8)可以看出,光强的变化只与克尔旋转角 θ_K 有关,而与克尔椭偏率 ε_K 无关,这说明在图 8-5 这种光路中探测到的克尔信号只是克尔旋转角.

在超高真空原位测量中,激光在入射到样品之前和经样品反射之后都需要经过一个视窗. 视窗的存在会导致双折射的产生,增大测量系统的本底,降低测量灵敏度. 为了消除视窗的影

响,减小本底和提高探测灵敏度,需要在检偏器之前加一个 $\frac{1}{4}$ 波片.仍然假设入射光为 p 光,$\frac{1}{4}$ 波片的主轴平行于入射面,如图 8-7 所示.此时在一阶近似下有

$$\frac{E_s}{E_p} = -\varepsilon_K + i\theta_K,$$

通过检偏器的光强为

$$I = |E_p \sin\delta + E_s \cos\delta|^2 = E_p^2 |\sin\delta - \varepsilon_K \cos\delta + i\theta_K \cos\delta|^2.$$

因为 δ 很小,所以可以取 $\sin\delta = \delta, \cos\delta = 1$,得到

$$I = E_p^2 |\delta - \varepsilon_K + i\theta_K|^2 = E_p^2 (\delta^2 - 2\delta\varepsilon_K + \varepsilon_K^2 + \theta_K^2).$$

因为角度 δ 取值较小,并且 $I_0 = E_p^2 \delta^2$,所以略去高阶小量后近似有

$$I = E_p^2 (\delta^2 - 2\delta\varepsilon_K) = I_0 \left(1 - \frac{2\varepsilon_K}{\delta}\right). \tag{8-9}$$

在饱和状态下,有

$$\Delta\varepsilon_K = \frac{\delta}{4} \frac{I_- - I_+}{I_0} = -\frac{\delta}{4} \frac{\Delta I}{I_0}, \tag{8-10}$$

此时光强变化对克尔椭偏率敏感而对克尔旋转角不敏感.因此,如果要在大气中探测磁性薄膜的克尔椭偏率,就需要在图 8-5 的光路中检偏器前插入一个 $\frac{1}{4}$ 波片,如图 8-7 所示.

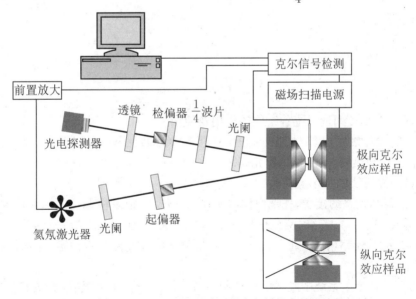

图 8-7 SMOKE 测量系统测量克尔椭偏率的光路图

整个 SMOKE 测量系统由一台计算机实现自动控制.根据设置的参数,计算机通过数模转换器控制磁场电源和继电器进行磁场扫描.光强变化的数据由模数转换器采集,经运算后作图显示,从屏幕上可以直接看到磁滞回线的扫描过程.

SMOKE 具有极高的探测灵敏度,目前可以达到 10^{-40} 的量级,这是一般常规的磁光克尔效应的测量所不能达到的.因此,SMOKE 具有测量单原子层甚至亚原子层磁性薄膜的灵敏度,已经被广泛地应用在磁性薄膜的研究中.虽然 SMOKE 的测量结果是克尔旋转角或者克尔椭偏率,并非直接测量磁性样品的磁化强度.但是在一阶近似的情况下,克尔旋转角或者克尔

椭偏率均与磁性样品的磁化强度成正比.所以,只需要用振动样品磁强计等直接测量磁性样品的磁化强度的仪器对样品进行一次定标,即能获得磁性样品的磁化强度.此外,SMOKE实验实际上测量的是磁性样品的磁滞回线,因此可以获得矫顽力、磁各向异性等信息,如图8-8所示.

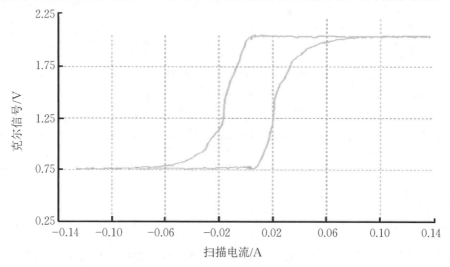

图 8-8　SMOKE 实验扫描图样

 实验仪器

SMOKE 测量系统.

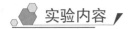 实验内容

(1) 熟悉 SMOKE 测量系统各组件的作用及使用.

(2) 按照实验连接原理图(光路图)正确连接 SMOKE 测量系统各组件,经检查正确无误后接通电源.开机预热后,按要求调节光路.

(3) 测量磁滞回线和克尔旋转角.

① 调节光路和光路的接线,先把检偏器调在消光位置,记录检偏器的初始角度,再偏转测微头一个小角度(1°～2°).这时克尔信号显示为某个电压值(消光时为-1.15 V 左右),然后调节前置放大器的"光路增益"到 1.25 V 左右.同时需判断光路是否稳定(克尔信号是否显示为稳定电压值).

② 将 SMOKE 测量系统中励磁电源控制主机上的"手动/自动"转换开关打向"手动"挡,调节"电流调节"电位器,选择合适的最大扫描电流(当调至该电流值时,克尔信号电压会有变化).因为每种样品的矫顽力不同,所以最大扫描电流也不同,实验时首先大致选择,观察扫描波形,然后再通过观察励磁电源主机上的电流指示,进行细调.最后将"手动/自动"转换开关打向"自动"挡.

③ 打开"表面磁光克尔效应实验软件",在保证连接正常的情况下,设置扫描周期和扫描次数,进行磁滞回线的自动扫描.也可以将励磁电源主机上的"手动/自动"转换开关打向"手动"挡,进行手动测量,然后描点作图,并根据式(8-8)计算克尔旋转角.若采集过程中光路信号有跃变或者采集图形不符合要求,重复以上所有步骤.

(4) 测量克尔椭偏率随磁场变化的曲线.

测量克尔椭偏率时,按照图 8-7 所示的光路图,在检偏器前放置 $\frac{1}{4}$ 波片,并调节 $\frac{1}{4}$ 波片的主轴平行于入射面,按照步骤(3)中测量磁滞回线的方法调整好光路后进行自动扫描或者手动测量,由此可以检测克尔椭偏率随磁场变化的曲线.

注意事项

1. 按说明书中仪器连接的方法将仪器连接好,并保证连接正常.
2. 正常时"光路增益"应稳定在 (1.25 ± 0.03) V 范围内,否则要检查并重新调节光路.
3. 样品表面的平整度也会影响实验信号. 无法采集正常的信号时,应更换样品.

思考题

1. 简单描述 SMOKE 的原理.
2. 如何正确调节 SMOKE 测量系统?
3. 测量克尔椭偏率时的操作要点是什么?

参考文献

[1] 朱伟荣,钱世雄. 一种测量薄膜磁性的表面磁光克尔效应装置. 真空科学与技术,1997(4):243-246.

[2] QIU Z Q, BADER S D. Surface magneto-optic Kerr effect(SMOKE). Journal of magnetism and magnetic materials,1999,200(1-3):664-678.

[3] 谭立国,胡用时,李佐宜. 磁性薄膜克尔回转角的测试方法研究. 华中工学院学报,1987(3):25-31.

[4] 刘公强,刘湘林. 磁光调制和法拉第旋转测量. 光学学报,1984(7):588-592.

[5] Sokolov A V. Optical Properties of Metals. New York:American Elsevier Publishing Company,1967.

[6] 钱栋梁,陈良尧,郑卫民,等. 一种完整测量磁光克尔效应和法拉第效应的方法. 光学学报,1999(4):43-49.

实验 9

微波段电子自旋共振实验

1925年,乌伦贝克和古德斯米特提出了电子自旋的概念,并用它来解释了某些元素的光谱的精细结构. 施特恩(Stern)和格拉赫(Gerlach)也通过实验直接证明了电子自旋磁矩的存在.

电子自旋共振(electron spin resonance,ESR)又称电子顺磁共振(electron paramagnetic resonance,EPR). 它是指处于恒定磁场中的电子自旋磁矩在射频电磁场作用下发生的一种磁能级间的共振跃迁现象. 这种共振跃迁现象只能发生在原子的固有磁矩不为零的顺磁材料中,由苏联的柴伏依斯基(Zavoisky)首先发现,它与核磁共振(nuclear magnetic resonance,NMR)现象十分相似,所以NMR实验技术后来也被用来观测ESR现象. ESR已成功地被应用于顺磁物质的研究,目前在化学、物理、生物和医学等各方面都获得了极其广泛的应用. 例如,寻找过渡金属元素的离子,研究半导体中的杂质和缺陷、离子晶体的结构、金属和半导体中电子交换的速度以及导电电子的性质等. 因此,ESR也是一种重要的近代物理实验技术.

ESR的研究对象是具有不成对电子的物质,如以下几类:

(1) 具有奇数个电子的原子,如氢原子;
(2) 内电子壳层未被充满的离子,如过渡金属元素的离子;
(3) 具有奇数个电子的分子,如一氧化氮分子;
(4) 某些虽不含奇数个电子,但总角动量不为零的分子,如氧分子;
(5) 在反应过程中或物质因受辐射作用产生的自由基;
(6) 金属半导体中的不成对电子.

通过对其ESR谱线的研究,即可得到有关分子、原子或离子中不成对电子的状态及其周围环境的信息,从而得到有关的物理结构和化学键方面的信息.

用ESR方法研究不成对电子,可以获得其他方法不能得到或不能准确得到的数据,如电子所在的位置、游离基所占的百分数等.

实验目的

1. 了解观测ESR谱线的微波系统,掌握各个微波器件的调节方法.
2. 通过对DPPH自由基的ESR谱线的观察,了解ESR现象和共振特性.
3. 学会测量共振场、自由基g因子、共振线宽和弛豫时间.

实验原理

1. 实验样品

实验样品为含有自由基的有机物二苯基苦酸基联氨(DPPH),分子式为 $(C_6H_5)_2N-$

$NC_6H_2(NO_2)_3$,结构式如图 9-1 所示.

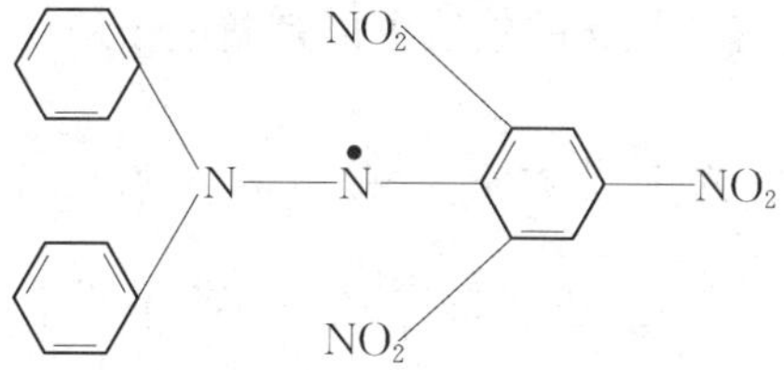

图 9-1 DPPH 的分子结构式

它的第二个 N 原子少了一个共价键,有一个不成对电子,是一个稳定的有机自由基. 由于这种不成对电子只有自旋角动量而没有轨道角动量,或者说它的轨道角动量完全猝灭了,因此在实验中能够容易地观察到 ESR 现象. DPPH 中的不成对电子并不是完全自由的,其 g 因子的标准值为 2.003 6,标准线宽为 2.7×10^{-4} T.

2. ESR 与 NMR 的比较

ESR 和 NMR 分别研究不成对电子和核塞曼能级间的共振跃迁,两者在基本原理和实验方法上有许多共同之处,如共振与共振条件的经典处理,量子力学描述、弛豫理论及描述宏观磁化矢量的唯象布洛赫(Bloch)方程等.

由于玻尔磁子与核磁子之比(等于质子质量与电子质量之比)为 1 836.152 710 (37)(1986 年国际推荐值),因此在相同磁场下,核塞曼能级裂距比电子塞曼能级裂距小三个数量级. 这样在通常磁场条件下,ESR 的频率范围就落在了电磁波谱的微波段,所以在弱磁场的情况下,可以观察 ESR 现象. 根据玻尔兹曼分布律,能级裂距大,上、下能级间粒子数的差值也大,因此 ESR 的灵敏度比 NMR 高,可以检测低至 10^{-4} mol 的样品,例如半导体中微量的特殊杂质. 此外,由于电子磁矩比核磁矩大三个数量级,电子的顺磁弛豫相互作用比核弛豫相互作用强很多,纵向弛豫时间 T_1 和横向弛豫时间 T_2 一般都很短,因此除自由基外,ESR 谱线一般都较宽.

ESR 只能考察与不成对电子相关的几个原子范围内的局部结构信息,对有机化合物的分析远不如 NMR 优越,但 ESR 能方便地用于研究固体. ESR 的最大特点在于它是唯一直接检测物质中不成对电子的方法,只要材料中有顺磁中心,就能够对其进行研究. 即使样品中本来不存在不成对电子,也可以用吸附、电解、热解、高能辐射、氧化还原等人工方法产生顺磁中心,从而对其进行研究.

3. 电子自旋共振条件

由原子物理学可知,原子中电子的轨道角动量 P_L 和自旋角动量 P_S 会引起相应的轨道磁矩 $\boldsymbol{\mu}_L$ 和自旋磁矩 $\boldsymbol{\mu}_S$,而 P_L 和 P_S 的总角动量 P_J 引起相应的电子总磁矩为

$$\boldsymbol{\mu}_J = -g\frac{e}{m_e}\boldsymbol{P}_J, \qquad (9-1)$$

式中,m_e 为电子质量,e 为电子电量,负号表示电子总磁矩方向与总角动量方向相反,g 是一个无量纲的常数,称为朗德 g 因子. 按照量子理论,对于电子的拉塞尔-桑德斯(Russell-Saunders)耦合结果,朗德 g 因子可以表示为

$$g = 1 + \frac{J(J+1) - L(L+1) + S(S+1)}{2J(J+1)}, \qquad (9-2)$$

式中,L,S 分别为对总角动量量子数 J 有贡献的各电子所合成的总轨道角动量量子数和自旋角动量量子数. 由式(9-2)可见,若原子的磁矩完全由电子的自旋磁矩所贡献($L=0$,$S=J$),

则 $g=2$；反之，若磁矩完全由电子的轨道磁矩所贡献（$L=J,S=0$），则 $g=1$. 因此，g 与原子的具体结构有关，通过实验精确测定 g 的数值可以判断电子运动状态的影响，从而有助于了解原子的结构.

通常原子磁矩可利用玻尔磁子 μ_B 表示，这样原子中的电子的磁矩可以写成

$$\boldsymbol{\mu}_J = -g\frac{\mu_B}{\hbar}\boldsymbol{P}_J = \gamma \boldsymbol{P}_J, \qquad (9-3)$$

式中，γ 称为旋磁比，且有

$$\gamma = -g\frac{\mu_B}{\hbar}. \qquad (9-4)$$

由量子力学可知，在外磁场中总角动量 $\boldsymbol{P}_J$ 和电子总磁矩 $\boldsymbol{\mu}_J$ 在空间的取向是量子化的，两者在外磁场（z 轴）方向的投影分别为

$$P_z = m\hbar, \qquad (9-5)$$
$$\mu_z = \gamma m\hbar, \qquad (9-6)$$

式中，m 为磁量子数.

当原子磁矩不为零的顺磁物质置于恒定外磁场 $\boldsymbol{B}_0$ 中时，其相互作用能也是不连续的，其相应的能量为

$$E = -\boldsymbol{\mu}_J \cdot \boldsymbol{B}_0 = -\gamma m\hbar B_0 = mg\mu_B B_0. \qquad (9-7)$$

可见，不同磁量子数 m 所对应的不同状态上的电子具有不同的能量 E. 各磁能级是等距分裂的，两相邻磁能级之间的能量差为

$$\Delta E = g\mu_B B_0 = \omega_0 \hbar. \qquad (9-8)$$

若在垂直于恒定外磁场 $\boldsymbol{B}_0$ 方向上加一交变电磁场，其频率满足

$$\omega\hbar = \Delta E, \qquad (9-9)$$

则电子在相邻能级间就会发生跃迁. 这种在交变电磁场的作用下，电子的自旋磁矩与外磁场相互作用所产生的能级间的共振吸收（和辐射）现象，就是 ESR 现象. 式（9-9）即为共振条件，可以写成

$$\omega = g\frac{\mu_B}{\hbar}B_0 \qquad (9-10)$$

或

$$f = g\frac{\mu_B}{h}B_0. \qquad (9-11)$$

对于样品 DPPH 来说，g 因子参考值为 $g=2.0036$，将 μ_B，h 和 g 值代入式（9-11）可得（这里取 $\mu_B = 5.78838263 \times 10^{-11}$ MeV/T，$h = 4.1356692 \times 10^{-21}$ MeV·s）

$$f = 2.8043 B_0, \qquad (9-12)$$

式中，B_0 的单位为 G（1 G = 10^{-4} T），f 的单位为 MHz. 如果实验中用 3 cm 波段的微波，频率为 9 372 MHz，则共振时相应的磁感应强度要求达到 3 342 G.

共振吸收的另一个必要条件是在平衡状态下，处于低能级 E_1 的粒子数 N_1 比处于高能级 E_2 的粒子数 N_2 多，这样才能够显示出宏观（总体）共振吸收，因为热平衡时粒子数分布服从玻尔兹曼分布，从而有

$$\frac{N_2}{N_1} = \exp\left(-\frac{E_2-E_1}{kT}\right). \qquad (9-13)$$

由式(9-13)可知,因为 $E_2 > E_1$,所以 $N_1 > N_2$,即吸收跃迁($E_1 \to E_2$)占优势. 然而随着时间推移以及 $E_1 \to E_2$ 过程的充分进行,势必使 N_2 与 N_1 之差减小,甚至可能反转,于是吸收现象会减弱甚至停止. 但实际并非如此,因为包含大量原子或离子的顺磁物质中,自旋磁矩之间随时都在相互作用而交换能量,同时自旋磁矩又与周围的其他质点(晶格)相互作用而交换能量,这使处于高能级的电子自旋有机会把它的能量传递出去而回到低能级,这个过程称为弛豫过程,正是弛豫过程的存在,才能维持共振吸收现象. 弛豫过程所需的时间称为弛豫时间 T,理论表明

$$T = \frac{1}{2T_1} + \frac{1}{T_2}, \tag{9-14}$$

式中,T_1 称为自旋—晶格弛豫时间,又称纵向弛豫时间;T_2 称为自旋—自旋弛豫时间,又称横向弛豫时间.

4. 谱线宽度

与光谱线一样,ESR 谱线也有一定的宽度. 如果频宽用 $\delta\nu$ 表示,则 $\delta\nu = \frac{\delta E}{h}$,相应有一个能级差 ΔE 的不确定量 δE. 根据不确定性原理,$\tau \delta E \sim h$,式中,τ 为能级寿命,于是有

$$\delta\nu \sim \frac{1}{\tau}, \tag{9-15}$$

这就意味着粒子能级寿命的缩短将导致谱线加宽. 导致粒子能级寿命缩短的基本原因是自旋—晶格相互作用和自旋—自旋相互作用. 对于大部分自由基来说,起主要作用的是自旋—自旋相互作用. 这种相互作用包括了不成对电子与相邻原子核之间以及两个分子的不成对电子之间的相互作用. 因此,谱线宽度反映了粒子间相互作用的信息,是 ESR 谱线的一个重要参数.

用移相器信号作为示波器扫描信号,可以得到如图 9-2 所示的图形,测定吸收峰的半高宽 $\Delta B = B_2 - B_1$(又称谱线宽度). 如果谱线为洛伦兹型,则有

$$T_2 = -\frac{2}{\gamma \Delta B}, \tag{9-16}$$

式中,旋磁比 $\gamma = -g\dfrac{\mu_B}{h}$,由此即可计算出共振样品的横向弛豫时间 T_2.

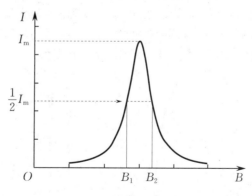

图 9-2 样品吸收谱线图

实验仪器

电子顺磁共振仪主机、磁铁、示波器、微波系统(包括微波源、环形器、阻抗调配器、扭波导、直波导、可变短路器及检波器)、Q9连接线、电源线、支架、插片连接线、双T调配器、多用表.

实验内容

1. 连接仪器,观察李萨如图形和色散波形

(1) 先把支架(3个)放到适当的位置,再将微波系统放到支架上,调节支架的高低,使得微波系统水平放置,最后把装有DPPH样品的试管放在微波系统的样品插孔中.

(2) 将微波源的输出与电子顺磁共振仪主机后部微波源的电源接头相连,再将电子顺磁共振仪面板上的直流输出与磁铁上的一组线圈相连,扫描输出与磁铁面板上的另一组线圈相连,最后将检波输出与示波器的输入端相连.

(3) 打开电源开关,将示波器调至直流挡.将检波器的输出调至直流最大,再调节短路活塞,使直流输出最小.将示波器调至交流挡,并调节"直流调节"电位器,使得输出信号等间距.

(4) 用Q9连接线一端接电子顺磁共振仪主机面板上右下X-OUT接口,另一端接示波器CH1通道接口,调节短路活塞并观察李萨如(Lissajous)图形.

(5) 在环形器和扭波导之间加装阻抗调配器,然后调节检波器和阻抗调配器上的旋钮观察色散波形.

2. 找出电压-磁感应强度关系,观察DPPH自由基的ESR信号,测量相应的自旋共振场的磁感应强度,计算样品的朗德g因子和微波波长λ

(1) 调节"直流调节"电位器,改变励磁电流,记录电压读数与高斯(Gauss)计读数,作电压-磁感应强度关系图,并找出关系式.调节励磁电源使共振磁场在3 300 G左右.

(2) 取下高斯计探头并放入样品,将扫描电源调到一较大值,调节双T调配器,观察示波器上信号线是否有跳动,若有跳动则说明微波系统工作正常,若无跳动,检查12 V电源是否正常.将示波器的输入通道打在直流(DC)挡上,调节双T调配器,使直流信号输出最大,调节短路活塞,再使直流信号输出最小.然后将示波器的输入通道打在交流(AC)挡上,这时在示波器上应可以观察到共振信号,但此时的信号不一定为最强,可以再小范围地调节双T调配器和短路活塞使信号最大,如图9-3(a)中左侧所示,此时再细调励磁电源,使信号均匀出现,如图9-3(b)中左侧所示. 图9-3(a),(b)中右侧图为通过移相器观察到的相应共振信号的李萨如图形.

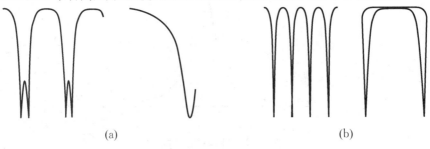

图9-3 示波器与移相器观察共振信号

(3) 调节出稳定、均匀的共振信号后,此时对应的磁场就是自旋共振场,用(1)中计算得出的拟合公式计算此时共振磁场的磁感应强度 B,或者通过高斯计探头直接测量此时磁隙中心的磁感应强度 B.旋转频率计,观察示波器上的信号是否跳动,若跳动,记下此时的微波频率 f,并根据式(9-11),计算 DPPH 样品的朗德 g 因子.

(4) 调节短路活塞,使谐振腔的长度 l 等于半个直波导波长 λ_g 的整数倍,此时谐振腔达到谐振状态,可以观测到稳定的共振信号.找出三个谐振点位置 L_1, L_2, L_3 后,按照 $\overline{\dfrac{\lambda_g}{2}} = \dfrac{1}{2}\left[(L_3-L_2)+\dfrac{1}{2}(L_3-L_1)\right]$ 计算直波导波长 λ_g,然后根据公式 $\lambda_g = \dfrac{\lambda}{\sqrt{1-(\lambda/\lambda_c)^2}}$(其中 $\lambda_c = 45.72$ mm 称为临界波长)计算微波波长 λ.

3. 直接法测量共振信号

将检波器输出信号接入多用表,由小至大改变磁感应强度,记录对应的检波器输出信号幅度大小,在共振点时可以观察到输出信号幅度突然减小,描点作图可以找出共振磁场的大小,并对共振信号有一个直观的认识.

4. 测量共振线宽 ΔB,确定横向弛豫时间 T_2

将示波器置于 X-Y 工作模式,用"扫场"信号作示波器的扫描信号,得到图 9-2 所示共振信号.细调励磁电源、双 T 调配器和短路活塞,使共振信号出现比较满意的波形.根据峰值的幅度,确定半高宽的数值,再由式(9-16)计算得到横向弛豫时间 T_2.

!注意事项

1. 磁极间隙在仪器出厂前已经调整好,实验时最好不要自行调节,以免偏离共振磁场过大.
2. 保护好高斯计探头,避免弯折、挤压.
3. 励磁电流要缓慢调整,同时仔细注意波形变化,才能辨认出共振吸收峰.

?思考题

1. 本实验中谐振腔的作用是什么?腔长和微波频率的关系是什么?
2. 扫场电压的作用是什么?
3. 材料 g 值的大小和 ΔB 的宽窄,反映什么微观现象和微观过程?

参考文献

[1] 陈贤镕.电子自旋共振实验技术.北京:科学出版社,1986.
[2] 戴道宣,戴乐山.近代物理实验.2 版.北京:高等教育出版社,2006.
[3] 裘祖文.电子自旋共振波谱.北京:科学出版社,1980.
[4] 杨福家.原子物理学.5 版.北京:高等教育出版社,2019.
[5] 吴思诚,荀坤.近代物理实验.4 版.北京:高等教育出版社,2015.
[6] 向仁生.顺磁共振测量和应用的基本原理.北京:科学出版社,1965.

实验 10

脉冲核磁共振实验

核磁共振是指具有磁矩的原子核在恒定磁场中发生的由电磁波引起的共振跃迁现象. 1945 年,物理学家珀塞尔(Purcell)在石蜡样品中观察到了质子的核磁共振吸收信号. 1946 年,布洛赫在水样品中也观察到了质子的核磁共振吸收信号. 两人的研究方法略有不同,几乎同时在凝聚态物质中发现了核磁共振,因此,布洛赫和珀塞尔荣获了 1952 年的诺贝尔物理学奖.

此后,这个领域的研究得到快速发展,取得了丰硕的成果. 目前,核磁共振已经广泛地应用到许多科学领域,是物理、化学、生物和医学研究中的一项重要技术. 核磁共振是测定原子的核磁矩和研究核结构的直接而又准确的方法,也是精确测量磁场的重要方法之一.

实验目的

1. 了解脉冲核磁共振的基本实验装置和基本物理思想,学会用经典矢量模型方法解释脉冲核磁共振中的一些物理现象.

2. 学会测量表观横向弛豫时间 T_2^*、横向弛豫时间 T_2、纵向弛豫时间 T_1 和化学位移等物理量,分析磁场均匀度对信号的影响.

3. 定性了解弛豫机制,通过实验观察顺磁离子对核弛豫时间的影响.

实验原理

下面我们以氢核为主要研究对象,并由此来介绍核磁共振的基本原理和观测方法. 氢核虽然是最简单的原子核,但它目前在核磁共振应用中最常见且最实用.

1. 核磁共振的量子力学描述

1) 单个核的核磁共振

通常将原子核的总磁矩在其角动量 $\boldsymbol{P}$ 方向上的投影 $\boldsymbol{\mu}$ 称为核磁矩,它们之间的关系通常写成

$$\boldsymbol{\mu} = g\frac{e}{2m_p}\boldsymbol{P} = \gamma \boldsymbol{P}, \tag{10-1}$$

式中,$\gamma = g\dfrac{e}{2m_p}$ 称为旋磁比,e 为电子电量,m_p 为质子质量,g 为朗德 g 因子. 对于氢核,通常取 $g = 5.585\,1$.

按照量子力学,原子核角动量的大小为

$$P = \sqrt{I(I+1)}\hbar, \tag{10-2}$$

式中,I 为核的自旋量子数,可以取 $I=0,\frac{1}{2},1,\frac{3}{2},\cdots$. 对于氢核,$I=\frac{1}{2}$.

把氢核放入外磁场 $\boldsymbol{B}$ 中,取坐标轴 z 方向为 $\boldsymbol{B}$ 的方向时,核的角动量在 $\boldsymbol{B}$ 方向上的投影为

$$P_B = m\hbar, \tag{10-3}$$

式中,m 为磁量子数. 核磁矩在 $\boldsymbol{B}$ 方向上的投影为

$$\mu_B = g\frac{e}{2m_p}P_B = g\left(\frac{e\hbar}{2m_p}\right)m,$$

将它写成

$$\mu_B = g\mu_N m, \tag{10-4}$$

式中,$\mu_N = 5.050\,787 \times 10^{-27}$ J/T 称为核磁子.

磁矩为 $\boldsymbol{\mu}$ 的原子核在恒定磁场 $\boldsymbol{B}$ 中具有的势能为

$$E = -\boldsymbol{\mu} \cdot \boldsymbol{B} = -\mu_B B = -g\mu_N m B,$$

任何两个能级之间的能量差为

$$\Delta E = E_{m_1} - E_{m_2} = -g\mu_N B(m_1 - m_2). \tag{10-5}$$

对于氢核,自旋量子数 $I=\frac{1}{2}$,所以磁量子数 m 只能取两个值,即 $m=\frac{1}{2}$ 或 $-\frac{1}{2}$. 磁矩在外磁场方向上的投影也只能取两个值,如图 10-1(a) 所示,与此相对应的能级如图 10-1(b) 所示.

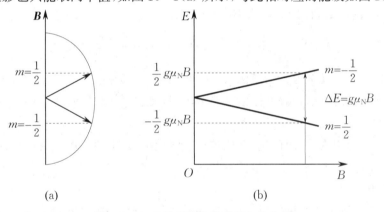

图 10-1 氢核能级在外磁场中的分裂

根据量子力学中的选择定则,只有 $\Delta m = \pm 1$ 的两个能级之间才能发生跃迁,这两个能级之间的能量差为

$$\Delta E = g\mu_N B. \tag{10-6}$$

由此可知,相邻两个能级之间的能量差 ΔE 与外磁场 $\boldsymbol{B}$ 的大小成正比,外磁场越强,则两个能级分裂越大.

设实验时外磁场为 $\boldsymbol{B}_0$,在该稳恒磁场区域又叠加一个电磁波作用于氢核. 如果电磁波的能量 $h\nu_0$ 恰好等于氢核两个能级之间的能量差 $g\mu_N B_0$,即

$$h\nu_0 = g\mu_N B_0, \tag{10-7}$$

则氢核就会吸收该电磁波的能量,由 $m=\frac{1}{2}$ 的能级跃迁到 $m=-\frac{1}{2}$ 的能级,这就是核磁共振吸收现象,式(10-7) 就是核磁共振条件. 为了应用上的方便,常将式(10-7) 写成频率和外磁场或角频率和外磁场的关系,即

$$\nu_0 = \left(\frac{g\mu_N}{h}\right)B_0 \quad \text{或} \quad \omega_0 = \gamma B_0. \tag{10-8}$$

2) 核磁共振信号的强度

上面讨论的是单个核放在外磁场中的核磁共振理论,但实验中所用的样品是大量同类核的集合,如果处于高能级上的核数目与处于低能级上的核数目没有差别,则在电磁波的激发下,高、低能级上的核都要发生跃迁,并且跃迁概率是相等的,吸收能量等于辐射能量,我们就观察不到任何核磁共振信号. 只有当低能级上的原子核数目大于高能级上的原子核数目,吸收能量比辐射能量多时,才能观察到核磁共振信号. 在热平衡状态下,核数目在两个能级上的相对分布由玻尔兹曼公式决定:

$$\frac{N_2}{N_1} = \exp\left(-\frac{\Delta E}{kT}\right) = \exp\left(-\frac{g\mu_N B_0}{kT}\right), \tag{10-9}$$

式中,N_1 为低能级上的核数目,N_2 为高能级上的核数目,ΔE 为两个能级之间的能量差,k 为玻尔兹曼常量,T 为热力学温度. 当 $g\mu_N B_0 \ll kT$ 时,式(10-9)可近似写成

$$\frac{N_2}{N_1} = 1 - \frac{g\mu_N B_0}{kT}. \tag{10-10}$$

式(10-10)说明,低能级上的核数目比高能级上的核数目略微多一点. 对于氢核,如果实验温度为 $T=300$ K(室温),外磁场大小为 $B_0=1$ T,则

$$\frac{N_2}{N_1} = 1 - 6.75 \times 10^{-6} \quad \text{或} \quad \frac{N_1 - N_2}{N_1} = 7 \times 10^{-6}.$$

这说明,在室温下,在低能级上参与核磁共振吸收的每 10^6 个核中只有 7 个核的核磁共振吸收未被共振辐射所抵消. 因此,核磁共振信号非常微弱,要检测如此微弱的信号,需要高精度的接收器.

由式(10-10)可以看出,温度越高,核数目差值越小,越不利于观察核磁共振信号;外磁场越强,核数目差值越大,越有利于观察核磁共振信号. 一般核磁共振实验要求外磁场强一些,其主要原因就是如此.

此外,要想观察到核磁共振信号,仅增强外磁场还不够,外磁场在样品区域内还应高度均匀,否则外磁场再强也观察不到核磁共振信号,其原因是核磁共振信号由式(10-7)决定,如果外磁场不均匀,则样品内各部分的共振频率不同. 对于特定频率的电磁波,将只有少数核参与共振,共振信号将被噪声所淹没,难以观察.

2. 核磁共振的经典力学描述

以下从经典力学观点来讨论核磁共振问题. 把经典力学理论核矢量模型用于微观粒子是不严格的,但是它对某些问题可以进行定性的解释. 数值上不一定准确,但可以给出一个清晰的物理图像,帮助我们理解问题.

1) 单个核的拉莫尔进动

我们知道,如果陀螺不旋转,当它的轴线偏离竖直方向时,在重力作用下,它就会倒下. 但是如果陀螺本身做自转运动,它就不会倒下,而是绕着竖直方向做进动,如图 10-2 所示.

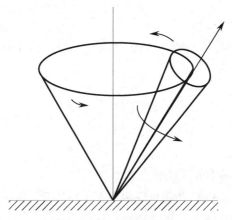

图 10-2　陀螺的进动

由于原子核具有自旋和磁矩,因此它在外磁场中的行为同陀螺在重力场中的行为是类似的. 设核的角动量为 P,磁矩为 μ,外磁场为 B,由经典力学理论可知

$$\frac{\mathrm{d}P}{\mathrm{d}t} = \mu \times B. \tag{10-11}$$

由于 $\mu = \gamma P$,因此有

$$\frac{\mathrm{d}\mu}{\mathrm{d}t} = \gamma \frac{\mathrm{d}P}{\mathrm{d}t} = \gamma \mu \times B, \tag{10-12}$$

写成分量的形式则为

$$\begin{cases} \dfrac{\mathrm{d}\mu_x}{\mathrm{d}t} = \gamma(\mu_y B_z - \mu_z B_y), \\ \dfrac{\mathrm{d}\mu_y}{\mathrm{d}t} = \gamma(\mu_z B_x - \mu_x B_z), \\ \dfrac{\mathrm{d}\mu_z}{\mathrm{d}t} = \gamma(\mu_x B_y - \mu_y B_x). \end{cases} \tag{10-13}$$

若设外磁场为 B_0,且 z 轴沿 B_0 方向,即 $B_x = B_y = 0, B_z = B_0$,则式(10-13) 可写成

$$\begin{cases} \dfrac{\mathrm{d}\mu_x}{\mathrm{d}t} = \gamma \mu_y B_0, \\ \dfrac{\mathrm{d}\mu_y}{\mathrm{d}t} = -\gamma \mu_x B_0, \\ \dfrac{\mathrm{d}\mu_z}{\mathrm{d}t} = 0. \end{cases} \tag{10-14}$$

由此可见,磁矩分量 μ_z 是一个常量,即磁矩 μ 在 B_0 方向上的投影将保持不变. 将式(10-14)的第一式对 t 求导数,并把第二式代入有

$$\frac{\mathrm{d}^2 \mu_x}{\mathrm{d}t^2} = \gamma B_0 \frac{\mathrm{d}\mu_y}{\mathrm{d}t} = -\gamma^2 B_0^2 \mu_x$$

或

$$\frac{\mathrm{d}^2 \mu_x}{\mathrm{d}t^2} + \gamma^2 B_0^2 \mu_x = 0, \tag{10-15}$$

这是一个简谐运动方程,其通解为 $\mu_x = A\cos(\gamma B_0 t + \varphi)$,式中,$A$ 为一常量(振幅). 由

式(10-14)第一式得到

$$\mu_y = \frac{1}{\gamma B_0} \frac{d\mu_x}{dt} = -\frac{1}{\gamma B_0} \gamma B_0 A \sin(\gamma B_0 t + \varphi) = -A \sin(\gamma B_0 t + \varphi),$$

令 $\omega_0 = \gamma B_0$,有

$$\begin{cases} \mu_x = A\cos(\omega_0 t + \varphi), \\ \mu_y = -A\sin(\omega_0 t + \varphi), \\ \mu_L = \sqrt{\mu_x^2 + \mu_y^2} = A. \end{cases} \quad (10-16)$$

由此可知,核磁矩 $\boldsymbol{\mu}$ 在外磁场中的运动特点如下:

(1) 它围绕外磁场 $\boldsymbol{B}_0$ 做进动,进动的角频率为 $\omega_0 = \gamma B_0$,和 $\boldsymbol{\mu}$ 与 $\boldsymbol{B}_0$ 之间的夹角无关;

(2) 它在 xOy 平面上的投影 μ_L 是常量;

(3) 它在外磁场 $\boldsymbol{B}_0$ 方向上的投影 μ_z 是常量.

磁矩在外磁场中的进动如图 10-3 所示.

如果这时在垂直于 $\boldsymbol{B}_0$ 的平面内加上一个弱旋转磁场 $\boldsymbol{B}_1(B_1 \ll B_0)$,$\boldsymbol{B}_1$ 的角频率 ω 和转动方向与磁矩 $\boldsymbol{\mu}$ 的进动角频率 ω_0 和进动方向都相同,如图 10-4 所示. 这时,核磁矩 $\boldsymbol{\mu}$ 除了受到 $\boldsymbol{B}_0$ 的作用之外,还将受到旋转磁场 $\boldsymbol{B}_1$ 的影响. 也就是说,$\boldsymbol{\mu}$ 除了围绕 $\boldsymbol{B}_0$ 进动之外,还将围绕 $\boldsymbol{B}_1$ 进动,所以 $\boldsymbol{\mu}$ 与 $\boldsymbol{B}_0$ 之间的夹角 θ 将发生变化. 由核磁矩的势能

$$E = -\boldsymbol{\mu} \cdot \boldsymbol{B}_0 = -\mu B_0 \cos\theta \quad (10-17)$$

可知,θ 发生变化意味着核的能量状态将发生变化. 当 θ 增大时,核将从旋转磁场 $\boldsymbol{B}_1$ 中吸收能量,产生核磁共振,其条件为

$$\omega = \omega_0 = \gamma B_0, \quad (10-18)$$

这一结论与量子力学得出的结论完全一致.

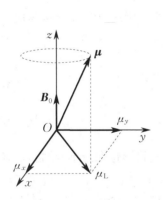

图 10-3　磁矩在外磁场中的进动

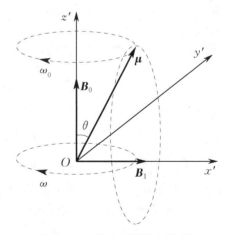

图 10-4　转动坐标系中的磁矩

如果旋转磁场 $\boldsymbol{B}_1$ 的转动角频率 ω 与核磁矩 $\boldsymbol{\mu}$ 的进动角频率 ω_0 不相等,即 $\omega \neq \omega_0$,则角度 θ 的变化不显著,平均变化为零. 原子核没有吸收磁场的能量,因此观察不到核磁共振信号.

2) 布洛赫方程

上面讨论的是单个核的核磁共振,但我们在实验中研究的不是单个核的磁矩,而是由这些

磁矩构成的磁化强度矢量 M. 此外, 我们研究的系统也不是孤立的, 而是与周围物质有一定的相互作用. 只有全面考虑了这些问题, 才能建立起核磁共振的理论.

因为磁化强度矢量 M 是单位体积内核磁矩 μ 的矢量和, 所以类似式 (10-12), 有

$$\frac{\mathrm{d}M}{\mathrm{d}t} = \gamma M \times B. \tag{10-19}$$

由此可见, 磁化强度矢量 M 围绕着外磁场 B_0 做进动, 进动的角频率 $\omega = \gamma B_0$. 假设外磁场 B_0 沿着 z 轴方向, 再沿着 x 轴方向加上一射频场

$$B_r = 2B_1 \cos(\omega t) e_x, \tag{10-20}$$

式中, e_x 为 x 轴上的单位矢量, $2B_1$ 为振幅. 这个射频场 (线偏振场) 可以看作是左旋圆偏振场和右旋圆偏振场的叠加, 如图 10-5 所示. 在这两个圆偏振场中, 只有旋转方向与进动方向相同的圆偏振场才起作用. 对于 $\gamma > 0$ 的系统, 起作用的是顺时针方向旋转的圆偏振场 (左旋圆偏振场).

$$M_z = M_0 = \chi_0 H_0 = \frac{\chi_0 B_0}{\mu_0},$$

式中, χ_0 为静磁化率, μ_0 为真空磁导率, M_0 为自旋系统与晶格达到热平衡状态时自旋系统的磁化强度.

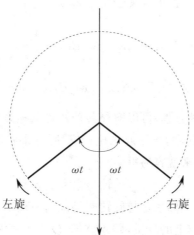

图 10-5 线偏振场分解为圆偏振场

原子核系统吸收了射频场能量之后, 处于高能级的粒子增多, 使得 $M_z < M_0$, 偏离热平衡状态. 由于自旋与晶格的相互作用, 晶格将吸收核的能量, 使核跃迁到低能级而向热平衡过渡. 描述这个过渡过程的特征时间称为纵向弛豫时间, 用 T_1 表示 (它反映了外磁场 B_0 方向上磁化强度 M_z 恢复到平衡值 M_0 所需的时间). 考虑了纵向弛豫过程后, 假定 M_z 向平衡值 M_0 过渡的速度与 M_z 偏离 M_0 的程度 $M_0 - M_z$ 成正比, 则有

$$\frac{\mathrm{d}M_z}{\mathrm{d}t} = -\frac{M_z - M_0}{T_1}. \tag{10-21}$$

此外, 自旋与自旋之间也存在相互作用, M 的横向分量也要由非平衡态时的 M_x 和 M_y 向平衡态时的 $M_x = M_y = 0$ 过渡, 描述这个过渡过程的特征时间称为横向弛豫时间, 用 T_2 表示. 类似地, 可以假定

$$\begin{cases}\dfrac{\mathrm{d}M_x}{\mathrm{d}t}=-\dfrac{M_x}{T_2},\\[4pt]\dfrac{\mathrm{d}M_y}{\mathrm{d}t}=-\dfrac{M_y}{T_2}.\end{cases} \qquad (10-22)$$

前面分别分析了外磁场和弛豫过程对核磁化强度矢量 M 的作用. 当上述两种作用同时存在时,描述核磁共振现象的基本运动方程为

$$\dfrac{\mathrm{d}\boldsymbol{M}}{\mathrm{d}t}=\gamma(\boldsymbol{M}\times\boldsymbol{B})-\dfrac{1}{T_2}(M_x\boldsymbol{i}+M_y\boldsymbol{j})-\dfrac{M_z-M_0}{T_1}\boldsymbol{k}, \qquad (10-23)$$

式中,$\boldsymbol{i},\boldsymbol{j},\boldsymbol{k}$ 分别是 x 轴、y 轴、z 轴方向上的单位矢量. 方程(10-23) 称为布洛赫方程.

值得注意的是,式(10-23) 中,$\boldsymbol{B}$ 是外磁场 $\boldsymbol{B}_0$ 与旋转磁场 $\boldsymbol{B}_1$ 的叠加,其中,$\boldsymbol{B}_0=B_0\boldsymbol{k}$,$\boldsymbol{B}_1=B_1\cos(\omega t)\boldsymbol{i}-B_1\sin(\omega t)\boldsymbol{j}$,$\boldsymbol{M}\times\boldsymbol{B}$ 的三个分量分别为

$$\begin{cases}(M_yB_0+M_zB_1\sin\omega t)\boldsymbol{i},\\(M_zB_1\cos\omega t-M_xB_0)\boldsymbol{j},\\(-M_xB_1\sin\omega t-M_yB_1\cos\omega t)\boldsymbol{k}.\end{cases} \qquad (10-24)$$

这样,布洛赫方程写成分量形式即为

$$\begin{cases}\dfrac{\mathrm{d}M_x}{\mathrm{d}t}=\gamma(M_yB_0+M_zB_1\sin\omega t)-\dfrac{M_x}{T_2},\\[4pt]\dfrac{\mathrm{d}M_y}{\mathrm{d}t}=\gamma(M_zB_1\cos\omega t-M_xB_0)-\dfrac{M_y}{T_2},\\[4pt]\dfrac{\mathrm{d}M_z}{\mathrm{d}t}=-\gamma(M_xB_1\sin\omega t+M_yB_1\cos\omega t)-\dfrac{M_z-M_0}{T_1}.\end{cases} \qquad (10-25)$$

在各种条件下来解布洛赫方程,可以解释各种核磁共振现象. 一般来说,布洛赫方程中含有 $\cos\omega t,\sin\omega t$ 这些高频振荡项,求解起来比较麻烦. 如果我们能对它进行坐标变换,把它变换到旋转坐标系中去,求解起来就容易得多.

如图 10-6 所示,取新坐标系 $x'y'z'$,z' 轴与原来实验室坐标系中的 z 轴重合,旋转磁场 $\boldsymbol{B}_1$ 的方向与 x' 轴重合. 显然,新坐标系是与旋转磁场以同一频率 ω 转动的旋转坐标系. 图中 $\boldsymbol{M}_\perp$ 是 $\boldsymbol{M}$ 在垂直于外磁场 $\boldsymbol{B}_0$ 方向上的分量,即 $\boldsymbol{M}$ 在 $x'Oy'$ 平面内的分量. 设 u 和 v 是 $\boldsymbol{M}_\perp$ 在 x' 轴和 y' 轴方向上的分量,则

$$\begin{cases}M_x=u\cos\omega t+v\sin\omega t,\\ M_y=v\cos\omega t-u\sin\omega t,\end{cases} \qquad (10-26)$$

代入式(10-25) 即得

$$\begin{cases}\dfrac{\mathrm{d}u}{\mathrm{d}t}=(\omega_0-\omega)v-\dfrac{u}{T_2},\\[4pt]\dfrac{\mathrm{d}v}{\mathrm{d}t}=-(\omega_0-\omega)u-\dfrac{v}{T_2}+\gamma B_1M_z,\\[4pt]\dfrac{\mathrm{d}M_z}{\mathrm{d}t}=\dfrac{M_0-M_z}{T_1}-\gamma B_1v,\end{cases} \qquad (10-27)$$

式中,$\omega_0=\gamma B_0$. 式(10-27) 表明,M_z 的变化率是 v 的函数而与 u 无关. M_z 的变化反映了与核

磁化强度矢量对应的系统能量的变化，所以 v 的变化反映了系统能量的变化.

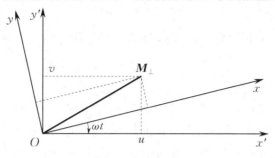

图 10-6 旋转坐标系

从式(10-27)可以看出，方程组中已经不包括 $\cos\omega t$，$\sin\omega t$ 这些高频振荡项了. 但要严格求解仍是相当困难的，通常还需根据实验条件来进行简化. 如果磁场或频率的变化十分缓慢，则可以认为 u,v,M_z 都不随时间发生变化，即 $\dfrac{\mathrm{d}u}{\mathrm{d}t}=0$，$\dfrac{\mathrm{d}v}{\mathrm{d}t}=0$，$\dfrac{\mathrm{d}M_z}{\mathrm{d}t}=0$，此时系统达到稳定状态，对应的解称为稳态解：

$$\begin{cases} u = \dfrac{\gamma B_1 T_2^2(\omega_0-\omega)M_0}{1+T_2^2(\omega_0-\omega)^2+\gamma^2 B_1^2 T_1 T_2}, \\ v = \dfrac{\gamma B_1 T_2 M_0}{1+T_2^2(\omega_0-\omega)^2+\gamma^2 B_1^2 T_1 T_2}, \\ M_z = \dfrac{[1+T_2^2(\omega_0-\omega)^2]M_0}{1+T_2^2(\omega_0-\omega)^2+\gamma^2 B_1^2 T_1 T_2}. \end{cases} \quad (10\text{-}28)$$

根据方程组(10-28)中前两式可以画出 u 和 v 随 ω 变化的函数关系曲线. 由该关系曲线可知，当旋转磁场 $\boldsymbol{B}_1$ 的角频率 ω 等于 $\boldsymbol{M}$ 在外磁场 $\boldsymbol{B}_0$ 中的进动角频率 ω_0 时，吸收信号最强，即出现共振吸收现象.

3）结果分析

由上面得到的布洛赫方程的稳态解可以看出，当 $\omega=\omega_0$ 时，v 值为极大，可以表示为

$$v = \frac{\gamma B_1 T_2 M_0}{1+\gamma^2 B_1^2 T_1 T_2}.$$

当 $B_1 = \dfrac{1}{\gamma(T_1 T_2)^{1/2}}$ 时，v 达到最大值 $v_{\max} = \dfrac{1}{2}\sqrt{\dfrac{T_2}{T_1}}M_0$. 这表明，吸收信号达到最强并不是要求 B_1 无限地小，而是要求它有一定的值.

共振时 $\Delta\omega=\omega_0-\omega=0$，则吸收信号的表示式中包含有 $S = \dfrac{1}{1+\gamma^2 B_1^2 T_1 T_2}$ 项，也就是说，B_1 增大时，S 值减小，这意味着自旋系统吸收的能量减少，相当于高能级部分被饱和，所以称 S 为饱和因子.

实际的共振吸收不是只发生在由式(10-7)所决定的单一频率上，而是发生在一定的频率范围内，即谱线有一定的宽度. 通常把吸收曲线半高度的宽度所对应的频率间隔称为共振线宽，由弛豫过程造成的线宽称为本征线宽. 外磁场 $\boldsymbol{B}_0$ 不均匀也会使吸收谱线加宽. 由方程组(10-28)可以看出，吸收曲线半高度的宽度所对应的角频率间隔为

$$\omega_0 - \omega = \frac{\sqrt{1+\gamma^2 B_1^2 T_1 T_2}}{T_2}. \tag{10-29}$$

由此可见,线宽主要由 T_2 值决定,所以横向弛豫时间是线宽的主要参数.

3. 脉冲核磁共振

1) 射频脉冲磁场瞬态作用

实现核磁共振的条件:在一个恒定外磁场 $\boldsymbol{B}_0$ 的作用下,另在垂直于 $\boldsymbol{B}_0$ 的平面(xOy 平面)内加一个旋转磁场 $\boldsymbol{B}_1$,使 $\boldsymbol{B}_1$ 转动方向与 $\boldsymbol{\mu}$ 的拉莫尔进动同方向,如图 10-7 所示. 当 $\boldsymbol{B}_1$ 的转动角频率 ω 与拉莫尔进动的角频率 ω_0 相等时,$\boldsymbol{\mu}$ 会绕 $\boldsymbol{B}_0$ 和 $\boldsymbol{B}_1$ 的合矢量进动,使 $\boldsymbol{\mu}$ 与 $\boldsymbol{B}_0$ 的夹角 θ 增大,核吸收 $\boldsymbol{B}_1$ 磁场的能量使势能增大. 当 $\boldsymbol{B}_1$ 的旋转角频率 ω 与拉莫尔进动的角频率 ω_0 不等时,自旋系统会交替地吸收和放出能量,没有净能量吸收. 因此,能量吸收是一种共振现象,只有 ω 与 ω_0 相等时才能发生.

旋转磁场 $\boldsymbol{B}_1$ 可以方便地由振荡回路线圈中产生的直线振荡磁场得到. 一个 $2B_1\cos\omega t$ 的直线振荡磁场,可以看成由两个相反方向的旋转磁场 $\boldsymbol{B}_1$ 合成,如图 10-8 所示. 其中一个与拉莫尔进动同方向. 与拉莫尔进动反方向的磁场对 $\boldsymbol{\mu}$ 的作用可忽略不计. 旋转磁场作用方式可以采用连续波方式也可以采用脉冲方式.

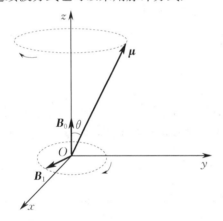

图 10-7 拉莫尔进动

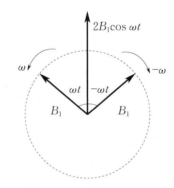

图 10-8 直线振荡磁场

因为核磁共振的对象不可能是单个核,而是包含大量核的系统,所以用体磁化强度矢量 $\boldsymbol{M}$ 来描述,核系统的 $\boldsymbol{M}$ 和单个核的 $\boldsymbol{\mu}_i$ 的关系为

$$\boldsymbol{M} = \sum_i \boldsymbol{\mu}_i. \tag{10-30}$$

$\boldsymbol{M}$ 体现了核系统被磁化的程度. 具有磁矩的核系统,在恒定外磁场 $\boldsymbol{B}_0$ 的作用下,宏观体磁化强度矢量 $\boldsymbol{M}$ 将绕 $\boldsymbol{B}_0$ 做拉莫尔进动,进动角频率

$$\omega_0 = \gamma B_0. \tag{10-31}$$

若引入一个旋转坐标系 $x'y'z$,z 轴方向与 $\boldsymbol{B}_0$ 方向重合,坐标旋转角频率 $\omega = \omega_0$,则 $\boldsymbol{M}$ 在新坐标系中保持静止. 若某时刻,在垂直于 $\boldsymbol{B}_0$ 方向上施加一射频脉冲,脉冲宽度 t_p 满足 $t_p \ll T_1, t_p \ll T_2$(T_1, T_2 分别为核系统的纵向、横向弛豫时间),通常可以把它分解为两个方向相反的旋转磁场,其中起作用的是施加在轴上的 $\boldsymbol{B}_1$,作用时间为脉宽 t_p,在射频脉冲作用前 $\boldsymbol{M}$ 处在热平衡状态,方向与 z 轴重合,施加射频脉冲作用后,$\boldsymbol{M}$ 将以频率 γB_1 绕 x' 轴进动,如

图 10-9 所示.

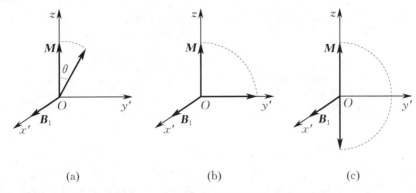

图 10-9 射频脉冲磁场作用下 M 的变化

图中,M 转过的角度 $\theta=\gamma B_1 t_p$[见图 10-9(a)]称为倾倒角,如果脉冲宽度恰好使 $\theta=\dfrac{\pi}{2}$ 或 π,称这种脉冲为 90°或 180°脉冲. 90°脉冲作用下 M 将倾倒在 y' 轴上[见图 10-9(b)],180°脉冲作用下 M 将倾倒在 $-z$ 轴上[见图 10-9(c)]. 由 $\theta=\gamma B_1 t_p$ 可知,只要射频脉冲磁场足够强,则 t_p 值均可以做到足够小而满足 $t_p \ll T_1,T_2$,这意味着射频脉冲磁场作用期间弛豫过程可以忽略不计.

2) 脉冲作用后体磁化强度 M 的行为 —— 自由感应衰减(FID)信号

设 $t=0$ 时刻加上脉冲射频磁场 B_1,到 $t=t_p$ 时 M 绕 B_1 旋转 90°而倾倒在 y' 轴上,这时脉冲射频磁场 B_1 消失,核磁矩系统将由于弛豫过程回到热平衡状态. 其中 M_z 回到 M_0 的变化速度取决于 T_1,M_x 和 M_y 降为零的衰减速度取决于 T_2,在旋转坐标系看来,M 没有做进动,回到平衡位置的过程如图 10-10 所示. 在实验室坐标系看来,M 绕 z 轴按螺旋形式进动回到平衡位置.

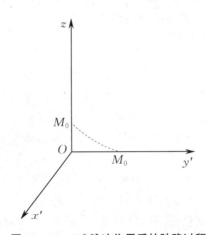

图 10-10 90°脉冲作用后的弛豫过程

在这个弛豫过程中,若在垂直于 z 轴方向放置一个接收线圈,便可感应出一个脉冲射频信号,其角频率与进动角频率相同,其幅值按照指数规律衰减,称为自由感应衰减信号,也写作 FID 信号. 经检波并滤去射频以后,观察到的 FID 信号是指数衰减的包络线,如图 10-11(a) 所示. FID 信号与 M 在 xOy 平面上横向分量的大小有关,所以 90°脉冲的 FID 信号幅值最大,180°脉冲的幅值为零.

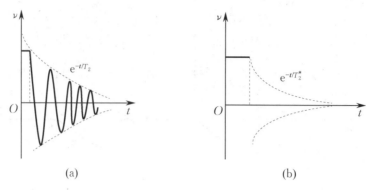

图 10-11　FID 信号

实验中由于恒定外磁场 B_0 不可能绝对均匀,样品中不同位置的核磁矩所处的外磁场强弱有所不同,其进动频率各有差异,实际观测到的 FID 信号是各个不同进动频率的指数衰减信号的叠加,如图 10-11(b) 所示. 设 T_2' 为磁场不均匀所等效的横向弛豫时间,则总的 FID 信号的衰减速度由 T_2 和 T_2' 两者共同决定,可以用表观横向弛豫时间 T_2^* 来等效,且有

$$\frac{1}{T_2^*} = \frac{1}{T_2} + \frac{1}{T_2'}. \tag{10-32}$$

若外磁场区域越不均匀,则 T_2' 越小,从而 T_2^* 也越小,FID 信号衰减得也越快.

3) 弛豫过程

弛豫和射频诱导激发是两个相反的过程,当两者的作用达到动态平衡时,实验上可以观测到稳定的共振信号. 处在热平衡状态时,体磁化强度 M 沿 z 轴方向,记为 M_0.

弛豫因涉及体磁化强度的纵向分量和横向分量变化,故分为纵向弛豫和横向弛豫.

纵向弛豫又称为自旋—晶格弛豫. 宏观样品由大量小磁矩的自旋系统和它们所依附的晶格系统组成. 系统间不断发生相互作用和能量变换,纵向弛豫是指自旋系统将其从射频磁场中吸收的能量传递给周围环境,转变为晶格的热能. 自旋核由高能级无辐射地返回低能级,两个能级的粒子数差 n 按下式规律变化:

$$n = n_0 \exp\left(-\frac{t}{T_1}\right), \tag{10-33}$$

式中,n_0 为 $t=0$ 时刻的粒子数差,T_1 为纵向弛豫时间. T_1 是自旋体系与环境相互作用时的速度量度,其大小主要依赖于样品核的类型和样品状态,所以对 T_1 的测定可知样品核的信息.

横向弛豫又称为自旋—自旋弛豫. 自旋系统内部(核自旋与相邻核自旋之间)进行能量交换,不与外界进行能量交换,故此过程体系总能量不变. 横向弛豫是指体磁化强度 M 的横向分量 $M_\perp$ 由非平衡态($M_\perp \neq 0$,与相位有关)逐渐回到平衡态($M_\perp = 0$,与相位无关)的过程,其所需的特征时间记为 T_2. 自旋—自旋相互作用也是一种磁相互作用,与相位相关的进动主要来自核自旋产生的局部磁场. 旋转磁场 B_1、外磁场空间分布不均匀都可看成是局部磁场.

4) 自旋回波法测量横向弛豫时间 T_2($90°-\tau-180°$ 脉冲序列方式)

自旋回波是一种用双脉冲或多个脉冲来观察核磁共振信号的方法,它特别适用于测量横向弛豫时间 T_2. 谱线的自然线宽是由自旋—自旋相互作用决定的,但在许多情况下,由于外磁场不够均匀,谱线会变宽,与这个宽度相对应的横向弛豫时间就是前面讨论过的表观横向弛豫时间 T_2^*,而不是 T_2,但用自旋回波法仍可以测出横向弛豫时间 T_2.

实际应用中,常用两个或多个射频脉冲组成脉冲序列,周期性地作用于核磁矩系统. 比如在 90°射频脉冲作用后,经过 τ 时间再施加一个 180°射频脉冲,便组成一个 $90°-\tau-180°$脉冲序列,这些脉冲序列的脉宽 t_p 和脉距 τ 应满足下列条件:

$$t_p \ll T_1, T_2, \tau; \tag{10-34}$$

$$T_2^* < \tau < T_1, T_2. \tag{10-35}$$

$90°-\tau-180°$脉冲序列的作用结果如图 10-12 所示,在 90°射频脉冲后即观察到 FID 信号;在 180°射频脉冲后面对应于初始时刻的 2τ 处可以观察到一个"回波"信号. 这种回波是在脉冲序列作用下由核自旋系统的运动引起的,所以称为自旋回波.

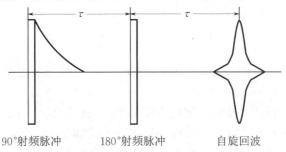

图 10-12 $90°-\tau-180°$脉冲序列作用结果图

下面用图 10-13 来说明自旋回波的产生过程. 图 10-13(a) 表示体磁化强度 M_0 在 90°射频脉冲作用下绕 x' 轴转到 y' 轴上. 图 10-13(b) 表示脉冲消失后核磁矩自由进动受到 B_0 不均匀的影响,引起核磁矩的进动角频率不同,使核磁矩相位分散并呈扇形展开. 为此可把 M 看成是许多分量 M_i 之和. 从旋转坐标系看来,进动角频率等于 ω_0 的分量相对静止,大于 ω_0 的分量(图中以 M_1 代表)左旋,小于 ω_0 的分量(图中以 M_2 为代表)右旋. 图 10-13(c) 表示 180°射频脉冲的作用使体磁化强度各分量绕 z' 轴翻转 180°,并继续沿它们原来的旋转方向运动. 图 10-13(d) 表示 $t=2\tau$ 时刻各体磁化强度分量刚好汇聚到 $-y'$ 轴上. 图 10-13(e) 表示 $t>2\tau$ 时,体磁化强度各矢量继续转动而又会呈扇形展开. 因此, $t=2\tau$ 时刻得到如图 10-12 所示的自旋回波信号.

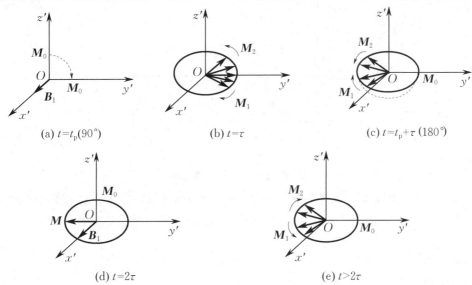

图 10-13 自旋回波矢量图解

由此可知,自旋回波信号与 FID 信号密切相关,如果不存在横向弛豫,则自旋回波信号幅值应与 FID 信号的初始幅值相同. 但在 2τ 时间内横向弛豫作用不能忽略,体磁化强度各横向分量相应减小,使得自旋回波信号幅值小于 FID 信号的初始幅值,而且脉距 τ 越大则自旋回波信号幅值 U 越小,两者存在以下关系:

$$U = U_0 \exp\left(-\frac{t}{T_2}\right), \tag{10-36}$$

式中,$t=2\tau$,U_0 是 90°射频脉冲刚结束时 FID 信号的初始幅值. 实验中,只要改变脉距 τ,自旋回波信号幅值就会发生相应的改变. 若依次增大 τ,测出若干个相应的幅值,便得到指数衰减的包络线. 对式(10-36) 两边取对数,可得

$$\ln U = \ln U_0 - \frac{2\tau}{T_2}. \tag{10-37}$$

若以 2τ 为自变量、以 $\ln U$ 为因变量作直线,则直线斜率的倒数的绝对值便是 T_2.

5) 反转恢复法测量纵向弛豫时间 T_1(180°—90°脉冲序列方式)

当系统加上 180°射频脉冲时,体磁化强度 $\boldsymbol{M}$ 从 z 轴反转至 $-z$ 轴. 而由于纵向弛豫过程的存在,z 轴方向的体磁化强度 M_z 幅值将沿 $-z$ 轴方向逐渐减小,乃至变为零,再沿 z 轴方向增长直至回到平衡态 M_0. M_z 随时间 t 变化的规律是指数变化,如图 10-14 所示,该变化规律的数学表达式为

$$M_z(t) = M_0 \left[1 - 2\exp\left(-\frac{t}{T_1}\right)\right]. \tag{10-38}$$

为检测 M_z 瞬时值 $M_z(t)$,在 180°射频脉冲后,隔一时间 t 再加上 90°射频脉冲,使 M_z 倾倒至 $x'Oy'$ 平面上,并产生 FID 信号,FID 信号的初始幅值必定等于 $M_z(t)$. 如果等待时间 t 比 T_1 长得多,样品将完全恢复平衡. 用另一不同的时间间隔 t 重复 180°—90°脉冲序列的实验,得到另一 FID 信号的初始幅值. 这样,把初始幅值 M_z 与脉冲间隔 t 的关系画成曲线,就能得到图 10-14.

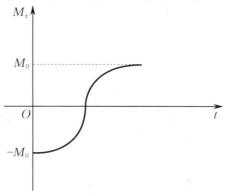

图 10-14　M_z-t 关系曲线

图 10-14 中,曲线表征体磁化强度 $\boldsymbol{M}$ 经 180°射频脉冲反转后 $M_z(t)$ 按指数规律回到平衡态的过程. 以此实测曲线可算出纵向弛豫时间 T_1. 最简便的方法是寻找 $M_z(t_0)=0$ 处,则

$$T_1 = \frac{t_0}{\ln 2} = 1.44 t_0.$$

6) 脉冲核磁共振的捕捉范围

为了实现核磁共振,连续核磁共振通常采用"扫场法"或者"扫频法",但效率不高,因为这类方法只能捕捉到频率谱线上的一个点. 脉冲核磁共振采用时间短且功率大的脉冲,根据傅里

叶(Fourier)变换可知它具备很宽的频谱. 一个无限窄的脉冲对应的频谱是全部频率成分而且各成分幅度相等. 用这样理想的脉冲作用于原子核系统可激发所有成分而得到谱线. 而实际工作中使用的是有一定宽度的方形脉冲,它是由一个射频振荡经方形脉冲调制而成的,用傅里叶变换可得它的频谱为连续谱,但各频率成分的幅度不同,射频 f_0 的成分最强,在 f_0 两边幅度逐渐衰减并有负值出现. 当 $f=\dfrac{1}{2T_0}$ 的时候,幅度第一次为零. 但只要 $2T_0$ 足够小,在 f_0 旁边就会产生足够宽的、振幅基本相等的频谱区域. 相应频率范围幅度为

$$I(f)=2AT_0\dfrac{\sin[2\pi T_0(f-f_0)]}{2\pi T_0(f-f_0)}, \tag{10-39}$$

式中,T_0 是脉冲半宽度,A 是脉冲幅度,f 是射频脉冲频率. 由此可见,$2T_0$ 越短,$\dfrac{1}{2T_0}$ 覆盖的范围越宽. 所以,只要有足够小的脉冲半宽度,就可得到足够大的捕捉共振频率的范围,同时对测量无任何影响. 这是连续核磁共振无法达到的,也是脉冲核磁共振广泛应用的原因.

7) 化学位移

化学位移是核磁共振应用于化学上的支柱,它起源于电子产生的磁屏蔽. 原子中的核不是裸露的核,它们周围都围绕着电子. 所以原子和分子所受到的外磁场作用,除了 $\boldsymbol{B}_0$ 磁场对核的作用,还有核周围电子引起的磁屏蔽作用. 电子也是磁性物质,它的运动也受到外磁场影响. 外磁场引起电子的附加运动,感应出磁场,方向与外磁场相反,大小则与外磁场成正比,所以核处实际磁场为

$$B_{核}=B_0-\sigma B_0=B_0(1-\sigma), \tag{10-40}$$

式中,σ 是屏蔽常数,它是个小量,其值小于 10^{-3}.

因此,核的化学环境不同,屏蔽常数 σ 也就不同,从而引起它们的共振角频率各不相同:

$$\omega_0=\gamma(1-\sigma)B_0. \tag{10-41}$$

化学位移可以用角频率进行测量,但是共振角频率随外磁场 $\boldsymbol{B}_0$ 而变,这样标度显然是不方便的. 实际化学位移用无量纲的 δ 表示,有

$$\delta=\dfrac{\sigma_r-\sigma_s}{1-\sigma_s}\times 10^6\approx(\sigma_r-\sigma_s)\times 10^6, \tag{10-42}$$

式中,σ_r,σ_s 分别为参照物和样品的屏蔽常数. 用 δ 表示的化学位移,只取决于参照物和样品屏蔽常数的差值.

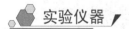
实验仪器

FD-PNMR-C 型脉冲核磁共振实验仪,电脑主机.

实验内容

1. 仪器连接及仪器预热准备

将实验仪射频发射主机(表头标志"磁铁调场电源显示")后面板中"信号控制(电脑)"九芯串口座用白色串行连接线与电脑主机的串口连接;将"调场电源"用两芯带锁航空连接线与恒温箱后部的"调场电源"连接;将"放大器电源"用五芯带锁航空连接线与恒温箱后部的"放

大器电源"连接;将"射频信号(O)"用带锁 BNC 连接线与恒温箱后部的"射频信号(I)"连接;最后插上电源线.

将信号接收主机(表头标志"磁铁匀场电源显示")后面板中"恒温控制信号"用黑色串行连接线与恒温箱后部的"恒温控制信号"连接;将"加热电源"用四芯带锁航空连接线与恒温箱后部的"加热电源(220 V)"连接;将"前放信号(I)"用带锁 BNC 连接线与恒温箱后部的"前放信号(O)"连接;用 BNC 转音频连接线将"共振信号(接电脑)"与电脑麦克风音频插座连接,插上电源线.

打开主机后面板的电源开关,恒温箱上将显示磁铁的当前温度,一般与当时的室内温度相当.过一段时间可以看到温度升高,这说明加热器在工作,磁铁温度在升高.因为磁铁有一定的温漂,所以仪器设置了 PID 恒温控制系统,每台仪器都控制在 36.50 ℃,这样在不同的环境下能够保证磁场稳定.

经过 3～4 h(各地季节变化会导致恒温时间不同),可以看到磁铁稳定在 36.50 ℃(实际工作中在 36.44～36.56 ℃ 变化,也属正常现象).

打开采集软件,点击"连续采集"按钮,电脑控制发出射频信号,频率一般为 20.000 MHz,另外初始值一般为:脉冲间隔 10 ms,第一脉冲宽度 0.16 ms,第二脉冲宽度 0.36 ms. 这时仔细调节磁铁调场电源,小范围改变磁场,当调至合适值时,可以在采集软件界面中观察到 FID 信号(调节合适也可以观察到自旋回波信号),这时调节主机面板上"磁铁匀场电源"可以看到 FID 信号尾波的变化.

2. FID 信号测量表观横向弛豫时间 T_2^*

将脉冲间隔调节至最大(60 ms),第二脉冲宽度调节至 0,只剩下第一脉冲,仔细调节调场电源和匀场电源(电源粗调和电源细调结合使用).小范围调节第一脉冲宽度(在 0.16 ms 附近调节),使尾波最大,应用软件通过指数拟合测量表观横向弛豫时间 T_2^*.

更换不同的样品(如甘油样品、机油样品等)重复测量,记录其数值并进行比较.

3. 用自旋回波法测量横向弛豫时间 T_2

在上一步的基础上,找到 90° 射频脉冲的时间宽度(作为第一脉冲),将脉冲间隔调节至 10 ms,并调节第二脉冲宽度至第一脉冲宽度的两倍(因为仪器本身特性,并不完全是两倍关系),作为 180° 射频脉冲,仔细调节调场电源和匀场电源,使自旋回波信号最大.

应用软件测量不同脉冲间隔情况下的自旋回波信号,进行指数拟合得到横向弛豫时间 T_2. 与表观横向弛豫时间 T_2^* 进行比较,分析磁场均匀性对横向弛豫时间的影响.

更换不同的样品重复测量,记录其数值并进行比较.

4. 测量不同浓度的硫酸铜溶液中氢核的横向弛豫时间并分析

核磁共振弛豫过程是核自旋与环境以及核自旋之间相互作用进行能量交换的过程,涉及原子核的偶极—偶极相互作用、自旋—自旋相互作用、化学位移各向异性相互作用、电四极矩相互作用等诸多方面.在硫酸铜溶液中,氢原子核的环境(晶格)包括氧离子、铜离子和硫酸根离子,它们的质量都远大于氢原子,均会影响氢原子的弛豫过程.

参照实验内容 3,测量五种不同浓度的硫酸铜溶液的横向弛豫时间,并分析横向弛豫时间随浓度变化的关系.

5. 学习用反转恢复法测量纵向弛豫时间 T_1

反转恢复法采用180°—90°脉冲序列方式测量纵向弛豫时间 T_1,方法与自旋回波法相似. 首先调节第一脉冲为 180°脉冲,第二脉冲为 90°脉冲. 改变脉冲间隔,测量第二脉冲的尾波幅度,并进行拟合即可得到纵向弛豫时间 T_1.

6. 测量样品的相对化学位移

在调节出甘油 FID 信号的基础上,换入二甲苯样品,通过实验软件分析二甲苯的相对化学位移(二甲苯频谱图两个峰的频率差大约为 100 Hz).

! 注意事项

1. 因为磁铁的温漂现象,需在实验前先开机预热 3～4 h,等到磁铁温度达到稳定后再开始实验.

2. 仪器连接时应严格按照要求连线,避免出错损坏主机. 尤其注意黑色串行连接线与白色串行连接线内部接线不同,切勿混用.

? 思考题

1. 如何从测到的 FID 信号来准确判断发射的射频信号频率与共振信号频率是否一致?
2. 为什么自旋回波法可以消除磁场不均匀的影响?
3. 实验中通过改变什么参数来改变 M 的倾角 θ? 如何在实验中判断 M 已转了 90°或 180°?

参考文献

[1] 吴思诚,荀坤. 近代物理实验. 4 版. 北京:高等教育出版社,2015.
[2] 杨福家. 原子物理学. 5 版. 北京:高等教育出版社,2019.
[3] 伍长征,王兆永,陈凌冰,等. 激光物理学. 上海:复旦大学出版社,1989.
[4] 王金山. 核磁共振波谱仪与实验技术. 北京:机械工业出版社,1982.
[5] 戴道宣,戴乐山. 近代物理实验. 2 版. 北京:高等教育出版社,2006.
[6] 北京分析仪器厂,北京师范大学物理系. 核磁共振波谱仪及其应用. 北京:科学出版社,1974.

实验 11

微波特性测量实验

微波是一种电磁波,它的波长在 0.1 mm～1 m 范围内,它的频率在 300 MHz～3 000 GHz 范围内,按其波长又可分为分米波、厘米波、毫米波.

与无线电波相比,微波具有波长短、频率高、直线传播和量子特性等特点. 微波可用的频带很宽,信息容量大,还可畅通无阻地穿过电离层. 因此,微波技术被广泛地应用于雷达、导航、卫星通信、遥感技术、航天、射电天文学等领域. 微波量子能量在 $10^{-6} \sim 10^{-3}$ eV 范围内,它的量子特性为微波波谱学和量子电子学的发展提供了条件.

由于微波有其自身的特点,在处理微波电路问题时的概念与方法,与低频电路截然不同. 研究微波电路必须考虑电路中电磁场的空间分布和电磁波的传播,其方法是求解满足一定边界条件的麦克斯韦(Maxwell)方程组. 也就是说,要从"电路"转到"电磁场"的概念去进行研究和分析. 低频电路中经常测量的电压、电流和电阻的概念已失去了原来的确定定义,而必须用电场强度 **E** 和磁场强度 **H** 作为基本物理量,基本测量量则为功率、驻波比、频率和特性阻抗等.

微波作为一种观测手段,对科学的发展做出了重要的贡献. 例如,微波在微波顺磁共振、微波铁磁共振、微波铁氧体的旋磁性、约瑟夫森(Josephson)效应、频标、等离子体参量的测定等方面都有应用. 因此,微波技术是一门独特的科学技术,应该掌握它的基本知识和实验方法.

实验目的

1. 了解和掌握各种微波器件的工作原理、结构和使用方法.
2. 测量波导波长、驻波比和检波律,掌握微波功率测量方法.
3. 了解信号源工作模式为"连续""脉冲"时微波功率的变化.

实验原理

1. 微波及其传输

由于微波是一种电磁波,因此传输微波不能用一般的金属导线. 常用的微波传输器件有同轴线、波导管、带状线和微带线等. 引导电磁波传播的空心金属管称为波导管,常见的波导管有矩形波导管和圆柱形波导管两种. 由电磁场理论可知,在自由空间中传播的电磁波是横波(TEM 波). 理论分析表明,在波导中只能存在下列两种电磁波:横电波(TE 波),它的电场只有横向分量而磁场有纵向分量;横磁波(TM 波),它的磁场只有横向分量而电场有纵向分量. 在实际使用中,总是把波导设计成只能传输单一波型. TE10 波是矩形波导中简单且常用的一种波型,又称为主波型.

实验 11 微波特性测量实验

一根均匀的、无限长矩形波导管如图 11-1 所示,管壁为理想导体,管内充以电容率为 ε、磁导率为 μ 的介质,则沿 z 轴方向传播的 TE10 波的各分量分别为

$$E_y = E_0 \sin\frac{\pi x}{a} e^{i(\omega t - \beta z)}, \tag{11-1}$$

$$H_x = -\frac{\beta}{\omega\mu} E_0 \sin\frac{\pi x}{a} e^{i(\omega t - \beta z)}, \tag{11-2}$$

$$H_z = i\frac{\pi}{\omega\mu a} E_0 \cos\frac{\pi x}{a} e^{i(\omega t - \beta z)}, \tag{11-3}$$

$$E_x = E_z = H_y = 0, \tag{11-4}$$

式中,$\omega = \dfrac{\beta}{\sqrt{\mu\varepsilon}}$ 为电磁波的角频率,$\beta = \dfrac{2\pi}{\lambda_g}$ 为相位常数,

$$\lambda_g = \frac{\lambda}{\sqrt{1-(\lambda/\lambda_c)^2}} \tag{11-5}$$

为波导波长,$\lambda_c = 2a$ 为截止波长或临界波长(在微波电子自旋共振实验系统中,$a = 22.86$ mm,$b = 10.16$ mm),$\lambda = \dfrac{c}{f}$ 为电磁波在自由空间中的波长.

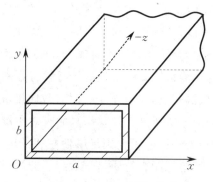

图 11-1 矩形波导管

TE10 波具有下列特性:

(1) 存在一个截止波长 λ_c,只有波长 $\lambda < \lambda_c$ 的电磁波才能在波导中传播.

(2) 波长为 λ 的电磁波在波导中传播时,波长变为 $\lambda_g > \lambda_c$.

(3) 电场矢量垂直于波导宽壁(只有 E_y),沿 x 轴方向两边为 0,中间最强,沿 y 轴方向是均匀的.磁场矢量在波导宽壁的平面内(只有 H_x,H_z).

TE10 的含义是:TE 表示电场只有横向分量,1 表示该电场沿宽边方向有一个最大值,0 表示该电场沿窄边方向没有变化(通常表示形式为 TEmn,表示该电场沿宽边和窄边方向分别有 m 和 n 个最大值).

实际使用时,波导不是无限长的,它的终端一般接有负载,当入射电磁波没有被负载全部吸收时,波导中就会存在反射波而形成驻波.为此引入反射系数 Γ 和驻波比 ρ 来描述这种状态,有

$$\Gamma = \frac{E_r}{E_i} = |\Gamma| e^{i\varphi}, \tag{11-6}$$

$$\rho = \frac{|E_{\max}|}{|E_{\min}|}, \tag{11-7}$$

式中，E_r，E_i 分别为某横截面处的电场反射波和电场入射波，φ 是两者之间的相位差；$E_{\max}$，$E_{\min}$ 分别是波导中驻波电场最大值和最小值。ρ 和 Γ 的关系为

$$\rho = \frac{1+|\Gamma|}{1-|\Gamma|}. \tag{11-8}$$

当微波全部被负载吸收而没有发生反射时，此状态称为匹配状态，此时 $|\Gamma|=0$，$\rho=1$，波导内是行波状态。当终端为理想导体，发生全反射时，此状态称为全驻波状态，此时 $|\Gamma|=1$，$\rho=\infty$。当终端为任意负载，发生部分反射时，此状态称为行驻波状态（混波状态）。

2. 微波器件

1）固态微波信号源

教学仪器中常用的微波振荡器有两种，一种是反射式速调管振荡器，另外一种是耿（Gunn）氏二极管振荡器，又称为体效应二极管振荡器、固态源。

耿氏二极管振荡器的核心是耿氏二极管。耿氏二极管主要基于砷化镓（n 型）的导带双谷（高能谷和低能谷）结构。1963 年，耿氏在实验中观察到，在砷化镓样品的两端加上直流电压，当电压较小时样品电流随电压的增大而增大；当电压超过某一临界值 V_{th} 后，随着电压的增大，电流反而减小，这种随着电压的增大，电流减小的现象称为负阻效应。电压继续增大（$V > V_{\text{b}}$），电流将趋向于饱和，如图 11-2 所示，这说明砷化镓具有负阻特性。

砷化镓的负阻特性可以用半导体能带理论解释，如图 11-3 所示。砷化镓是一种多能谷材料，其中具有最低能量的主谷和能量较高的临近的子谷具有不同的性质，当电子处于主谷时有效质量 m^* 较小，则迁移率 μ 较高；当电子处于子谷时有效质量 m^* 较大，则迁移率 μ 较低。在常温且无外加电场的条件下，大部分电子处于迁移率高而有效质量小的主谷。随着外加电场的增强，电子平均漂移速度也增大。当外加电场大到足够使主谷的电子能量增加至 0.36 eV 时，部分电子转移到子谷，在那里迁移率低而有效质量较大。其结果是随着外加电压的增大，电子的平均漂移速度反而减小，表现出负阻特性。

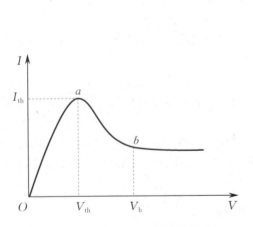

图 11-2　耿氏二极管的伏安特性曲线

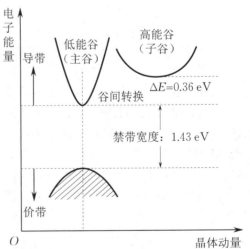

图 11-3　砷化镓的能带结构

如图 11-4 所示，在耿氏二极管两端外加电压，当管内电场 E 略大于 E_T（E_T 为负阻效应起

始电场强度)时,由于管内局部电量的不均匀涨落(通常在阴极附近),在阴极端开始生成电荷的偶极畴,偶极畴的形成使畴内电场增强而使畴外电场减弱,从而进一步使畴内的电子转入子谷,直至畴内电子全部进入子谷,畴不再长大. 此后,偶极畴在外电场作用下以饱和漂移速度向阳极移动直至消失. 而后整个电场重新上升,再次重复相同的过程,周而复始地经历畴的建立、移动和消失,构成电流的周期性振荡,形成一连串很窄的电流,这就是耿氏二极管的振荡原理.

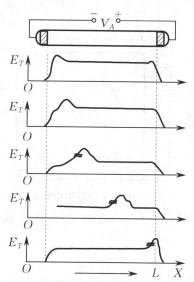

图 11-4　耿氏二极管中畴的建立、移动和消失

耿氏二极管的工作频率主要由偶极畴的渡越时间决定,实际应用中,一般将耿氏二极管装在金属谐振腔中做成振荡器,通过调节腔体内的机械调谐装置可以在一定范围内改变耿氏二极管的工作频率.

本实验采用耿氏二极管振荡器作为微波信号源,该振荡器采用耿氏二极管作为微波振荡管,可提供频率在 $8\sim12\,\mathrm{GHz}$ 范围内连续可调的微波信号,由显示屏显示信号源的工作频率、输出电平和工作模式. 该信号源可提供等幅的微波信号,也可工作在脉冲调制状态. 本微波系统实验中,指示器为选频放大器时,信号源应工作在 $1\,\mathrm{kHz}$ 的方波调制输出模式下.

2) 隔离器

隔离器是一种不可逆的衰减器,在正方向(或者需要传输的方向)上,它的衰减量很小,约 $0.1\,\mathrm{dB}$(分贝),反方向上的衰减量则很大,可达到几十分贝,两个方向上的衰减量之比称为隔离度. 若在信号源后面加隔离器,它对输出波的衰减很小,但对负载反射回来的反射波的衰减很大. 这样,可以避免因负载变化使信号源的频率及输出功率发生变化,即在信号源和负载之间起到隔离的作用.

3) 环行器

环行器是一种多端口定向传输电磁波的微波器件,其中使用最多的是三端口和四端口环形器. 以下以三端口结型波导环行器为例来说明其特性.

如图 11-5 所示,由于三个分支波导交于一个微波结上,因此这种环形器称为结型环形器. 这里的分支传输线为波导,但也可以是同轴线或微带线等. 环形器内装有一个圆柱形铁氧体,为了使电磁波产生场移效应,通常在圆柱形铁氧体上沿轴向施加恒定磁场,根据场移效应原理,被磁化的铁氧体将对通过的电磁波产生场移.图 11-5 中,当电磁波由臂 1 馈入时,由于场移效应,它将向臂 2 方向偏移.同样,由臂 2 馈入的电磁波也只向臂 3 方向偏移而不馈入臂 1.以此类推,该环行器具有向右定向传输的特性.

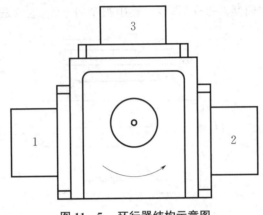

图 11-5 环行器结构示意图

铁氧体环行器经常应用于信号源与微波腔体之间,在反应环境十分恶劣的情况下能够保护发生电源与磁控管的安全.

4) 晶体检波器

微波检波系统采用半导体点接触二极管(又称微波二极管),外壳为高频铝瓷管.如图 11-6 所示,晶体检波器就是一段波导和装在其中的微波二极管,将微波二极管插入波导宽边中,使它对波导两宽边间的感应电压(与该处的电场强度成正比)进行检波.

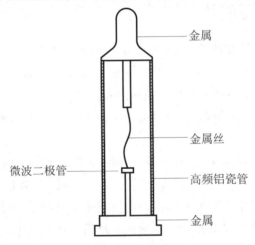

图 11-6 晶体检波器结构示意图

5) 双 T 调配器

调配器是将它后面的微波器件调成匹配(使微波能够完全进入而一点也不能反射回来)的器件.微波段电子自旋共振使用的是双 T 调配器,其结构如图 11-7 所示,它由双 T 接头构成,在接头的 H 臂(窄边)和 E 臂(宽边)内接有可以活动的短路活塞,改变短路活塞在臂中的位置,便可以使得系统匹配.由于这种调配器不妨碍系统的功率传输,同时结构上具有某些机械的对称性,因此具有以下优点:(1) 可以使用在高功率传输系统,尤其是在毫米波波段;(2) 有较宽的频带;(3) 有较宽的驻波匹配范围.

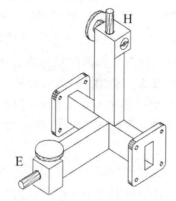

图 11-7　双 T 调配器结构示意图

双 T 调配器的调节方法如下:在驻波不太大的情况下,先调谐 E 臂活塞,使驻波减至最小,然后再调谐 H 臂活塞,就可以得到近似的匹配($\rho < 1.10$).如果驻波较大,则需要反复调谐 E 臂和 H 臂活塞,才能使驻波比降低到很小的程度($\rho < 1.02$).

6) 频率计

教学实验仪器中使用较多的是"吸收式"谐振频率计,这种频率计包含一个装有调谐柱塞的圆柱形空腔,腔外有数字读出器(单位为 GHz).空腔通过隙孔耦合到一段直波导上,频率计的腔体通过耦合元件与待测微波信号的传输波导相连接,形成波导的分支.当频率计的腔体失谐时,腔内的电磁场极为微弱,此时它不吸收微波,也基本上不影响波导中微波的传输,响应的系统终端输出端的信号检测器上所指示的为一恒定大小的输出信号.测量频率时,调节频率计上的调谐机构,将腔体调节至谐振,此时波导中的电磁场就有部分进入腔内,使得到达终端信号检测器的微波功率明显减小.只要读出对应系统输出为最小值时调谐机构上的读数,就得到所测量的微波频率.

7) 扭波导

扭波导用于改变波导中电磁波的偏振方向(对电磁波无衰减),便于机械安装(因为磁铁产生磁场方向为水平方向,而磁场方向必须垂直于矩形波导的宽边,但前面的信号源、双 T 调配器以及频率计的宽边均为水平方向).

8) 矩形谐振腔

矩形谐振腔是一段矩形波导,一端用金属片封闭而成,金属片上开一小孔,让微波进入,另一端接短路活塞,组成反射式谐振腔.谐振腔内的电磁波形成驻波,因此谐振腔内各点电场和磁场的振幅有一定的分布.实验时被测样品放在交变磁场最大处,而恒定磁场垂直于波导宽边(这也是前面介绍的扭波导的作用体现,因为恒定磁场处于水平方向比较容易),这样可以保证恒定磁场和交变磁场互相垂直.

9) 波导同轴转换器

波导同轴转换器可将信号由同轴传输转换成波导传输.耦合元件是一插入波导内的探针,等效于一电偶极子.它的辐射在波导中建立起微波电场,探针由波导宽边中线伸入,激励是对称的. 选择探针与短路面的位置,使短路面的反射与探针的反射相互抵消,以达到较佳的匹配.

10) 微波测量线

微波测量线是用来测量微波传输线中合成电场(沿轴线)分布状态(含最大值、最小值)的设备. 利用微波测量线(系统)可以测得微波传输中合成波波腹(节)点的位置和对应的波导波长(相波长)及驻波比等参数. 微波测量线有同轴测量线和波导测量线,本实验采用波导测量线(以下简称测量线),它由线体、检波头、检波滑座、传动装置、定位装置和支架构成.

本实验中的测量线采用 BJ-100 型矩形波导,其宽边尺寸为 22.86 mm,窄边尺寸为 10.16 mm,频率范围为 8.2~12.5 GHz. 测量线一般包括开槽线、探针耦合指示机构及位置移动装置三部分.

当测量线接入测试系统时,它的波导中就建立起驻波电磁场. 驻波电场在波导宽边中央最大,沿轴向呈周期函数分布. 在矩形波导的宽边中央于其轴向开一条狭槽,并伸入一根金属探针,则探针与传输波导电场线平行耦合,必然得到感应电压,其大小正比于该处的场强. 交流电流在同轴腔组成的探针电路中,由微波二极管检波后把信号加到外接指示器,回到同轴腔外导体形成一闭合回路. 因此,指示器的读数可以间接表示场强的大小.

当探针沿狭槽移动时,指示器就会出现电场强度 E_{max} 和 E_{min},从而可以测量阻抗. 调谐活塞在检波头中使晶体位于波腹位置,检波滑座用来支持检波头,可沿轴向移动,并在移动时保证探针与波导的相对位置不变.

11) 选频放大器

选频放大器是一种检测微弱信号的精密测量放大器,与测量线配套可以测量驻波比等物理量.

在信号源内用 1 kHz 的方波对微波信号(如 10 GHz 的微波信号)进行调幅后输出,此调幅波在测量线内仍保持其微波特征. 测量线输出端所接负载的特性决定微波的分布状态. 由小探针检测经微波二极管检波所得的 1 kHz 方波包络,表征其微波性能指标. 选频放大器则对此 1 kHz 方波进行有效放大.

本实验所用放大器由四级低噪声运算放大器组成的高增益音频放大和选频网络组成,可使放大电路在窄频带内对微弱音频信号进行放大,以减小噪声和微波信号源中寄生调频的影响,保证测量的精度. 它是一个增益 60 dB,可调带宽 40 Hz,中心频率 1 kHz 的放大器,可根据不同的输入幅度调节增益. 表头指示弧线有两条,第一条上标值为线性指示,下标值为相应的对数指示(单位为 dB),第二条为驻波比指示,上为 1~3,下为 3.2~10.

12) 短路活塞

短路活塞是接在传输系统终端的单臂微波器件,如图 11-8 所示,它接在终端,对入射微波信号几乎全部反射而不吸收,从而在传输系统中形成全驻波状态. 它是一个可移动金属短路面的矩形波导,也称可变短路器. 其短路面的位置可通过螺旋装置来调节并可直接读数. 在微波段电子自旋共振实验系统中,短路活塞与矩形谐振腔组成一个可调式的矩形谐振腔.

一般微波特性测量实验系统主要包含微波信号源、微波功率计、选频放大器,配有波导频率计、微波测量线、晶体检波器等波导器件,可以完成微波频率测量、功率测量、驻波测量等一系列的微波特性测量实验.

图 11-8 短路活塞装置图

3. 测试原理与方法

当矩形波导(单模传输 TE10 模)终端($Z=0$)短路时,将形成全驻波状态,波导内部电场强度的表达式为

$$E=E_r=E_0\sin\frac{\pi X}{a}\sin\beta Z. \tag{11-9}$$

在波导宽边中线沿轴线方向开狭槽的剖面上,将探针由狭槽中插入波导并沿轴向移动,即可检测电场强度的幅度沿轴线方向的分布状态(如波节点和波腹点的位置等).

1) 测量波导波长 λ_g

将微波测量线终端短路后,波导内形成全驻波状态. 调节探针位置至电压波节点处,选频放大器电流表头指示值最小,测得两个相邻的电压波节点位置(读取对应的游标卡尺上的刻度值 $Z_{1节}$ 和 $Z_{2节}$),就可求得波导波长为

$$\lambda_g=2|Z_{1节}-Z_{2节}|. \tag{11-10}$$

由于在电压波节点附近,电场(及对应的晶体检波电流)非常小,导致微波测量线探针移动些许距离时,选频放大器表头指针都在最小处几乎不动(实际上是眼睛未察觉指针微小移动或指针因惯性未移动). 因而很难准确确定电压波节点的位置,为解决这一问题,一般测量方法如下:

把小探针位置调至电压波节点附近,尽量提高选频放大器的灵敏度(减小衰减量),使波节点附近电流对位置变化非常敏感(即小探针位置稍有变化,选频放大器表头指示值就有明显变化). 取同一电压波节点两侧电流值相同(设均为 I_0)时小探针所处的两个不同位置($Z_{1左}$ 及 $Z_{1右}$),则其平均值即为理论波节点的位置:

$$Z_{1节}=\frac{1}{2}(Z_{1左}+Z_{1右}). \tag{11-11}$$

用相同的方法可得

$$Z_{2节}=\frac{1}{2}(Z_{2左}+Z_{2右}), \tag{11-12}$$

最后可得 $\lambda_g=2|Z_{1节}-Z_{2节}|$.

为检验测量的准确性,可以利用理论公式进行验算:

$$\lambda_g=\frac{\lambda}{\sqrt{1-\left(\frac{\lambda}{2a}\right)^2}}. \tag{11-13}$$

2) 测量电压驻波比 ρ

驻波比测量是微波测量中最基本的测量,通过驻波比测量,不仅可以了解传输线上的场分布,而且可以测量阻抗、波长、相位移、衰减、Q 值等其他参量.传输线上存在驻波时,能量不能有效地传到负载,这就增加了损耗.大功率传输时,由于驻波的存在,驻波电场的波腹处可能产生击穿火花,因此驻波比的测量以及调配是十分重要的.

根据驻波比的定义,可知 ρ 的取值范围为 $1 \leqslant \rho < \infty$,通常按 ρ 的大小可分三类:$1 \leqslant \rho < 3$ 为小驻波比;$3 \leqslant \rho \leqslant 10$ 为中驻波比;$\rho > 10$ 为大驻波比.

驻波比的测量方法很多,有测量线法、反射计法、电桥法和谐振法等,这里介绍用微波测量线测量驻波比的直接法和等指示度法.

(1) 直接法.在测量线的端口连接待测的微波器件,将测量线探头沿线移动,测出相应各点的驻波场强分布,找到驻波场强的最大点与最小点,若测量线上的晶体检波律为 n,则 $\rho = \left(\dfrac{a_{\max}}{a_{\min}}\right)^{\frac{1}{n}}$,式中,$a$ 为输出电表指示.

通常在实验室条件下检波功率电平较小,可以认为基本特性为平方律,即 $n = 2$.

直接法的测量范围受限于晶体的噪声电平及平方律检波范围.

本实验中使用的选频放大器已近似按平方律检波的规律,直接标出驻波比小于 10 的刻度,可读出驻波比的值.方法如下:将微波测量线滑座调到波腹点,调节选频放大器的增益旋钮,使表头指示值到满刻度.然后调节微波测量线滑座至波节点(即指示最小值).此时选频放大器驻波比刻度的值即为负载的驻波比.若驻波比大于 4,则"分贝"开关增加 10 dB,读下刻度 3.2 ~ 10 的刻度值.

(2) 等指示度法(二倍最小法).当被测器件的驻波比大于 10 时,驻波最大与最小处的电压相差很大,如果在驻波最小点处,检波晶体的输出能使指示电表有明显的偏转,那么在驻波最大点时由于电压较大,往往会使晶体的检波特性偏离平方律.这样,用直接法测量就会引入很大的误差.

等指示度法是通过测量驻波图形在最小点附近场强的分布规律,从而计算出驻波比的一种方法.若最小点处的电表指示为 Z,在最小点两边取等指示点 a_1,两等指示点之间的距离为 W,有 $a_1 = K a_{\min}$,设晶体检波律为 n,由驻波场的分布公式可以推出

$$\rho = \sqrt{\dfrac{K^{\frac{2}{n}} - \cos^2 \dfrac{\pi W}{\lambda_g}}{\sin^2 \dfrac{\pi W}{\lambda_g}}}. \qquad (11-14)$$

通常取 $K = 2$(二倍最小法),且设 $n = 2$,则有

$$\rho = \sqrt{1 + \dfrac{1}{\sin^2 \dfrac{\pi W}{\lambda_g}}}. \qquad (11-15)$$

当 $\rho > 10$ 时,式(11-15)可简化为 $\rho \approx \dfrac{\lambda_g}{\pi W}$.只要测出波导波长 λ_g 及相应于两倍最小点读数

的两点之间的距离 W, 代入上式, 便可求出驻波比 ρ.

可以看出, 驻波比 ρ 越大, $\dfrac{W}{\lambda_g}$ 的值就越小. 因此, 宽度 W 和波导波长 λ_g 的测量精度对测量结果的影响很大, 特别是在大驻波比时, 需要用高精度的位置指示装置(如千分表)进行测量. 探针移动时应尽可能朝一个方向, 不要来回晃动, 以免微波测量线齿轮间隙的回程差影响精度.

3) 测定检波律

在微波测量系统中, 送至指示器的微波信号一般是经过晶体二极管检波后的直流或低频电流. 由于晶体二极管是非线性元件, 指示电表的数值不能直接反映波导内的电场强度. 因此, 应作出晶体二极管的输出电压(它与探针所在处的电场强度成正比)与检波电流的关系曲线, 称为晶体检波校正曲线.

当微波测量线终端短路时, 波导内形成全驻波状态, 波导内任意一点的电场强度幅值可表示为

$$E = E_m \left| \sin \dfrac{2\pi l}{\lambda_g} \right|, \qquad (11-16)$$

式中, E_m 为驻波波腹点的电场强度. 当选定某一工作频率 f, 适当调整信号的输出功率, 系统正常工作后, 测出对应该频率的波导波长 λ_g, 然后将探针移动到驻波波节点处, 作为 $l=0$ 的参考点, 记录下此时指示仪表的读数(由于波导及短路器都不是理想状态, 读数不一定为零). 缓慢移动探针, 记录每一次测量 l 的值和对应的指示仪表读数 I. 若 E_m 一致, 由上式即可求出 E-I 的对应关系, 根据这组数据即可作出晶体检波校正曲线.

必须注意, 每组晶体检波校正曲线都是在特定频率和信号源功率下得到的, 改变信号源功率和频率后必须重新作校正曲线.

检波二极管检波电流 I 与晶体管两端的感应电压 V 的一般关系为

$$I = kV^n, \qquad (11-17)$$

式中, k 为常数, n 为晶体检波律. n 随 V 分段变化, 在小信号时, $n=2$, 即平方律检波, 晶体二极管的输出电源与微波功率成正比.

在同一检波律范围内, 全驻波状态时, 电压相对值有

$$V' = \dfrac{V}{V_m} = \left| \dfrac{E}{E_m} \right| = \left| \sin \dfrac{2\pi l}{\lambda_g} \right|, \qquad (11-18)$$

对应的检波指示器相对读数为

$$I' = \dfrac{I}{I_m} = \left| \sin \dfrac{2\pi l}{\lambda_g} \right|^n. \qquad (11-19)$$

那么, 以 $\left| \sin \dfrac{2\pi l}{\lambda_g} \right|$ 为横坐标, I' 为纵坐标, 利用数据处理软件进行非线性拟合, 即可得到检波律 n.

实验仪器

YM1125 信号发生器(微波信号源)、波导同轴转换器、E-H 调配器、定向耦合器、H 面弯波导、可变衰减器、微波测量线、微波频率计、晶体检波器、选频放大器、数显小功率计、短路板、

可变短路器、功率探头、匹配负载、高频电缆线以及 Q9 电缆线.

实验内容

1. 认识与调试微波测量系统

(1) 按图 11-9 所示连接微波仪器仪表和微波器件. 通过高频电缆线将微波信号源与波导同轴转换器相连,将选频放大器的输入端和微波测量线的同轴腔用 Q9 电缆线相连,接通选频放大器和微波信号源的电源开关.

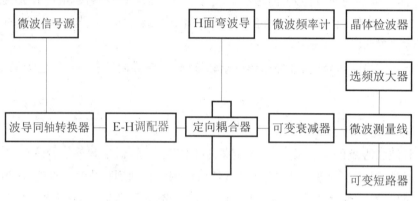

图 11-9　典型微波测量系统

(2) 将微波信号源工作模式置于"脉冲"状态,此时信号源输出的是 1 kHz 方波调制下的微波.

(3) 将选频放大器输入阻抗置于"200 k","正常/5 dB"开关置于"正常"状态(5 dB 为使输入信号减小 5 dB),右上部"通带"设为"40 Hz"(带宽越窄,通带 Q 值越高,增益越高).

(4) 调节可变短路器刻度到 0.00,调节可变衰减器刻度到 10.00.

(5) 调节选频放大器"频率微调"旋钮,使选频放大器的频率与信号发生器的 1 kHz 方波调制频率一致,此时选频放大器指示最大.

(6) 调节 E-H 调配器上 E 面和 H 面罗盘,使微波测量系统的电抗与电纳匹配,即选频放大器指示最大.

(7) 移动微波测量线的检波滑座和调谐活塞(探头侧面的圆罗盘)的位置,使探针位于波腹点,即选频放大器指示值最大.

(8) 按步骤(6),(7)反复调节,使微波测量系统工作于最佳匹配状态,且微波测量线的探针位于波腹位置.

(9) 将可变短路器移动一定距离,如 5 mm,移动微波测量线检波滑座重新找到最大值,此时检波滑座的移动距离应该也为 5 mm 左右,从而可知短路面位置的改变会使波腹的位置发生偏移.

(10) 尝试改变微波信号源频率、电平以及可变衰减器刻度位置等,初步观察现象.

2. 测量微波的频率

(1) 将微波测量线上 Q9 电缆线接头拔下,连接到晶体检波器的 Q9 插座上(即将选频放大

器与晶体检波器相连),按图 11-10 所示连接仪器,用选频放大器指示晶体检波器输出的大小.

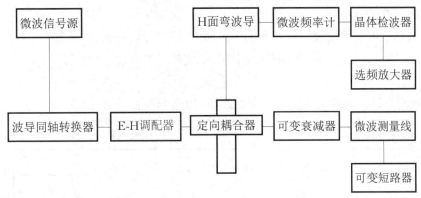

图 11-10 微波频率测量实验组成框图

(2) 调节晶体检波器的短路活塞圆盘,使晶体检波管的位置处于波腹点,即选频放大器指示最大.

(3) 分别仔细调节晶体检波器的三个螺钉(上面两个,下面一个,Q9 插座下方的螺钉请勿调节),使此时选频放大器指示最大.而后通过调节选频放大器"分贝""增益",使指针位于选频放大器表头满偏 $\frac{1}{2} \sim \frac{2}{3}$ 位置.

(4) 缓慢旋转微波频率计转盘,同时观察选频放大器表头指针的变化.当表头指针示值突然跌落时,细调微波频率计转盘使指针到最小点,读取微波频率计两根红色横线间与红色竖线交叉处的刻度值,此值即为波导内微波的实际频率.

3. 波导波长与驻波比的测量

1) 用直接法测量驻波比小于 10 的负载的驻波比

(1) 按图 11-11 所示连接微波测量系统,在微波测量线的输出端接上功率探头或匹配负载.

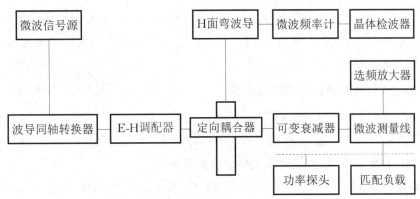

图 11-11 测量驻波比小于 10 的负载的驻波比

(2) 接通微波信号源电源,工作模式置于"脉冲"状态.将选频放大器的输入电缆接微波测量线 Q9 插座,接通选频放大器电源,调试微波测量系统.

(3) 调微波测量线调谐活塞,使选频放大器指示最大.调节增益旋钮,使指针位于满偏

(1 000)处. 移动微波测量线滑座,找到波节点. 在选频放大器的第二根刻度线上读出功率探头或匹配负载的驻波比.

实验时可移动微波测量线滑座找不同的波腹点、波节点,并读出驻波比.

注意:在更换负载前,请关闭微波信号源电源,更换后再开启.

2)波导波长的测量

(1)在微波测量线的输出端接上可变短路器,如图 11-12 所示.

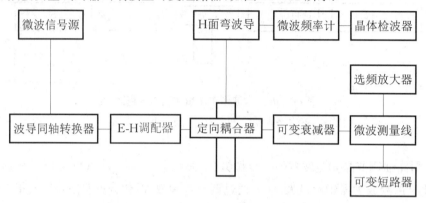

图 11-12 波导波长测量装置框图

(2)接通微波信号源电源,工作模式置于"脉冲"状态,并记下此时微波信号源的工作频率.

(3)由于微波测量线终端接可变短路器,波导内形成全驻波状态,移动微波测量线滑座到波节点附近. 按照实验原理中的有关讲解,用平均值法测量有关数据,记录并计算波导波长.

3)大驻波比的测量(等指示度法)

(1)在微波测量线的输出端接上可变短路器(同图 11-12),移动位置,装上千分表.

(2)按实验原理中的有关介绍,通过千分表,用二倍最小法,求得 W 值. 根据 2)中得出的波导波长 λ_g,通过公式 $\rho \approx \dfrac{\lambda_g}{\pi W}$,可求出大驻波比.

例如,波节点时选频放大器指示为 100,则 $Ka_{min} = 2a_{min} = 200$,由此可得 W.

提示:可通过提高选频放大器的灵敏度(提高增益),同时适当增大信号源的输出功率,使波节点时选频放大器指示增大.

4. 晶体的检波特性曲线和检波律的测定

(1)微波测量系统的连接框图同图 11-12.

(2)接通微波信号源电源,工作模式置于"脉冲"状态,将选频放大器的输入电缆接测量线 Q9 插座,接通选频放大器电源,按要求调整微波测量系统.

(3)移动微波测量线滑座,使探针位于波腹位置,即选频放大器指示最大. 调节微波信号源的输出电平及选频放大器的增益,使选频放大器的指示尽量大且位于刻度量程内.

(4)由波节点(选频放大器指示最小,该指示值记为 I_0,此时 $l=0$)开始往同一方向移动微波测量线滑座至波腹点$\left(\text{选频放大器指示最大,该指示值记为 } I_m, \text{此时 } l = \dfrac{\lambda_g}{4}\right)$,记录滑座的位

置 d 及其对应的选频放大器指示值 I 的多组数据.

(5) 以滑座在波节点的位置为起始点,将滑座位置 d 换算成 l,利用 I_0 和 I_m 将选频放大器指示值 I 换算成相对读数 I',作出 $I'-\left|\sin\dfrac{2\pi l}{\lambda_g}\right|$ 关系曲线,并得到晶体检波器的检波律 n.

5. 测量微波功率和衰减

(1) 按图 11-13 所示连接微波测量系统,将功率探头电线连接功率指示器输入端,功率探头连接在微波测量线输出端. 开启功率指示器电源开关,预热 10 min.

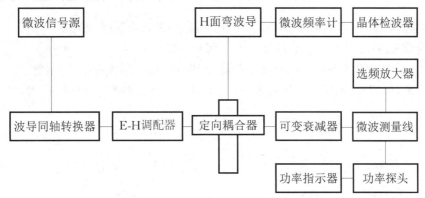

图 11-13 微波功率和衰减测量装置框图

(2) 关闭微波信号源,把功率指示器的功率范围调节至 1 mW 挡,检查并调节零点.

(3) 调节可变衰减器至零刻度,调节 E-H 调配器上 E 面和 H 面罗盘,使微波测量系统的电抗与电纳匹配,即功率指示器指示最大.

(4) 开启微波信号源,将微波信号源工作模式置于"连续"状态,调节微波信号源输出电平旋钮,观察功率指示器的功率指示变化(功率探头为×10,若功率指示值显示 1 mW,则实际微波功率为 10 mW),而后将微波信号源输出电平调节至最大.

(5) 由小至大调节可变衰减器,记录可变衰减器刻度值 d 与微波功率 P 的对应关系,以可变衰减器未对微波功率产生影响时的微波功率示数 P_0 为基准,计算衰减量 $=10\lg\dfrac{P_0}{P}$ dB,并绘制可变衰减器的衰减曲线.

(6) 记录微波信号源工作模式在"连续"状态下微波功率指示值,而后切换至"脉冲"状态,指示值应降一半. 原因是"脉冲"状态下发射的微波经过了 50% 占空比方波的调制,其功率也减小至"连续"状态下的 50%.

!注意事项 ■■

1. 微波测量线必须保护好,注意做好防尘工作,尽量避免灰尘落入波导内.
2. 在拆装微波器件时,为防止微波从波导中辐射出来,应先关闭微波信号源.
3. 晶体检波器的耐压性能较差,应避免将外界高压直接接入晶体检波器或在接地不良的情况下使用晶体检波器.
4. 测出一个电压波节点位置后,移动小探针时,要随时调节选频放大器,以防选频放大器电流表过载损坏.

思考题

1. 怎样理解具有双能谷结构的 n 型砷化镓的负阻特性?
2. 微波在矩形波导管中是怎样传播的? 波导波长与波的哪一种速度相关?
3. 系统中的检波电流为什么被认为是微波的相对功率?

参考文献

[1] 吴思诚,荀坤. 近代物理实验. 4 版. 北京:高等教育出版社,2015.
[2] 沈致远. 微波技术. 北京:国防工业出版社,1980.
[3] 周希朗. 电磁场理论与微波技术基础. 2 版. 南京:东南大学出版社,2010.
[4] 施敏,伍国珏. 半导体器件物理:第 3 版. 西安:西安交通大学出版社,2008.

实验 12

微波铁磁共振实验

铁磁共振(ferromagnetic resonance,FMR)是指铁磁介质在恒定外磁场条件下,对微波段电磁波的共振吸收现象,它与其他磁共振(核磁共振、电子自旋共振)以及光谱、X射线衍射、穆斯堡尔(Mössbauer)效应等一起,可以初步构成一个与研究物质微观结构密切相关的全电磁波谱学的概貌. 同时,铁磁共振技术的发展过程也反映了物理学基础理论的研究与应用技术的发展之间存在着相互依赖和促进的关系.

铁磁共振早在 1935 年就由朗道(Landau)和利夫希茨(Lifshitz)在理论上预言,直到 1946 年,由于微波技术的发展和应用,才在实验中观察到这一现象. 之后,波尔德(Polder)和霍根(Hogan)在深入研究铁磁体的共振吸收和旋磁性的基础上,发明了铁氧体(铁和一种或多种适当的金属元素的复合化合物,是铁磁介质的典型代表)的微波线性器件,从而引起了微波技术的重大变革. 因此,铁磁共振不仅是磁性材料在微波技术应用中的物理基础,而且还是研究物质宏观性能与微观结构的有效手段.

在微波领域中,各种磁性器件及测量均采用铁氧体,在铁氧体中,优质的钇铁石榴石(YIG)单晶已成为微波电子技术中非常受欢迎的低损耗材料. YIG 单晶在超高频微波场中磁损耗比其他很多品种的多晶、单晶铁氧体要低一个或几个数量级,它是超频铁氧体器件中的一种特殊材料,同时也是研究铁氧体在超高频微波场内若干特性不可缺少的样品. YIG 单晶小球的共振线宽 ΔH 非常窄(小于 80 A/m),Q 值极高,用其制成的微波电调滤波器、预选器、宽频带固态源等 YIG 电调器件正广泛应用于国防、科研等.

本实验主要通过对一些典型铁氧体材料的共振谱线进行测定和计算,使读者掌握铁磁共振的基本原理和实验方法,并对它如何应用于磁性材料和固体物理的研究有初步的了解.

实验目的

1. 了解和掌握各微波器件的功能及调节方法.
2. 了解铁磁共振的测量原理和实验条件,通过观测铁磁共振现象认识磁共振的一般特性.
3. 学会测量铁磁共振磁场、YIG 单晶样品的 g 因子、旋磁比 γ、磁各向异性常数 k_1、YIG 多晶样品的共振线宽 ΔH、弛豫时间 τ、波导波长 λ_g 以及谐振频率 f_0 等物理量.

实验原理

1. 铁磁共振原理

铁磁共振观察的对象是铁磁介质中的不成对电子,因此可以说铁磁共振是铁磁介质中的电子自旋共振. 由磁学知识可知,物质的铁磁性主要来自原子或离子在未满壳层中存在的不成对电子自旋磁矩. 电子自旋磁矩之间存在着强耦合作用,这使得铁磁介质中存在着许多自发磁化的小区域,这样的小区域称为磁畴.

一块宏观的铁磁材料包含大量的磁畴区域,每一个磁畴都有一定的磁矩,并有各自的取向. 在未加外磁场前,各磁畴的磁矩取向是无序的,对外的效果相互抵消,不显磁性. 在外加磁场后,各磁畴的磁矩取向转变为有序,并趋向于外磁场 $\boldsymbol{H}$ 的方向,对外显现出较强的磁性.

铁磁介质中的电子自旋磁矩(单位体积内或每一个磁畴的磁矩)可用磁化强度矢量 $\boldsymbol{M}$ 表示(简称磁矩 $\boldsymbol{M}$). 对各向同性的磁性介质,其磁化强度矢量 $\boldsymbol{M}$ 与磁场强度 $\boldsymbol{H}$ 以及磁感应强度 $\boldsymbol{B}$ 都在同一方向,因此有

$$\begin{cases} \boldsymbol{M} = \chi \boldsymbol{H}, \\ \boldsymbol{B} = \mu_0(\boldsymbol{H}+\boldsymbol{M}) = \mu_0(1+\chi)\boldsymbol{H} = \mu_0\mu_r \boldsymbol{H}, \\ \mu_r = 1+\chi, \end{cases} \quad (12-1)$$

式中,磁化率 χ 和相对磁导率 μ_r 都是标量,它们是表征各向同性磁介质磁化特性的参量.

在恒定磁场作用下的铁氧体是一种非线性各向异性的磁性介质,此时 $\boldsymbol{M},\boldsymbol{H}$ 和 $\boldsymbol{B}$ 三个矢量一般不在同一方向上,因此方程组(12-1)不再适用,需另外定义其磁化参量——张量磁化率 $\boldsymbol{\chi}$ 和相对张量磁导率 $\boldsymbol{\mu}_r$.

铁磁介质的磁导率主要由电子自旋所决定,按照经典力学理论,电子自旋角动量 $\boldsymbol{J}_m$ 与自旋磁矩 $\boldsymbol{P}_m$ 有如下关系:

$$\boldsymbol{P}_m = \gamma \boldsymbol{J}_m, \quad (12-2)$$

式中,

$$\gamma = -\frac{g\mu_B}{\hbar} \quad (12-3)$$

即为旋磁比. 在外磁场 $\boldsymbol{H}$ 中,自旋电子将受到一个力矩 $\boldsymbol{T}$ 的作用,有

$$\boldsymbol{T} = \boldsymbol{P}_m \times \boldsymbol{H}, \quad (12-4)$$

因此角动量 $\boldsymbol{J}_m$ 将发生变化,其运动方程为

$$\frac{d\boldsymbol{J}_m}{dt} = \boldsymbol{T}. \quad (12-5)$$

将式(12-2)、式(12-4)代入式(12-5)得到

$$\frac{d\boldsymbol{P}_m}{dt} = \gamma(\boldsymbol{P}_m \times \boldsymbol{H}). \quad (12-6)$$

若铁氧体中单位体积内有 N 个自旋电子,则磁化强度为

$$\boldsymbol{M} = N\boldsymbol{P}_m, \quad (12-7)$$

从而有

$$\frac{d\boldsymbol{M}}{dt} = \gamma(\boldsymbol{M} \times \boldsymbol{H}). \quad (12-8)$$

若磁矩 $\boldsymbol{M}$ 按 $\boldsymbol{M} = m_{x,y}e^{i\omega_0 t}$ 规律运动,而恒定磁场 $\boldsymbol{H} = H_0\boldsymbol{k}$($\boldsymbol{k}$ 为 z 轴方向单位矢量),结合式(12-8),有

$$\omega_0 = \gamma H_0. \quad (12-9)$$

这种运动方式通常称为拉莫尔进动,如图 12-1 所示.式(12-9)中,ω_0 为磁矩 M 的自由进动角频率.

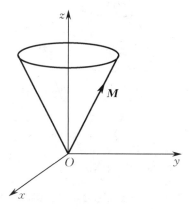

图 12-1　磁矩在恒定磁场中做拉莫尔进动

从量子力学的观点来看,共振吸收现象发生在电磁场的能量子 $\hbar\omega$ 恰好等于两个相邻塞曼能级间的能量差 ΔE,即

$$\hbar\omega = \Delta E = H_0 \frac{g\hbar e}{2m_e} \Delta m. \tag{12-10}$$

吸收过程中产生 $\Delta m = -1$ 的能级跃迁,因此这一条件等同于 $\omega = \gamma H_0 = \omega_0$,与经典力学的结论一致.

若取 $g = 2$,则可得进动的频率为

$$f_0 = \frac{\omega_0}{2\pi} = \frac{\gamma}{2\pi} H_0 = 2.80 H_0. \tag{12-11}$$

若外加恒定磁场 $H_0 = 0.3$ T,则 $f_0 \approx 9\,000$ MHz,它在微波波段范围之内.

在外加恒定磁场 H_0 的作用下,磁矩 M 将围绕着磁场 H_0 进动.实际上这种进动并不会持续很久,因为磁介质内部存在损耗,即磁矩进动会受到某种阻力,这种阻力迫使进动角 θ 不断减小,最后使 M 趋向于 H_0,如图 12-2 所示.这个过程就是磁化过程,磁性介质能被磁化就说明其内部存在阻尼损耗.图中 T_d 表示阻尼力,其方向指向 H_0.M 受阻尼力的作用很快地转向 H_0 方向,其周期约为 $10^{-6} \sim 10^{-9}$ s,如果要维持这种进动,必须另外提供能量.因此,一般来说外加磁场 H 由两部分组成:一是外加恒定磁场 H_0,二是交变磁场 h(即微波磁场).现在我们假设外加磁场 H 为外加恒定磁场 H_0 与交变磁场 h 之和,则

$$\begin{cases} \boldsymbol{H} = H_0 \boldsymbol{k} + \boldsymbol{h}, \\ \boldsymbol{M} = M_0 \boldsymbol{k} + \boldsymbol{m}, \end{cases} \tag{12-12}$$

式中,$\boldsymbol{h} = h\mathrm{e}^{\mathrm{i}\omega t}$,$\boldsymbol{m} = m\mathrm{e}^{\mathrm{i}\omega t}$ 为 $\boldsymbol{M}$ 的交变分量.将方程组(12-12)代入式(12-8),因 $H_0 > h$,$M_0 > m$,故化简后有

$$\mathrm{i}\omega \boldsymbol{m} = \gamma M_0 (\boldsymbol{k} \times \boldsymbol{h}) - \gamma H_0 (\boldsymbol{k} \times \boldsymbol{m}). \tag{12-13}$$

此处略去直流分量与二倍频率的项.

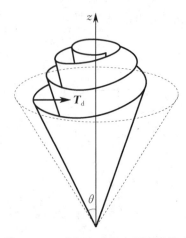

图 12-2 磁矩在磁场中受阻尼进动

采用直角坐标,写成分量形式有

$$\begin{cases} \boldsymbol{m} = m_x \boldsymbol{i} + m_y \boldsymbol{j} + m_z \boldsymbol{k}, \\ \boldsymbol{h} = h_x \boldsymbol{i} + h_y \boldsymbol{j} + h_z \boldsymbol{k}, \end{cases} \quad (12-14)$$

从而可得到式(12-13)的分量形式为

$$\begin{cases} \mathrm{i}\omega m_x = -\omega_0 m_y - \gamma M_0 h_y, \\ \mathrm{i}\omega m_y = \gamma M_0 h_x + \omega_0 m_x, \\ \mathrm{i}\omega m_z = 0. \end{cases} \quad (12-15)$$

由方程组(12-15)可解出

$$\begin{cases} m_x = \dfrac{-\mathrm{i}\omega\gamma M_0}{\omega_0^2 - \omega^2} h_y - \dfrac{\omega_0 \gamma M_0}{\omega_0^2 - \omega^2} h_x, \\ m_y = \dfrac{\mathrm{i}\omega\gamma M_0}{\omega_0^2 - \omega^2} h_x - \dfrac{\omega_0 \gamma M_0}{\omega_0^2 - \omega^2} h_y, \\ m_z = 0. \end{cases} \quad (12-16)$$

令

$$\begin{cases} \chi = \dfrac{\omega_0 \omega_\mathrm{m}}{\omega_0^2 - \omega^2}, \\ \zeta = \dfrac{-\omega \omega_\mathrm{m}}{\omega_0^2 - \omega^2}, \\ \omega_\mathrm{m} = -\gamma M_0, \end{cases} \quad (12-17)$$

式中,ω_m 称为铁氧体的本征角频率,它由 M_0 决定,即由材料的性质所决定,则方程组(12-16)可写为

$$\begin{cases} m_x = \chi h_x - \mathrm{i}\zeta h_y, \\ m_y = \mathrm{i}\zeta h_x + \chi h_y, \\ m_z = 0. \end{cases} \quad (12-18)$$

式(12-18)写成张量形式,有

$$\boldsymbol{m} = \overleftrightarrow{\chi} \boldsymbol{h},$$

式中,

$$\boldsymbol{\chi} = \begin{pmatrix} \chi & -\mathrm{i}\zeta & 0 \\ \mathrm{i}\zeta & \chi & 0 \\ 0 & 0 & 0 \end{pmatrix}. \tag{12-19}$$

令磁感应强度 $\boldsymbol{B}$ 的交变分量为 $\boldsymbol{b}$,则由 $\boldsymbol{B} = \mu_0(\boldsymbol{H} + \boldsymbol{M})$,有

$$\boldsymbol{b} = \mu_0(\boldsymbol{h} + \boldsymbol{m}) = \mu_0(\boldsymbol{I} + \boldsymbol{\chi})\boldsymbol{h} = \boldsymbol{\mu}_\mathrm{r}\boldsymbol{h},$$

式中,

$$\boldsymbol{\mu}_\mathrm{r} = \begin{pmatrix} \mu & -\mathrm{i}k & 0 \\ \mathrm{i}k & \mu & 0 \\ 0 & 0 & \mu_0 \end{pmatrix} \tag{12-20}$$

称为相对张量磁导率.

在进动方程(12-8)中,我们没有考虑阻尼力,在考虑阻尼力后,方程应修改为

$$\frac{\mathrm{d}\boldsymbol{M}}{\mathrm{d}t} = \gamma(\boldsymbol{M} \times \boldsymbol{H}) + \boldsymbol{T}_\mathrm{d}, \tag{12-21}$$

式中,$\boldsymbol{T}_\mathrm{d}$ 是阻尼力.方程(12-21)称为朗道-利夫希茨方程.$\boldsymbol{T}_\mathrm{d} = \boldsymbol{0}$ 代表非阻尼进动(拉莫尔进动);$\boldsymbol{T}_\mathrm{d} \neq \boldsymbol{0}$ 代表阻尼进动.磁化强度 $\boldsymbol{M}$ 进动时所受的阻尼作用是一个极其复杂的过程,不仅其微观机制目前还不十分清楚,其宏观表达式也没有唯一的方式,这里我们采用布洛赫在研究核磁共振时提出的方式,有

$$\boldsymbol{T}_\mathrm{d} = -\frac{1}{\tau}[\boldsymbol{M} - \chi_0 \boldsymbol{H}], \tag{12-22}$$

于是进动方程可写为

$$\begin{cases} \dfrac{\mathrm{d}M_x}{\mathrm{d}t} = \gamma(\boldsymbol{M} \times \boldsymbol{H})_x - \dfrac{M_x}{\tau_2}, \\ \dfrac{\mathrm{d}M_y}{\mathrm{d}t} = \gamma(\boldsymbol{M} \times \boldsymbol{H})_y - \dfrac{M_y}{\tau_2}, \\ \dfrac{\mathrm{d}M_z}{\mathrm{d}t} = \gamma(\boldsymbol{M} \times \boldsymbol{H})_z - \dfrac{M_z - M_0}{\tau_1}, \end{cases} \tag{12-23}$$

式中,τ_1 为纵向弛豫时间,τ_2 为横向弛豫时间.仿照前述方法解方程组(12-23),所导出的张量磁导率 $\boldsymbol{\mu}$ 中 μ 和 k 都是复数,即

$$\mu = \mu' - \mathrm{i}\mu'', \quad k = k' - \mathrm{i}k'',$$

式中,实部 μ' 为铁磁介质在恒定磁场中的磁导率,它决定铁磁介质中存储的磁场能;虚部 μ'' 则反映交变磁场能在铁磁介质中的损耗.

以上结论说明在恒定磁场和微波磁场的同时作用下,$\boldsymbol{b}$ 和 $\boldsymbol{h}$ 为张量形式,其原因是磁矩 $\boldsymbol{M}$ 在磁场的作用下做进动,这也是旋磁性的主要特征.由此可设计出多种不可逆转的微波器件,现在我们主要关心的是铁磁介质的另一个重要特征——铁磁谐振特性.当改变直流磁场 H_0 和微波频率 ω 时,总可以发现在某一条件下,铁磁介质会出现一个最大的磁损耗,即进动的磁矩会对微波能量产生一个强烈的吸收,以克服由此损耗引起的阻尼力.现把 μ 的实部 μ' 和虚

部 μ'' 写成如下形式:

$$\mu' = 1 + \frac{4\pi}{D}\left[M\gamma^2 H_0\left(1 + \frac{\lambda^2}{\gamma^2 M^2}\right)(\gamma^2 H_0^2 - \omega^2) + 2\omega^2 \frac{\lambda^2}{\chi_0^2}\right], \tag{12-24}$$

$$\mu'' = \frac{4\pi}{D}\lambda\omega(\gamma^2 H_0^2 + \omega^2), \tag{12-25}$$

式中,

$$D = (\gamma^2 H_0^2 - \omega^2)^2 + 4\omega^2 \frac{\lambda^2}{\chi_0^2}. \tag{12-26}$$

由式(12-26)可见,当 $\omega = \omega_0 = \gamma H_0$ 时,D 取最小值,相应地 μ'' 取最大值,这就是共振吸收现象. 图 12-3 给出了 μ'' 随 H_0 变化的规律,在共振曲线上峰值对应的 H_r 为共振磁场,而 $\mu'' = \frac{1}{2}\mu''_m$ 两点对应的磁场间隔 $H_2 - H_1$ 称为共振线宽 ΔH. 在实际应用上,铁磁谐振损耗并不用 μ'' 表示,而是采用共振线宽 ΔH 来表示,所以 ΔH 是描述铁氧体材料的一个重要参数. ΔH 越窄,磁损耗越低. ΔH 的大小也同样反映磁性材料对电磁波的吸收性能,且能在实验中直接测定. 所以,测量 ΔH 对研究铁磁共振的机理和提高微波器件的性能是十分重要的.

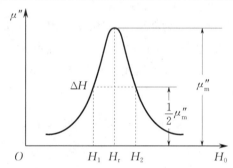

图 12-3 共振线宽 ΔH 的表示

共振线宽 ΔH 还与弛豫时间 τ 有关. 磁矩 M 进动的阻尼作用也可用弛豫时间 τ 来表示. ΔH 与 τ 的关系可由张量磁化率导出,满足下列关系:

$$\Delta H = \frac{2}{\gamma\tau}. \tag{12-27}$$

在上述讨论中,我们认为样品是无限大的. 因为铁磁介质具有很强的磁性,在外恒定磁场和高频磁场的作用下,样品表面会产生"磁荷",相应地样品内部会产生退磁场,这个退磁场对共振会产生影响,它将使共振场发生很大的位移. 这时共振条件 $\omega_0 = \gamma H_0$ 只适用于小球形样品,因此我们在实验中采用多晶或单晶铁氧体 YIG 小球为样品.

2. 共振线宽 ΔH 的测量方法

图 12-4 给出了有阻尼作用时 YIG 样品的共振曲线,在共振点,YIG 样品对微波磁场有最大吸收,相当于最大功率吸收的一半的两个磁场之差称为样品的共振有效线宽,以 ΔH_L 表示. 图中,

$$P_{1/2} = \frac{P_0 + P_r}{2}, \tag{12-28}$$

式中,P_0 为远离铁磁共振区时谐振腔的输出功率,P_r 为发生铁磁共振时的输出功率,$P_{1/2}$ 为半共振点的输出功率. 如果检波晶体器的检波满足平方律关系,则检波电流 $I \propto P$,式(12-28)可变为

$$I_{1/2} = \frac{I_0 + I_r}{2}.$$

共振有效线宽

$$\Delta H_L = H_2 - H_1. \tag{12-29}$$

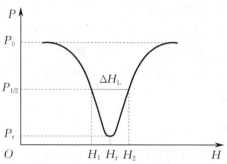

图 12-4 P-H 关系曲线

本实验采用短路波导法测量 YIG 样品的共振线宽,将 YIG 样品小球放在短路波导中,靠近短路波导断面正中心(微波磁场最大位置处). 当发生铁磁共振时,可以把 YIG 样品小球等效为一个和传输线耦合的铁磁谐振器,则它的共振线宽为

$$\Delta H = \frac{\Delta H_L}{1+\beta}, \tag{12-30}$$

式中,

$$\beta = \frac{1+R_r}{1-R_r} \tag{12-31}$$

称为耦合系数. 式(12-31)中的 R_r 称为共振反射系数,$R_r = \pm\sqrt{\dfrac{P_r}{P_0}} = \pm\sqrt{\dfrac{I_r}{I_0}}$,负号和正号分别对应于过耦合状态($\beta > 1$)和欠耦合状态($\beta < 1$). 实验中一般调节至欠耦合状态,即 R_r 取正号,可以得到共振线宽

$$\Delta H = \frac{\Delta H_L}{2}\left(1+\sqrt{\frac{P_r}{P_0}}\right) = \frac{\Delta H_L}{2}\left(1+\sqrt{\frac{I_r}{I_0}}\right). \tag{12-32}$$

这样就可以由 I-H 曲线来测定共振线宽 ΔH.

3. 磁各向异性与 k_1 的测量

实际上,铁磁共振具有不寻常的特点,发生铁磁共振时,共振角频率与外磁场的关系还与样品的其他参量有关.

首先必须考虑样品形状引起退磁场 $\boldsymbol{H}_d$ 的影响. H_d 与 M 成正比,并与"磁荷"的分布有关,"磁荷"的分布显然与样品形状有关,且有

$$H_d = -NM, \tag{12-33}$$

式中,N 称为退磁因子或形状各向异性因子. 基泰尔(Kittel)最早考虑了这一因素,椭球形样

品的共振角频率 ω 满足

$$\left(\frac{\omega}{\gamma}\right)^2 = [H + (N_x - N_z)M_s][H + (N_y - N_z)M_s], \quad (12-34)$$

式中,N_x,N_y,N_z 分别为椭球三个主轴方向上的退磁因子;M_s 为样品的饱和磁化强度;$N_x + N_y + N_z = 1$;H 沿 z 轴方向. 对于球形样品,纵向和横向退磁场相互抵消,于是式(12-34) 就变成了 $\omega = \gamma H$,这就是我们前面讨论的共振式. 该共振条件只适用于无限大或球形的多晶样品,对于其他形状样品,如圆片或长棒等,必须考虑其退磁因子的影响.

铁磁共振的另一特点是必须考虑磁各向异性. 磁各向异性来源于各向异性交换作用及各向异性自旋—轨道耦合作用,有时也来源于各向异性磁偶极子相互作用,它使磁矩沿不同方向磁化的难易程度不同. 铁磁性单晶体是各向异性的,即表现出共振时所需外加恒定磁场的大小随其对晶体晶轴取向的不同而改变. 这是由于磁各向异性场 H_{ar} 作用的影响. 于是,基泰尔对式(12-34) 进行了修正,即有

$$\left(\frac{\omega}{\gamma}\right)^2 = [H + H_{ar} + (N_x - N_z)M_s][H + H_{ay} + (N_y - N_z)M_s], \quad (12-35)$$

式中,H_{ar} 和 H_{ay} 分别代表由 M 偏离 z 轴方向而在 x,y 两轴方向上所产生的磁各向异性场,等效于在 x,y 两轴方向上各增加了一部分退磁场的作用.

本实验用的样品为YIG单晶小球,属于立方晶系(见图12-5),并且为球形(忽略形状各向异性). 设 H 在(110) 晶面内与[001] 轴夹角为 θ,则

$$\begin{cases} H_{ar} = \left(1 - 2\sin^2\theta - \dfrac{3}{8}\sin^2 2\theta\right)\dfrac{2k_1}{\mu_0 M_s}, \\ H_{ay} = (2 - \sin^2\theta - 3\sin^2 2\theta)\dfrac{k_1}{\mu_0 M_s}, \end{cases} \quad (12-36)$$

式中,k_1 为磁各向异性常数,略去了高次磁各向异性常数 k_2,k_3,$\cdots$. 当 $\dfrac{k_1}{\mu_0 M_s} \ll H$ 时,又可略去 $\dfrac{k_1}{\mu_0 M_s}$ 高次项,式(12-35) 可进一步简化为(一级近似)

$$\omega = \gamma\left[H + \left(2 - \frac{5}{2}\sin^2\theta - \frac{15}{8}\sin^2 2\theta\right)\frac{k_1}{\mu_0 M_s}\right]. \quad (12-37)$$

将 $\theta = 0°$ 和 $\theta = \arcsin\sqrt{\dfrac{2}{3}} \approx 54°44'$ 分别代入式(12-37),可得到(对于 $k_1 < 0$)

$$\omega(\theta = 0°) = \gamma\left(H_{[001]} + \frac{2k_1}{\mu_0 M_s}\right) \quad (\boldsymbol{H} \text{ 平行于[001]轴}), \quad (12-38)$$

$$\omega(\theta \approx 54°44') = \gamma\left(H_{[111]} - \frac{4k_1}{3\mu_0 M_s}\right) \quad (\boldsymbol{H} \text{ 平行于[111]轴}). \quad (12-39)$$

取 $\omega = \omega_0$(相应的共振磁场表示为 $\boldsymbol{H}_0$),由式(12-38) 和式(12-39) 联立求解得

$$\frac{k_1}{\mu_0 M_s} = -\frac{3}{10}(H_{0[001]} - H_{0[111]}), \quad (12-40)$$

$$g = \frac{10\omega_0}{\dfrac{\mu_0 e}{2m}(4H_{0[001]} + 6H_{0[111]})}. \quad (12-41)$$

为能准确测出 $H_{0[001]}$ 和 $H_{0[111]}$，首先必须对样品进行定向，即定出(110)晶面，并使其在整个共振测量过程中与恒定磁场 H 共面.

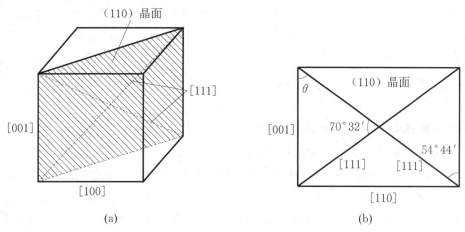

图 12-5 YIG 单晶结构及(110)晶面内各晶轴

比较式(12-38)和式(12-39)可知,[001]轴为难磁化轴,[111]轴为易磁化轴,采用磁场定向方法找出两根[111]轴(两者夹角为 70°32′),由此即可定出(110)晶面.

实验仪器

FD-FMR-A 微波铁磁共振实验装置(包含磁铁系统、微波系统和实验主机系统)和(双踪)示波器等.

实验内容

1. 实验前准备

将两台实验主机系统与微波系统、磁铁系统以及示波器连接.

具体方法为：电磁铁励磁电源用两根红黑插线与电磁铁相连，注意红黑不要接反，磁铁扫描电源用两根 Q9 线一路接电磁铁，一路接示波器 CH1 通道，此时换向开关置于"接通"端(此开关的作用是控制扫描电源与扫描线圈的通断，接通时用于示波器检测，断开时用于微电流计直接测量)，移相器用于示波器观察单个共振信号(李萨如图形观察)，需要时接示波器 CH1 通道.

另一台实验主机共振信号检测(微电流计)中"接检波器"Q9 座与检波器相连，"接示波器"Q9 座与示波器 CH2 通道相连. 中间"转换"开关向左拨表示检波器输出接微电流计，进行直接测量，向右拨表示检波器输出接示波器，进行交流观察和测量. 琴键开关可以选择 "2 mA"挡和"20 mA"挡，一般情况下使用"20 mA"挡. 磁场测量(高斯计)中"信号输入"接高斯计探头，并将探头固定在电磁铁转动支架上，用同轴线将主机"DC 12 V"输出与微波源相连.

开启实验主机系统和示波器的电源，预热 20 min.

2. 测量磁场，建立电压-磁感应强度关系

转动高斯计探头固定臂，将高斯计探头放入谐振腔中心孔中，并转动探头方向，使传感器与磁场方向垂直(根据霍尔(Hall)效应原理，也就是使得传感器示值最大). 调节主机电磁铁励磁电源的"电压调节"电位器,改变励磁电流,观察高斯计表头读数,如果随着励磁电流(表头显示为电压,因为线圈发热很小,电压与励磁电流成线性关系)增大,高斯计读数增大,说明励磁线圈产生磁场与永磁铁产生磁场方向一致,反之,则两者方向相反,此时要将红黑插头交换.

调节励磁电源的"电压调节"电位器,将磁场调节至 3 360 G 左右(因为微波频率在 9.4 GHz 左右,根据共振条件,此时的共振磁场在 3 360 G 左右).亦可由小至大改变励磁电流,记录电压读数与高斯计读数,作电压-磁感应强度关系图,找出关系式,在后面的测量中可以不用高斯计,而通过拟合关系式计算得出中心磁感应强度数值.

3. 用示波器观测 YIG 多晶样品共振信号

移开高斯计探头并放入样品,磁铁扫描电源换向开关置于"接通"端,并旋转"电流调节"电位器至合适位置(一般取中间位置),共振信号检测(微电流计)"转换"开关置于"接示波器"端.

调节双 T 调配器,观察示波器上信号线是否有跳动,若跳动,说明微波系统工作,若无跳动,检查 12 V 电源是否正常.将示波器的输入通道打在直流(DC)挡上,调节双 T 调配器,使直流(DC)信号输出最大,调节短路活塞,再使直流(DC)信号输出最小,然后将示波器的输入通道打在交流(AC)5 mV 或 10 mV 挡上,这时在示波器上应可以观察到共振信号.但此时的信号不一定为最强,可以再小范围地调节双 T 调配器和短路活塞使信号最大,而后仔细调节励磁电流,使示波器上观察到的共振信号均匀分布(此时的磁场才为测量 g 因子的共振磁场),如图 12-6 所示.观察单个样品时要求能够出现如图 12-7 所示的图形.调节短路活塞,可以在两到三个位置观察到均匀并且最大的铁磁共振信号(实验信号调节完成,可以记下这几个位置,以后的测量过程中只需调节到这几个合适位置即可).

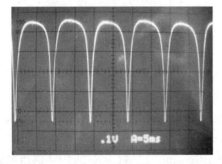
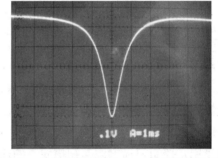

图 12-6 示波器观察 YIG 多晶样品共振信号　　图 12-7 示波器观察单个 YIG 多晶样品共振信号

4. 确定共振磁场并测量微波频率,计算 YIG 多晶样品的旋磁比 γ 以及 g 因子

旋转频率计上端黑色旋钮,当达到微波频率时,能够在示波器上看到共振信号有突然的抖动,仔细调节确定抖动的位置,根据机械式频率计的读数测量微波频率 f_0(一般在 9.4 GHz 左右).将磁铁扫描电源转换开关置于"断开"端,共振信号检测(微电流计)"转换"开关置于"接检波器"端,微电流计置于"20 mA"挡.通过微电流计检测共振点磁场,方法为:由小至大改变励磁电流,可以看到微电流计数值在某一点会有突然的减小,减至最小值时的励磁电压即为共振磁场的电压值,根据前面计算得出的励磁电压与磁场的关系式,可以换算出共振磁场 H_0.也可以逐点测量,描绘出 I-H 曲线(因为检波晶体满足平方律关系,即检波电流 $I \propto P$,所以此曲线与 P-H 曲线同形状).根据测量得出的 f_0 和 H_0 的大小,利用实验原理部分的式(12-9)和式(12-3),可以计算得出 YIG 多晶样品的旋磁比 γ 和 g 因子的大小.

5. 手动测量 YIG 多晶样品的共振线宽 ΔH,估算样品的弛豫时间 τ

根据前面步骤 4 测量得出的共振曲线,可以用作图法找到半功率点,并得出共振线宽 ΔH 的大小. 还可以采用另一种方法,通过电流计直接测量得到,方法如下:仔细调节励磁电源的"电压调节"电位器,首先得到 I_0 和 I_r 的大小,从而可得 $I_{1/2}$ 的大小. 根据 $I_{1/2}$ 的值,仔细调节找出两个半功率点的对应励磁电压,根据前面拟合的励磁电压与磁场的关系式计算得出 ΔH,进而计算得出弛豫时间 τ.

6. 用示波器观察 YIG 单晶样品共振信号

放入已经定向的 YIG 单晶样品(带转盘的样品),用同样的方法,重复步骤 3,4,我们同样可以在示波器上观察到 YIG 单晶样品的共振曲线(注意此时要调节励磁电压至合适的值,因为对应不同的方向,共振磁场的大小也不一样),如图 12-8 和图 12-9 所示. 注意,YIG 单晶小球的共振线宽较窄 $\left(1 \text{ Oe 左右}, 1 \text{ Oe} \approx \frac{1}{4\pi} \times 10^3 \text{ A/m}\right)$,所以描点测量或者电流计直接测量比较困难,这里就只进行定性观察. 将移相器的信号接入示波器的 CH1 通道,YIG 单晶样品共振信号接入示波器的 CH2 通道,可以得到如图 12-10 所示的李萨如图形. 调节短路活塞以及励磁电压,使信号左右对称,再调节移相器"相位调节"电位器可以使两个共振信号重合,这时对应的磁场即为共振磁场,这种方法可以通过示波器来确定共振磁场的大小.

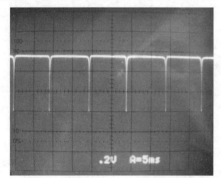
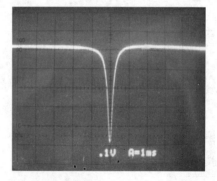

图 12-8 示波器观察 YIG 单晶样品共振信号　　图 12-9 示波器观察单个 YIG 单晶样品共振信号

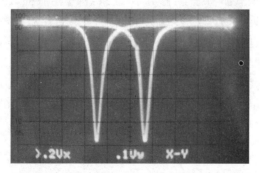

图 12-10 YIG 单晶共振信号李萨如图形观测

7. 测量已经定向的 YIG 单晶样品的磁各向异性常数以及 g 因子

在成功调出 YIG 单晶共振信号的基础上,旋转样品,可以发现某一固定磁场时,在固定角度才有信号在示波器上出现,这是因为共振磁场 H_0 在随 θ 而变化. 用手动测量的方法可以得出共振磁场 H_0 随 θ 的变化曲线(两种方法:示波器观察与电流计观察),其中 $H_{0\max}$ 和 $H_{0\min}$ 分别对应于 $H_{0[001]}$ 和 $H_{0[111]}$,根据实验原理部分的式(12-40)和式(12-41),就可以计算得出磁各向异性常数 k_1 和 g 因子.

8. 测量波导波长 λ_g 和谐振频率 f_0.

在调出 YIG 单晶共振信号的基础上,通过移相器观察共振信号,调节短路活塞位置,可以发现在可调节范围内,能够观察到有两个位置共振信号最大,如图 12-10 所示,记下这两个位置的读数. 因为谐振腔发生谐振时,腔长 l 必须为半个波导波长 $\dfrac{\lambda_g}{2}$ 的整数倍,所以根据测量得到的位置读数,即可以计算得到波导波长 λ_g 以及谐振频率 f_0.

!注意事项 ■

1. 磁极间隙在仪器出厂前已经调整好,实验时最好不要自行调节,以免偏离共振磁场过大.
2. 要保护好高斯计探头,避免弯折、挤压.
3. 励磁电源的电压要缓慢调节,同时仔细注意波形变化,才能辨认出共振峰.
4. 检波器两输出线不得短路,否则将损坏检波晶体.
5. 测量后将"磁场"和"扫场"调节至零,调节"磁场"和"扫场"时应缓慢转动旋钮.
6. 更换样品时要当心,防止样品损坏、破碎以及丢失.

!注意事项 ■

1. 用铁磁共振方法来观测微波磁性材料的 ΔH 和 H_r 时,应满足哪些实验条件?
2. 可以考虑用哪些简便方法测量 ΔH 和 H_r? 用这些方法测量时的误差来源主要有哪些?

参考文献

[1] 李荫远,李国栋. 铁氧体物理学:修订本. 北京:科学出版社,1978.
[2] 戴道宣,戴乐山. 近代物理实验. 2 版. 北京:高等教育出版社,2006.
[3] 向仁生. 微波铁氧体线性器件原理. 北京:科学出版社,1979.
[4] 杨福家. 原子物理学. 5 版. 北京:高等教育出版社,2019.
[5] 吴思诚,荀坤. 近代物理实验. 4 版. 北京:高等教育出版社,2015.
[6] 王魁香. YIG 单晶铁磁共振(FMR). 物理实验,1987,7(3):101-104.

实验 13

盖革-米勒计数器和核衰变的统计分布实验

1908 年,盖革(Geiger)设计制作了一台 α 粒子计数器,卢瑟福和盖革利用这一计数器对 α 粒子进行了探测. 从 1920 年起,盖革和米勒(Müller)做了许多改进,计数器灵敏度得到很大提高,被称为盖革-米勒计数器,应用十分广泛. 盖革-米勒计数器是核物理学和粒子物理学中不可缺少的探测器,至今在放射性同位素应用和剂量监测工作中,仍发挥着重要的作用.

放射性事件与核事件在一定的时间间隔内发生的数目,以及某一事件发生的时刻都是随机的,也就是说这些事件具有统计涨落性. 了解放射性事件随机性分布的知识,一方面可以检验探测仪器本身的工作状态是否正常,分析测量值出现的不确定性,确定除了统计性的原因是否还有仪器本身的其他误差因素;另一方面也可以对测得的计数值进行合理的修正,给出正确的误差范围.

实验目的

1. 了解盖革-米勒计数器的工作原理和特性.
2. 掌握"坪曲线"和"死时间"的测量方法.
3. 研究核衰变的统计分布.

实验原理

盖革-米勒计数器是测量 α,β,γ 和 X 射线等的一种气体电离探测器,一般为圆柱形. 在圆柱的中心轴有一根很细的丝状阳极,周围是圆筒式的阴极,中间充有惰性气体及少量猝灭气体. 由于管中所充猝灭气体不同,通常分为两大类:一类是用有机气体(如酒精、石油醚、甲酸乙酯等)作为猝灭气体,称为有机管;另一类是用卤素气体(如溴、氯等)作为猝灭气体,称为卤素管.

盖革-米勒计数器的工作过程是入射粒子在计数器内引起惰性气体电离(对 γ 光子,则先产生光电子),产生离子对. 产生的电子在外加电场作用下,向中央的阳极漂移. 在极细的丝状阳极附近,有极强的电场,当电子漂移到阳极附近时,在很短的距离内即可得到很高的能量. 具有一定能量的电子和气体分子相碰撞,又可产生电离,结果在阳极附近的小区域内(约 10^{-2} cm)产生了大量的电子和正离子. 与此同时,气体分子被激发. 气体分子在退激时发出光子,这些光子能穿过气体到达阴极表面,并可能打出光电子. 这些光电子被电场加速,又能在阳极附近引起离子增殖,之后再产生光子,又打出光电子. 如此周而复始,使增殖的电子越来越多,这种增殖过程称为雪崩效应. 最后直到整个丝状阳极附近区域的惰性气体都发生电离为止.

电子很快被阳极收集,而行动缓慢的正离子包住丝状阳极,形成一个"正离子鞘". 阳极附近的电场随着正离子鞘的形成而逐渐减弱,以致后来的电子无法再增殖,放电便终止. 此后,在电场作用下,正离子鞘向阴极移动. 由于阳极与电源间串接了一个大的电阻,因此正离子鞘的移动,就在阳极上产生了一个负电压脉冲. 此脉冲由正离子鞘的移动所形成,所以它的大小只取决于正离子鞘的总电荷,而与入射粒子初始电离发生的位置、大小都无关. 也就是说,在一定的外加电压下,不论入射粒子在计数器内一开始打出多少离子对,最后形成的正离子鞘都是一样的. 因此,盖革-米勒计数器对于不同能量、不同种类的入射粒子所产生的脉冲大小都是相同的. 这就决定了盖革-米勒计数器只能记录入射粒子的数量(通量或强度),而无法反映入射粒子的能量.

当正离子鞘靠近阴极时,计数器内电场已逐渐恢复,而正离子打在阴极上,又可能打出电子,这种电子在电场加速下又可产生离子增殖,乃至雪崩. 这样计数器就将无休止地放电,无法正常工作. 为了消除这种效应,计数器内必须加入有机气体或卤素气体以防止再次引起雪崩效应.

盖革-米勒计数器内充的主要是惰性气体,如氩气等,再加上 10% 的猝灭气体.

计数器每计数一次,就有部分猝灭气体分子电离与分解,从而失去猝灭作用,所以盖革-米勒计数器都有一定的寿命. 在正常条件下,有机管为 $10^8 \sim 10^9$ 次计数,卤素管为 $10^9 \sim 10^{10}$ 次计数.

1. 计数器的特性 ——"坪曲线"和"死时间"

1) 坪曲线

坪曲线是盖革-米勒计数器的主要特性,它是我们判断一个计数器好坏的主要标志,也是正确选择计数器工作电压的依据.

当盖革-米勒计数器在强度不变的放射源照射下,且其他测量条件保持不变时,其计数率 m 随工作电压 U 变化的曲线,称为坪曲线,如图 13-1 所示.

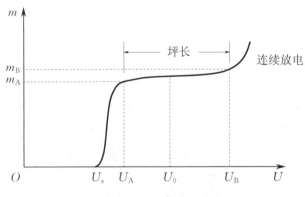

图 13-1 坪曲线

坪曲线的主要参数有起始电压、坪长、坪斜. 当外加电压较小时,计数器没有计数,是因为此时计数器阳极附近的电场强度低于电子雪崩所需要的阈值,使计数器处于非工作状态. 当电压增至一定数值时,计数器才开始计数,但数目甚小,该电压称为起始电压(U_s). 此时入射粒子所产生的脉冲大小有的已超过定标器的甄别阈,开始被记录. 一般有机管的起始电压为

1 000 V 左右，卤素管为 300 V 左右. 当外加电压增大时，大的脉冲增加，计数随外加电压增大而增加. 电压超过 U_A 后，这时只要有一对离子便能引起全管放电，脉冲幅度只取决于电压而与初始离子的对数无关，即所有产生离子的粒子均被定标器记录下来. U_A 叫作计数器的阈电压. 在 $U_A \sim U_B$ 段（计数器的坪区），计数率比较稳定，$U_B - U_A$ 称为计数器的坪长，也就是它的工作区长度. 坪长越长，表明计数器性能越好.

在坪区，计数率仍随电压增大而略有增加，表现为坪有坡度，称为坪斜 S. 通常规定以坪区电压每增大 100 V 时计数率增加的百分率来表示坪斜，有

$$S = \frac{m_B - m_A}{(m_A + m_B)/2} \times 100\% \bigg/ \frac{U_B - U_A}{100}. \tag{13-1}$$

坪斜主要是由假计数造成的. 坪斜越小越好，有机管的坪斜应小于 10%/100 V，卤素管应小于 12.5%/100 V.

在坪区末端，电压再升高，此时曲线急剧上升，计数器进入连续放电区，此时，猝灭气体会被大量消耗，长时间使用会使计数器损坏，使用时应避免出现这种情况. 盖革-米勒计数器的工作电压 U_0，一般选在坪区的 $\frac{1}{3} \sim \frac{1}{2}$ 之间.

2）死时间

在进行放射性测量时，用计数器所测得的计数，并不是实际进入计数器的粒子数，而是比入射粒子数要少，即有漏计数存在. 漏计数主要来自计数器的"死时间". 不同的计数器的死时间不同，因此用计数器进行放射源强度测量，特别是在测量放射性活度大的放射源时，必须要考虑这一因素，并对测量结果加以修正.

盖革-米勒计数器的死时间是由正离子鞘空间电荷所引起的. 带电粒子进入计数器，在计数器内引起放电、雪崩，在阳极附近形成正离子鞘，削弱阳极附近的电场. 此时，若有第二个粒子进入计数器，就不能产生电压脉冲以致无法计数. 但随着正离子鞘逐渐漂移向阴极，中央阳极附近的电场也逐渐恢复到能维持放电的状态，这段过程所需的时间称为死时间. 经过死时间后，阳极附近的电场虽然已恢复到能维持放电的状态，但在正离子完全被收集之前是不能达到正常值的. 在这期间，粒子进入计数器所产生的脉冲幅度要低于正常幅度，直到正离子全部被收集后才完全恢复，这段时间称为恢复时间. 死时间和恢复时间的大小可以直接用示波器观测.

实际上，更有意义的是计数系统的分辨时间 τ. 定标器有一定的阈值，只有幅度超过甄别阈的脉冲才能被记录，并产生计数. 计数器恢复计数的时间称为分辨时间，用 τ 表示. 显然，$t_{死} < \tau < t_{死} + t_{复}$.

(1) 用示波器测量分辨时间.

盖革-米勒计数器的死时间 $t_{死}$、恢复时间 $t_{复}$ 和分辨时间 τ 均可用示波器观测. 图 13-2 所示是示波器上观察到的波形，它是多次扫描重叠的结果. 从许多小脉冲的包迹可以看出脉冲的恢复. 根据这条包迹和示波器的时标可测出 $t_{死}$ 和 $t_{复}$. 在示波器上定出定标器甄别阈 U_0 后，就可测量 τ. 盖革-米勒计数器的分辨时间一般在 $100 \sim 300 \mu s$ 范围内.

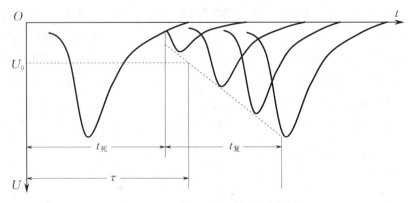

图 13-2　死时间、恢复时间和分辨时间

（2）用"双源法"测计数器的分辨时间．

在实际测量中，由于计数器有确定的分辨时间 τ，若相继进入计数器的两粒子的时间间隔小于分辨时间，第二个粒子就会漏记．因此，需要进行分辨时间校正，有时也称死时间校正．

令 n 为单位时间内进入计数器应记录的粒子数，m 为单位时间内实测到的粒子数，τ 为计数器的分辨时间．单位时间内记录 m 个粒子的总分辨时间为 $m\tau$，在 $m\tau$ 时间内计数器不工作，则漏计数为 $nm\tau$．而漏计数＝应计数－实测计数，所以有 $nm\tau = n - m$，从而有

$$n = \frac{m}{1 - m\tau} \quad 或 \quad m = \frac{n}{1 + n\tau}. \tag{13-2}$$

由式（13-2）可知，分辨时间 τ 越大，则 m 越小，漏计数越大，特别是放射源较强时，τ 的影响很大．

双源法测盖革-米勒计数器分辨时间的方法是：利用两个独立的放射源，分别测量各自的计数和两个源的合计数，从而求得 τ．

设本底计数率为 m_b，源 1 包含本底的计数率为 m_1，则

$$n_1 = \frac{m_1}{1 - m_1\tau} - \frac{m_b}{1 - m_b\tau}. \tag{13-3}$$

同理，对于源 2 及两个源的和，有

$$n_2 = \frac{m_2}{1 - m_2\tau} - \frac{m_b}{1 - m_b\tau}, \tag{13-4}$$

$$n_{12} = \frac{m_{12}}{1 - m_{12}\tau} - \frac{m_b}{1 - m_b\tau}. \tag{13-5}$$

两个源单位时间内进入计数器的粒子数总是等于源 1 和源 2 在单位时间内分别进入计数器内的粒子数之和，即

$$n_{12} = n_1 + n_2. \tag{13-6}$$

解式（13-6）并略去高次项，得

$$\tau = \frac{m_1 + m_2 - m_{12} - m_b}{2(m_1 - m_b)(m_2 - m_b)}. \tag{13-7}$$

2. 放射性测量的统计分布规律

放射性物质内含有大量的不稳定原子核，只有原子核衰变时才放出射线．可是每一个原子核的衰变都是完全独立的，与其他的原子核无关．衰变发生的时间、先后都不能预期，也就是说

衰变是随机的.因此,在放射性测量中,测量同一个放射源,即使测量条件完全相同,每次测量的结果仍旧会多有不同.在单位时间内发生衰变的原子核数,不一定和理论上所预期的 $\dfrac{\mathrm{d}N}{\mathrm{d}t}=-\lambda N$ 完全一致.然而,每一次的测量结果都围绕某一平均值上下涨落,这种涨落服从一定的统计规律.

设在相同的时间间隔 t 内,对放射性原子核的衰变数进行多次测量,其计数平均值为 $\bar{n}$,其中计数为 n 的概率为 $P(n)$. $P(n)$ 服从泊松(Poisson)分布(见图 13-3),有

$$P(n)=\dfrac{(\bar{n})^n}{n!}\mathrm{e}^{-\bar{n}}. \qquad (13-8)$$

理论上可以证明,当 $\bar{n} \to \infty$ 时,泊松分布趋于高斯分布.实际上,只要 $\bar{n} > 16$,$P(n)$ 便能很好地服从高斯分布(见图 13-4),即

$$P(n)=\dfrac{1}{\sqrt{2\pi\bar{n}}}\mathrm{e}^{-\dfrac{(n-\bar{n})^2}{2\bar{n}}}. \qquad (13-9)$$

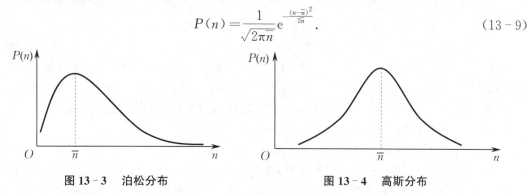

图 13-3　泊松分布　　　　　　图 13-4　高斯分布

泊松分布曲线对 $n=\bar{n}$ 是不对称的,而高斯分布曲线对 $n=\bar{n}$ 是对称的.我们还可以注意到,这两个分布的标准差都是 $\sqrt{\bar{n}}$.在实际测量中,当 $\bar{n} < 16$ 时,应使用泊松分布;当 $\bar{n} > 16$ 时,可使用高斯分布.在计数测量中,如果进行多次测量求得平均值 $\bar{n}$,则取 $\sigma=\sqrt{\bar{n}}$,应该与用贝塞尔(Bessel)公式计算的结果一致.如果只测一次,其计数为 n,在这种情况下,可以设想 n 就是它的理论分布曲线的平均数 $\bar{n}$,则其标准差 $\sigma=\sqrt{\bar{n}}$ 也就可以写成 $\sigma=\sqrt{n}$.用标准差来表示结果,可写成 $n \pm \sqrt{n}$,它的意义是:当再做同样的测量时,所得到的计数有 68.3% 的概率会落在 $n-\sqrt{n}$ 和 $n+\sqrt{n}$ 之间.标准差如用百分数来表示,则称为相对标准差,可写成 $\dfrac{\sqrt{n}}{n} \times 100\%$.

如果计数 n 是在时间间隔 t 内测量所得,则单位时间内计数即计数率为

$$\dfrac{n}{t} \pm \dfrac{\sqrt{n}}{t}=n_0 \pm \sqrt{\dfrac{n_0}{t}}, \qquad (13-10)$$

式中,$n_0=\dfrac{n}{t}$ 为单位时间内的平均计数.式(13-10)说明,测量时间越长,计数率的测量误差越小.

实验仪器

盖革-米勒计数器、放射源、高压电源、定标器和示波器等.

实验内容

(1) 按图 13-5 所示连接好线路,并检查确认.

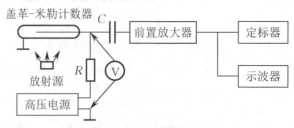

图 13-5 实验线路图

(2) 将盖革-米勒计数器和放射源置于铅室中(或用铅玻璃等其他屏蔽设施进行隔挡).

(3) 将定标器接通,用"自检"挡检查定标器工作是否正常.

(4) 测量盖革-米勒计数器的坪区特性. 将定标器的工作选择置于"定标",开启高压电源(开启前应将高压调节置于 0 位),缓慢增加高压,找到起始电压 U_s,此时计数器开始计数. 在 U_s 基础上每次增加少许(1~2 V),记一次计数,到 U_A 后可每隔 10~20 V 测量一次计数,每次测量时间为 100~300 s,直到测出足够多的数据. 测量中要特别注意不要使电压达到计数器的连续放电区. 由测得的数据作坪曲线,并求坪长、坪斜.

(5) 选定工作电压,移除放射源,测量本底计数,测量时间同上.

(6) 用示波器观测死时间、分辨时间和恢复时间. 计数器的工作电压同上,示波器采用内触发扫描. 调节示波器"电平""稳定"旋钮,得到如图 13-2 所示波形,估计死时间的大小. 慢慢降低工作电压至起始电压,用示波器估计定标器的甄别阈 U_0 的大小,再由图 13-2 估计分辨时间和恢复时间.

(7) 验证原子核衰变的统计规律.

① 在前面测量的基础上,求出本底计数率,选择一个适当的测量时间(1~10 s),使每次测量得到的平均数 $\bar{n}$ 在 3~10 范围内. 固定测量时间,重复测量 300~500 次.

② 分别取前 100 次和总的 300 次(或 500 次)的数据,计算 $P_{实}(n)$,并作出泊松分布的实验曲线. 用整个实验所得到的平均值 $\bar{n}$,按式(13-8)计算 $P_{理}(n)$,并作出泊松分布的理论曲线. 将它们画在同一张图上,进行比较和讨论.

(8) 用双源法测量计数器的分辨时间.

① 将源 1 放在选定位置上测量得到 m_1.

② 保持源 1 不动,将源 2 放在源 1 旁边,测量得到 m_{12}.

③ 保持源 2 不动,移走源 1,测量得到 m_2.

④ 取本底平均值,将测得结果代入式(13-7),计算得到 τ_1.

⑤ 为了减少位置误差,可将源 1 和源 2 位置对换,重测一遍,求得 τ_2. 最终得

$$\tau = \frac{\tau_1 + \tau_2}{2}.\tag{13-11}$$

注意事项

1. 注意保护计数器,切勿造成连续放电.

2. 为了减少人体受到放射源的照射,人和放射源之间可用铅玻璃隔挡或将放射源和计数器置于防护铅室中.铅室的作用一方面是减少身体受到放射源的照射,另一方面是减少外界对计数器的干扰.

3. 放射性物质对人体有伤害,使用时不要用手直接接触放射源.

4. 高压电源的电压很高,注意手和身体不要触及.

思考题

1. 分辨时间和盖革-米勒计数器的饱和计数率有什么关系?
2. 在坪区,为什么计数率随电压增大而略有增加?

参考文献

[1] 复旦大学,清华大学,北京大学. 原子核物理实验方法. 3版. 北京:原子能出版社,1997.

实验 14

NaI(Tl) 单晶 γ 闪烁谱仪与 γ 能谱测量实验

原子核从激发态跃迁到较低能态的过程中通常会伴随发射 γ 射线. γ 射线、X 射线和可见光的本质都是电磁波,常见的放射性核素发射的 γ 射线的能量从 keV 量级到 MeV 量级. 放射性核素衰变放出的 γ 射线能量与原子核的能级结构有关,因此可以通过测量 γ 射线能量对核素进行鉴别,确定原子核的种类和放射性核素的含量. NaI(Tl)(以铊激活的碘化钠)单晶 γ 闪烁谱仪的主要优点是可以探测各种类型的带电粒子,同时可以测量粒子的能量以及不同能量粒子的相对强度分布,并且由于其具有探测效率高、分辨时间短、成本低等优势,NaI(Tl) 单晶 γ 闪烁谱仪在工业、医学、核物理领域和高校教学中有着相当广泛的应用. 对于高精度的 γ 能谱的测量,目前主要是利用高纯锗探测器进行的,由于仪器成本高,其应用范围小于 NaI(Tl) 单晶 γ 闪烁谱仪.

基于 NaI(Tl) 单晶 γ 闪烁谱仪,可以采用多道分析器进行数据获取,方便省时. 也可以采用单道分析器,通过逐点改变甄别电压进行计数,虽然比较费时,但是可以加强学生对电子学信号的认识. 本实验主要是基于单道分析器进行 γ 能谱的测量,重点是让学生灵活掌握多种核电子学仪器的性能及基本操作.

实验目的

1. 了解 NaI(Tl) 单晶 γ 闪烁谱仪的结构、探测原理和使用方法.
2. 测量 ^{137}Cs 和 ^{60}Co 的 γ 能谱,理解能量分辨率和线性等概念.
3. 了解核电子学仪器的数据采集、记录方法和数据处理方法.

实验原理

1. 单道 γ 能谱仪的工作原理

γ 能谱仪是分析射线能谱的一种仪器. 所谓射线能谱,即不同能量射线(粒子)的相对强度分布. 如果以能量 E 为横坐标,单位时间内测到的射线粒子数 n 为纵坐标作图,得到一条曲线,该曲线即称为射线的能谱图.

射线的探测是根据射线中的带电粒子在物质中引起原子或分子的激发或电离来实现的. 由于 γ 光子是不带电的中性粒子,因此它与物质的相互作用与带电粒子有着显著的差异,它不能直接使原子电离或激发,故不能像对带电粒子那样进行直接测量. 但是 γ 光子可以与物质发生相互作用产生次级电子,通过对这些次级电子的探测,就可以得到入射的 γ 光子的相关性质.

γ 光子与物质的相互作用主要有以下三种效应.

(1)（单光子）光电效应：一个 γ 光子把它的全部能量转移给一个原子中的电子，从而产生一个高能的自由电子，而光子本身消失，发射出的电子称为光电子.

(2) 康普顿(Compton) 效应：γ 光子在与原子中的电子作用过程中被散射，发生了方向的改变，并且会损失一部分能量，打出的电子称为反冲电子.

(3) 电子对效应：γ 光子在原子核旁转化为一个负电子和一个正电子. 这种效应只有在 γ 光子能量大于电子静能的两倍，即在 $h\nu > 2m_0c^2 = 1.02$ MeV 时才能发生.

由此可见，γ 光子与物质相互作用的特点是产生次级电子. 这些次级电子的能量又与 γ 光子所损失的能量相关联，两者之间有确定的关系. 通过对这些次级电子的数量和能量进行测定，就可以确定 γ 光子的强度和能量. 因此，测定 γ 射线能谱，实际上就是测定各种不同能量的次级电子的相对强度分布.

当被测 γ 射线射入能谱探头的 NaI(Tl) 晶体时会产生次级电子，这些次级电子在晶体中运动，使闪烁体分子电离和激发，退激时发出大量光子. 这些光子的光谱范围从可见光到紫外光，并且向四面八方发射出去. 发射出去的光子被光电倍增管接收后，在光电倍增管的光阴极表面打出光电子. 光电子加速倍增，最后在光电倍增管阳极负载上输出一个负电压脉冲. 此脉冲的幅度大小与被测 γ 射线在晶体中损失的能量成正比，即 γ 射线损失的能量不同，脉冲幅度也不同. 此脉冲经射极输出器，送至放大器进行放大. 选择适当的放大倍数使放大后的脉冲落入单道分析器的阈值范围(0.1～10.0 V). 单道分析器对放大器输出的脉冲进行幅度分析，脉冲数由定标器进行计数，因此对脉冲幅度的分析也是对次级电子的能量进行分析.

2. ^{137}Cs 和 ^{60}Co 的 γ 能谱

^{137}Cs 和 ^{60}Co 是教学和科研中最常用的 γ 放射源. ^{137}Cs 的 γ 能谱如图 14-1 所示. 在脉冲幅度 U_0 处有最大的粒子计数率 n_0，此处称为"光电峰"或"全能峰". 对应于最大计数率一半处（即 $\frac{n_0}{2}$ 处）的宽度 ΔU 称为半宽度. ΔU 越小，峰越窄，ΔU 与 U_0 之比，称为"能量分辨率"，用 ε 表示，即 $\varepsilon = \frac{\Delta U}{U_0}$. ε 越小，γ 能谱仪的能量分辨率越好. 因此，ε 表示了 γ 能谱仪区分不同能量粒子的本领.

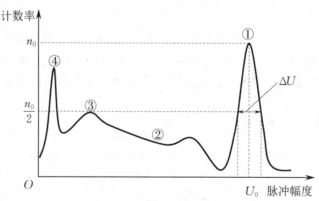

图 14-1 ^{137}Cs 的 γ 能谱

^{137}Cs 发射的 γ 射线的光电峰能量为 0.662 MeV. 由于 γ 射线与物质相互作用会产生三种次级效应，所以对单能 γ 射线测出的能谱就不止一个峰，而是会出现多个峰，如图 14-1 所示.

图 14-1 中的①号峰对应的是光电峰，此时 γ 射线的能量全部传递给光电子，所以光电子

的动能 $E_{ph}=E_\gamma-E_1$，E_γ 为 γ 射线的能量，对 ^{137}Cs 就是 0.662 MeV；E_1 为 K,L,M 等壳层中电子的结合能. 因为 $E_1 \ll E_\gamma$，所以 $E_{ph} \approx E_\gamma$. 由于 ^{137}Cs 的光电峰非常典型，因此通常以它为标准来确定 γ 能谱仪的能量分辨率.

图 14-1 中的 ② 号平台称为康普顿平台. 由于入射光子与原子的核外电子发生非弹性碰撞，入射光子把一部分能量传递给电子（称为反冲电子或康普顿电子），入射光子会损失一部分能量，因此光子的频率发生了改变，方向也发生了改变，即发生了散射，此时散射出去的光子称为散射光子，如图 14-2 所示. 图中，$h\nu$ 和 $h\nu'$ 分别为入射和散射光子的能量；θ 为散射光子与入射光子之间的夹角，称为散射角；φ 为反冲电子的反冲角.

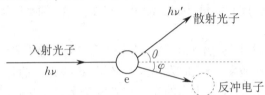

图 14-2 康普顿效应

根据能量守恒定律，反冲电子的动能为

$$E_e = h\nu - h\nu', \tag{14-1}$$

而散射光子的能量为

$$h\nu' = \frac{h\nu}{1+\alpha(1-\cos\theta)}, \tag{14-2}$$

式中，$\alpha = \dfrac{h\nu}{m_0 c^2}$，即入射光子能量与电子静能之比. 当 $\theta = 0°$ 时，$h\nu' = h\nu$，此时不发生散射. 当 $\theta = 180°$ 时，散射光子的能量最小，$h\nu' = \dfrac{h\nu}{1+2\alpha}$. 这时反冲电子的能量最大，$E_e = h\nu \dfrac{2\alpha}{1+2\alpha}$. 所以，反冲电子的能量在 $0 \sim h\nu\dfrac{2\alpha}{1+2\alpha}$ 范围内变化，是一个连续谱，因此形成康普顿平台.

图 14-1 中的 ③ 号峰是反散射峰，对应散射角 $\theta = 180°$ 的反散射光子. 此时反散射光子能量为 $E'_\gamma = \dfrac{h\nu}{1+2\alpha} = E_\gamma - E_{emax}$，对 ^{137}Cs 而言，$E_{emax} = 0.487$ MeV，因此 $E'_\gamma = 0.175$ MeV.

图 14-1 中的 ④ 号峰为 X 射线峰，是 ^{137}Cs 的 K 层特征 X 射线的贡献，其能量为 32 keV.

图 14-3 所示是 ^{60}Co 的 γ 能谱，它有两个光电峰，对应的能量分别为 1.17 MeV 和 1.33 MeV. ^{60}Co 的 γ 能谱和 ^{137}Cs 的 γ 能谱一样，存在康普顿平台和反散射峰等，产生原因在此不再重复叙述.

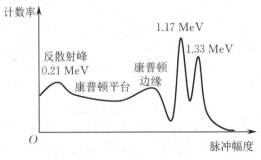

图 14-3 ^{60}Co 的 γ 能谱

实验仪器

本实验主要使用的仪器是单道γ能谱仪(包括γ能谱探头、低压电源、高压电源、线性放大器、单道分析器、定标器和线性率表)、放射源、(数字)示波器等.其实验装置实物图和实验装置框图分别如图14-4和图14-5所示.

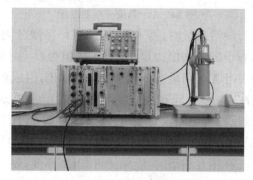

图14-4 实验装置实物图

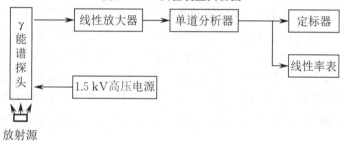

图14-5 实验装置框图

γ能谱探头由以下三部分组成:(1) NaI(Tl)晶体.晶体的灵敏体积为Φ40 mm×40 mm,其发射光谱最强的波长约为$\lambda=415.0$ nm,响应时间约为$\tau=0.26$ μs.(2) GDB-44F型百叶窗式光电倍增管.这种光电倍增管的优点是暗电流特性好,平均输出电流较大,脉冲分辨率较好,适用于γ闪烁能谱测量.(3) 射极输出器.用于阻抗匹配,输出负脉冲信号.

1.5 kV高压电源标准插件用十圈电位器调节,调节范围为0~1500 V.例如,当十圈电位器读数指示为5.0时,输出电压为$5\times150=750(V)$.一般来说,使用高压不超过900 V(即十圈电位器读数指示不超过6.0).由于各厂家生产的γ能谱探头所采用的光电倍增管和电子学线路设计存在差异,使用时应注意根据γ能谱探头的说明书选择合适的工作电压和正确的极性.

线性放大器(也称主放大器)的输入和输出脉冲均有正、负脉冲可以选择.放大倍数粗调以10,20,50,100,200和500分挡调节,细调用十圈电位器调节,0.5~1.5倍连续可调.例如,粗调为"10"挡,细调为"5.00"挡,则放大倍数为$10\times\left(0.5+\dfrac{5.00}{10}\right)=10$.本实验中根据电子学要求应输入负脉冲,输出正脉冲.

单道分析器的阈值范围为0.1~10.0 V,道宽范围为50 mV~5.0 V.测量时一般可设置道宽为100 mV,道宽一经选定,在实验中应保持不变.

单道分析器通常由下列几个单元组成:跟随器、上甄别器、下甄别器、成形电路、反符合电路、输出成形电路等,其框图如图14-6所示.有些单道分析器的上甄别器、下甄别器在控制面板上是用甄别阈值和道宽来表示的.

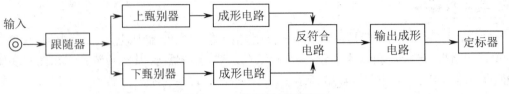

图14-6 单道分析器框图

在利用单道分析器进行能谱测量时,需采用微分测量.在微分测量时,输入脉冲经跟随器同时加到上、下甄别器上,若下甄别阈值为U_1,上甄别阈值为U_2,则道宽$U_0=U_2-U_1$.如果输入脉冲幅度U_i大于U_1,而小于U_2,则只有下甄别器脉冲输出,经成形电路、反符合电路到输出成形电路输出6 V的正脉冲;如果U_i同时大于U_1和U_2,则上、下甄别器同时有输出,经成形电路后都加到反符合电路,故反符合电路没有输出;如果U_i同时小于U_1和U_2,则上、下甄别器都没有输出,反符合电路也就没有输出.因此,只有$U_1<U_i<U_2$的脉冲才能通过输出成形电路,最后由定标器记录下来.在测量能谱时,应保持道宽U_0不变,逐一调节阈值电压U,在整个测量范围中进行逐点测量,就能作出相应的γ能谱.

定标器对脉冲数进行计数,有定时装置和自动、半自动及手动三挡可供选择.一般来说,较长时间(60～600 s)的测量用半自动挡,较短时间(小于10 s)的测量且计数率较低时用自动挡.本实验中,面板上的开关应处于下述位置:极性为"+"挡,状态为"工作"挡.

线性率表用表头指示计数率的大小,同时有满度为10 mV(正电压)的直流信号输出可供自动记录仪扫描.使用时应适当选取量程,并根据统计涨落大小的要求合理选择时间常数(1 s,3 s,10 s,30 s四挡).线性率表的表头指示可以理解为确定的一段时间(时间常数)内的平均计数率.

实验内容

(1) 连接好实验仪器线路,经教师检查同意后接通电源.

(2) 开机预热后,选择合适的工作电压使探头的分辨率和线性都较好.

(3) 将γ放射源[137]Cs置于探头前,开启FH-001A机箱电源开关,这时机箱右边电源指示灯全亮,表明所有低压电源均可正常工作.然后打开高压电源开关,调节电压到指定值(一般在500～700 V范围内,绝对不要超过900 V).

(4) 把单道分析器置于"微分"挡,道宽设置为0.1 V,缓慢调节放大倍数,用线性率表粗测一下,使光电峰对应的单道阈值在4.7 V左右,锁定放大倍数.(如果单道阈值高于4.9 V,则测量[60]Co能谱时,要得到完整的能谱,必须改变线性放大器的放大倍数,否则不能直接得到能量校正曲线;如果单道阈值偏低,则能谱相对"压缩",不利于观察.)

(5) 改变阈值电压,由0.1 V到10.0 V,每次改变0.1 V,用定标器测量脉冲数,直至测出完整的能谱曲线.每次测量时间为30～100 s(可以根据放射源的活度调整测量时间).根据测量数据作γ能谱图,并求出γ能谱仪的能量分辨率.

(6) 换γ放射源[60]Co,重复步骤(4)和步骤(5)(在康普顿平台区可以考虑将阈值电压改变量设为0.2 V,以节约实验时间).

(7) 在能谱图上找出[137]Cs的光电峰及[60]Co的两个光电峰的位置.由0.662 MeV,1.17 MeV

和 1.33 MeV 这 3 个光电峰对应的阈值电压作 γ 射线能量-阈值电压图.此图称为 γ 能谱仪的能量线性校正曲线,如图 14-7 所示.根据刻度好的能量线性校正曲线即可测量未知 γ 放射源的射线能量.

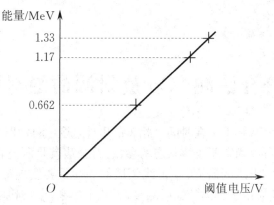

图 14-7　能量线性校正曲线

(8) 选取适当的扫描速度、积分时间及记录仪的增益,自动描出 ^{137}Cs 和 ^{60}Co 的 γ 能谱曲线.

!注意事项

1. 注意检查 γ 能谱仪上高压电源、前置电源、输出信号和其他电子学仪器的连接是否正确,确认无误后,方能打开机箱电源.调节高压电源时应缓慢增大,实验结束,先将高压电源的电压缓慢减小到零,再关闭高压电源和机箱电源.

2. 在实验中,注意不要将 γ 能谱仪的电压设置过高,否则会导致噪声信号过大甚至损坏光电倍增管,影响 γ 能谱的测量.

3. 注意在教师的指导下严格按要求取用放射源,做好防护并及时洗手.

?思考题

1. 简单描述 NaI(Tl) 单晶 γ 闪烁谱仪的工作原理.
2. 反散射峰是如何形成的?
3. 若只有放射源 ^{137}Cs 且已知 γ 能谱仪的线性良好,能否对 γ 能谱仪进行能量刻度?

参考文献

[1] 吴先球,熊予莹.近代物理实验教程.2 版.北京:科学出版社,2009.
[2] 复旦大学,清华大学,北京大学.原子核物理实验方法.3 版.北京:原子能出版社,1997.

实验15

双闪烁符合法测 ^{60}Co 放射源的绝对活度实验

在原子核衰变过程中,有很多在时间上相关的事件,这些事件往往反映了原子核内在的运动规律,研究这些事件可以确定原子核状态的参数,符合法就是研究相关事件的一种方法.历史上,符合法最初用于宇宙线的研究,宇宙线领域的一些重要发现都与符合法的应用密不可分.此后,符合法广泛地应用于相关的辐射测量,近几十年来,由于快电子学、多道分析器和多参数系统的发展,符合法已经成为实现多参数测量必不可少的手段,核物理各领域的实验成就大多离不开符合测量的实验技术.

实验目的

1. 学习符合测量的基本方法.
2. 利用 β-γ 符合法测量 ^{60}Co 放射源的绝对活度.
3. 利用偶然符合法测量分辨时间.

实验原理

1. 符合法测量原理

用两个以上的不同探测器来记录两个以上"同时"发生的、相互关联的事件,并通过符合电路对同时性事件加以甄别的方法,称为符合测量法(简称符合法).

符合法的基本思想说明如下:设有如图 15-1 所示的原子核衰变形式,假设 A 核放射出 β 粒子后转变为 B 核的激发态,接着立即由激发态跃迁回基态并放出一个 γ 光子.我们要在大量的放射性衰变中挑选并记录上述衰变形式的数目,可用一个探测器测量 β 射线,用另一个探测器测量 γ 射线,将它们的脉冲信号分别加到符合电路的两个输入端(又称为输入端通道,简称道).当两道信号同时到达符合电路时,就会给出一个符合脉冲信号,也就是给出一个符合计数.

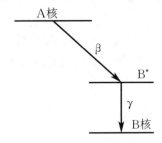

图 15-1 一种 β 衰变形式

符合法是核物理测量中的一项重要技术,有着广泛的应用.例如,可以用它来确定放射源的活度;分析核级联衰变的形式,射线的方向;研究各种各样具有时间关联的现象(如角关联);测量亚稳态的寿命等.

符合法是核物理实验中测量 ^{60}Co 放射源活度最精确的方法之一.本实验将用 β-γ 符合法测量 ^{60}Co 放射源的绝对活度. ^{60}Co 的衰变形式如图 15-2 所示.

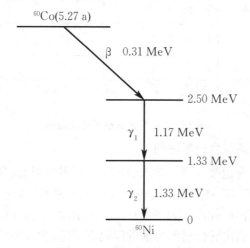

图 15-2 ^{60}Co 的衰变形式

2. 符合分辨时间

探测器的输出脉冲总有一定的宽度,在选择同时性事件的脉冲符合的情况下,当两个脉冲的起始时间差别很小以致符合电路不能区分它们的时间差别时,就会被当作同时性事件记录下来.符合电路具有一定的时间分辨能力,它所能够区分的最小时间间隔 τ 就称为符合分辨时间.符合分辨时间的大小与输入脉冲的形状、持续时间、符合电路的性能有关.

符合分辨时间是符合电路的基本参量,它决定了符合电路研究不同事件的时间关系时所能达到的精确度.

3. 偶然符合法测量符合分辨时间的原理

偶然符合计数率与符合分辨时间有一定的关系,可以利用这一关系来测定符合分辨时间.

假设有两个放射源 S_1 和 S_2,同时又有两个探测器 Ⅰ 和 Ⅱ,用两个探测器分别对放射源进行独立测量.两个放射源之间以及两个探测器之间均有充分的屏蔽,使得探测器基本上无法同时接收两个放射源发出的粒子.如果符合道有输出,则为偶然符合.偶然符合计数率与符合电路中的 β,γ 道的成形电路的脉冲宽度以及 n_1,n_2 有关,若两道输出均是宽为 τ 的矩形脉冲,平均计数率分别为 n_1 和 n_2,则偶然符合计数率为

$$n_{rc} = 2\tau n_1 n_2, \tag{15-1}$$

加上本底符合计数率 n_{b12} 后,偶然符合计数率为

$$n'_{rc} = n_{rc} + n_{b12} = 2\tau n_1 n_2 + n_{b12}. \tag{15-2}$$

若本底符合计数率为一个常数,则 n'_{rc} 和 $n_1 n_2$ 为线性关系,且斜率为 2τ.

符合分辨原理示意图如图 15-3 所示,当两道脉冲的时间间隔小于 τ 时,有符合输出,当时间间隔大于 τ 时,没有符合输出.对于第 Ⅰ 道的每个脉冲前沿,在其前或其后 τ 时间内,即在共计 2τ 的时间范围内,第 Ⅱ 道有脉冲进入,就有符合输出.因此,2τ 称为符合分辨时间.

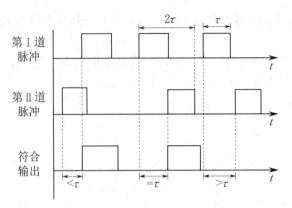

图 15-3 符合分辨原理示意图

4. 瞬时符合曲线法测量符合分辨时间

在符合测量装置中人为地改变两个输入道的相对延迟时间 t_d,则偶然符合计数率 n_{rc} 将随相对延迟时间 t_d 变化,并且有一定的规律:若输入是一个理想的矩形脉冲,则分布曲线是一个矩形,它的半高宽即是符合分辨时间,如图 15-4(a) 所示. 由于脉冲信号是探测器输出的信号,粒子进入探测器的时间与输出脉冲前沿之前的间隔不固定,脉冲前沿存在统计性离散涨落,所以分布曲线将呈一个钟罩形状,这个分布曲线即是瞬时符合曲线[见图 15-4(b)],它的半高宽即为符合分辨时间.

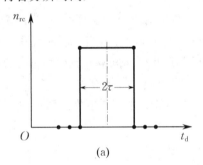
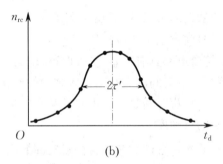

图 15-4 n_{rc}-t_d 关系曲线

5. β-γ 符合法测量放射源的绝对活度

当 ^{60}Co 衰变时,同时辐射出 β 和 γ 射线,称为级联辐射,其衰变过程如图 15-2 所示. 图 15-5 所示为符合测量装置框图. γ 探头用 NaI(Tl) 晶体,因外面有铝屏蔽罩,可将 ^{60}Co 辐射出的 β 射线完全挡住,故只能测量 γ 射线. β 探头采用塑料闪烁体,它对 γ 射线虽然也灵敏,但探测效率低. 在图 15-5 中,把 ^{60}Co 待测放射源放在两个探头之间. 假定放射源 ^{60}Co 的放射性活度(单位时间内的衰变数)为 A_0,β 探头对放射源所张的立体角为 Ω_β,β 探头的效率为 ε_β,则 β 道计数率应为

$$n_\beta = A_0 \frac{\Omega_\beta}{4\pi} \varepsilon_\beta F_\beta D_\beta, \tag{15-3}$$

式中,F_β 为所有的吸收、散射修正因子,D_β 为 β 道甄别系数. D_β 的定义是甄别阈以上的 β 计数与整个 β 能谱面积之比,即

$$D_\beta = \frac{S_2}{S_1 + S_2}, \tag{15-4}$$

式中，S_1 和 S_2 为能谱面积，两者在能谱中的意义如图 15-6 所示．该图上的曲线是用单道分析器测到的 β 探头输出的 β 脉冲幅度谱，斜线部分代表甄别阈 U_0 以上的谱面积，即定标器实际记录到的 β 计数，横线部分加斜线部分代表全谱面积．

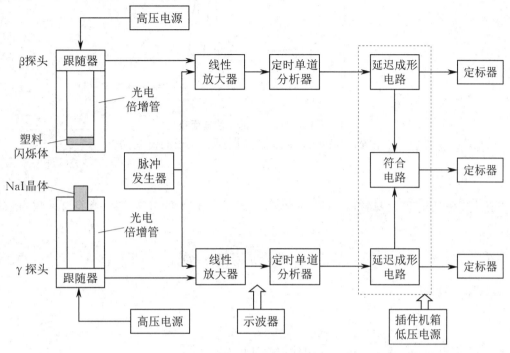

图 15-5　符合测量装置框图

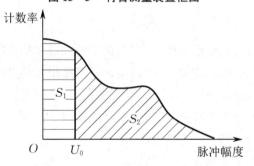

图 15-6　^{60}Co 的 β 能谱面积

同理可得 γ 道的计数率．由于每一个 ^{60}Co 原子核发生衰变时放出一个 β 粒子后都相应放出两个 γ 光子，因此

$$n_\gamma = 2A_0 \frac{\Omega_\gamma}{4\pi} \varepsilon_\gamma F_\gamma D_\gamma, \tag{15-5}$$

式中，A_0 为 ^{60}Co 的放射性活度；Ω_γ 为 NaI 晶体对放射源所张的立体角；ε_γ 为探头效率；F_γ 为所有的吸收、散射修正因子；D_γ 意义同 D_β，是 γ 道甄别阈以上的计数与 γ 能谱总计数（总面积）之比（见图 15-7），即

$$D_\gamma = \frac{S_2}{S_1 + S_2}. \tag{15-6}$$

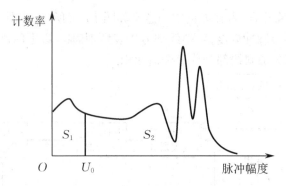

图 15-7 ^{60}Co 的 γ 能谱面积

式(15-5)除以 A_0,得到 NaI(Tl) 探测器接收到 γ 光子的概率为

$$P = 2\frac{\Omega_\gamma}{4\pi}\varepsilon_\gamma F_\gamma D_\gamma. \tag{15-7}$$

当 β 道计数率是 n_β 时,根据符合计数的定义,$n_\beta P$ 就是 β-γ 的符合计数(真符合计数) 的计数率,即

$$n_{\beta\gamma} = n_\beta P = 2n_\beta \frac{\Omega_\gamma}{4\pi}\varepsilon_\gamma F_\gamma D_\gamma, \tag{15-8}$$

代入式(15-5),得

$$n_{\beta\gamma} = n_\beta \frac{n_\gamma}{A_0}. \tag{15-9}$$

因此,只要测出 n_γ, n_β 和 $n_{\beta\gamma}$ 就可求出放射性活度为

$$A_0 = \frac{n_\beta n_\gamma}{n_{\beta\gamma}}. \tag{15-10}$$

由式(15-10)可以看出放射性活度 A_0 只与两个输入道和符合道的计数率有关,与探测器的效率、立体角、散射及吸收等因素都无关,这给测量带来很大的方便. 但是在实验中测准放射性活度 A_0,需进行一系列的修正,因为实际测到的符合计数中还包含偶然符合计数、本底符合计数及 γ-γ 符合计数,另外对 β 道和 γ 道的计数要扣除本底计数,在 β 道的计数中还要扣除 γ 射线进入 β 探测器引起的计数.

1) β 道和 γ 道计数率的测量

β 道直接测得的总计数率 $n_\beta(\beta)$ 并不全是 β 粒子的贡献,而是包括本底计数率 $n_\beta(\text{bk})$ 和由 γ 射线引起的计数率 $n_\beta(\gamma)$,所以真正的 β 粒子的计数率为

$$n_\beta = n_\beta(\beta) - n_\beta(\text{bk}) - n_\beta(\gamma). \tag{15-11}$$

在放射源和 β 探头之间加上一定厚度的铝片后,由 β 道测得的计数率即为 $n_\beta(\text{bk}) + n_\beta(\gamma)$,因为 ^{60}Co 辐射出的 β 粒子被铝片屏蔽了.

同理,γ 道的总计数率 $n_\gamma(\gamma)$ 中包含了本底计数率 $n_\gamma(\text{bk})$,真正的 γ 光子的计数率为

$$n_\gamma = n_\gamma(\gamma) - n_\gamma(\text{bk}). \tag{15-12}$$

移除放射源后,即可测得 γ 道的本底计数率 $n_\gamma(\text{bk})$.

2) 符合计数率的测量

实验测得的总计数率 $n_{\beta\gamma}(\beta,\gamma)$ 中必须减去偶然符合计数率 $n_{rc} = 2\tau n_\beta(\beta) n_\gamma(\gamma) = 2\tau n_\beta n_\gamma$,

还要扣除^{60}Co两个级联γ射线在β,γ道中引起的真符合计数率$n_{\beta\gamma}(\gamma,\gamma)$,此外还应减去两个输入道本底计数产生的偶然符合计数率$n_{\beta\gamma}(bk)$,所以真正的符合计数率应为

$$n_{\beta\gamma} = n_{\beta\gamma}(\beta,\gamma) - 2\tau n_\beta n_\gamma - n_{\beta\gamma}(\gamma,\gamma) - n_{\beta\gamma}(bk). \quad (15-13)$$

在放射源和β探头之间加上一定厚度的铝片后,由符合道测得的计数率即为$n_{\beta\gamma}(\gamma,\gamma) + n_{\beta\gamma}(bk)$,因为^{60}Co辐射出的β粒子被铝片挡住了,所以引起符合的就是γ,γ粒子和本底中的β,γ粒子.

3) 放射性活度A_0及其标准误差

由以上测量可得出放射性活度为

$$A_0 = \frac{n_\beta n_\gamma}{n_{\beta\gamma}} = \frac{[n_\beta(\beta) - n_\beta(bk) - n_\beta(\gamma)] \cdot [n_\gamma(\gamma) - n_\gamma(bk)]}{n_{\beta\gamma}(\beta,\gamma) - 2\tau n_\beta n_\gamma - n_{\beta\gamma}(\gamma,\gamma) - n_{\beta\gamma}(bk)}. \quad (15-14)$$

放射性活度A_0的标准误差除了与$n_\beta, n_\gamma, n_{\beta\gamma}, \tau, n_{\beta\gamma}(\gamma,\gamma) + n_{\beta\gamma}(bk)$的标准误差有关外,还与$\frac{n_{rc}}{n_{\beta\gamma}}$和$\frac{n_{\beta\gamma}(\gamma,\gamma) + n_{\beta\gamma}(bk)}{n_{\beta\gamma}}$的比值有关. 在实验中, 当$\frac{n_{rc}}{n_{\beta\gamma}} \ll 1$时, n_β和n_γ的标准误差都很小,可简化得放射性活度的标准误差为

$$\nu_{A_0} = \sqrt{\nu_\beta^2 + \nu_\gamma^2 + \nu_{\beta\gamma}^2} \approx \nu_{\beta\gamma}. \quad (15-15)$$

4) 用β-γ符合法测放射性活度的限制

真符合计数率与偶然符合计数率的比值,简称为真偶符合比,是符合实验的一个重要指标. 为保证真符合计数率大于偶然符合计数率,要求真偶符合比$\frac{n_{\beta\gamma}}{n_{rc}} \geq 1$,因为

$$\frac{n_{\beta\gamma}}{n_{rc}} = \frac{n_{\beta\gamma}}{2\tau n_\beta n_\gamma} = \frac{1}{2\tau A_0}, \quad (15-16)$$

所以有

$$A_0 \leq \frac{1}{2\tau}. \quad (15-17)$$

这表明所测的放射源的放射性活度不能太强,受符合分辨时间的限制. 采用符合分辨时间小的符合电路,允许使用较强的放射源.

实验仪器

^{60}Co放射源, ^{137}Cs放射源, (双踪)示波器, FH0001机箱, FH1031A精密脉冲发生器, BH1283N高压电源, FH1014A符合电路, FJ-367β和γ探头, FH1001A线性放大器, 三路定标器, 铝片(4 mm厚), FH1007A定时单道分析器.

实验内容

1. 按测量装置框图连接仪器,找到最佳的工作条件

(1) 观察探头的输出信号和线性放大器的放大倍数.

① 放入^{60}Co放射源,调节探头的高压电源,用示波器观察探头的输出信号在0.5 V左右

（负脉冲）.

② 调节线性放大器的放大倍数（积分置"0"、微分置"MAX"，极性为"—"），使输出信号为 4 V 左右的正脉冲.

(2) 确定单道分析器的阈值电压.

① 确定两个单道分析器的最佳阈值电压，分别对 β 道和 γ 道设置不同的阈值电压，调节范围为 $0.1 \sim 1.0$ V，间隔 0.1 V，单次测量时间 $t=30$ s，记录数据.

② 有放射源（^{60}Co）时，记录 β 道和 γ 道在不同阈值电压时的计数 n_1.

③ 无放射源时，记录 β 道和 γ 道在不同阈值电压时的计数 n_2.

④ 找出 $\dfrac{n_1(\beta)}{n_2(\beta)}$ 和 $\dfrac{n_1(\gamma)}{n_2(\gamma)}$ 的最大值，从而确定最佳工作阈值电压.

(3) 确定最佳延迟时间（符合、反符合）.

放上 ^{60}Co 放射源，将一道的延迟时间固定，连续调节另一道的延迟时间（$0 \sim 1.5 \mu$s），间隔 0.1μs，每次测量时间 t 为 $20 \sim 30$ s，记录数据. 取 $\dfrac{n_{\beta\gamma}}{n_\beta}$ 或 $\dfrac{n_{\beta\gamma}}{n_\gamma}$ 两者中的最大值对应的延迟时间，即若 n_β 小，则取 $\dfrac{n_{\beta\gamma}}{n_\beta}$ 对应的延迟时间，若 n_γ 小，则取 $\dfrac{n_{\beta\gamma}}{n_\gamma}$ 对应的延迟时间.

2. 测量 ^{60}Co 放射源的绝对活度

(1) 放上 ^{60}Co 放射源，测量 $n_\beta(\beta)$，$n_\gamma(\gamma)$ 和 $n_{\beta\gamma}(\beta,\gamma)$，测量时间 t 为 900 s.

(2) 在放射源和 β 探头之间放上铝片，测量 $n_\beta(\gamma)+n_\gamma(bk)$ 和 $n_{\beta\gamma}(\gamma,\gamma)+n_{\beta\gamma}(bk)$，测量时间 t 为 900 s.

(3) 移走铝片和 ^{60}Co 放射源，测量 $n_\beta(bk)$，$n_\gamma(bk)$ 和 $n_{\beta\gamma}(bk)$，测量时间 t 为 900 s.

3. 用 ^{60}Co 放射源和高频（10^6 Hz）时钟脉冲信号作为偶然符合信号源，测量 n_β，n_γ 和 n_{rc}

(1) 放上 ^{60}Co 放射源.

(2) 用高频时钟脉冲信号分别取代 β 道和 γ 道信号，将高频时钟脉冲信号输入"单道"的输入端.

① γ 道信号端连接探头，将高频时钟脉冲信号输入 β 道（此时实际上是高频时钟脉冲信号和 γ 道信号的偶然符合，其中 β 道的计数 n_β 就是高频时钟脉冲数，γ 道的计数为 n_γ，偶然计数即为 β 道和 γ 道的符合信号）.

② β 道信号端连接探头，将高频时钟脉冲信号输入 γ 道（分析同上）.

!注意事项

1. FJ-367 探头使用的高压线及插头必须经过转接头与 BH1283N 高压电源的后面板输出端相接.

2. 如果发现符合计数过低，可以用示波器观察信号，优化延迟时间.

实验 15　双闪烁符合法测 ^{60}Co 放射源的绝对活度实验

?思考题

1. ^{60}Co 放射源的绝对活度测量能否用 γ-γ 符合测量？它与 β-γ 符合测量活度有什么不同？
2. 试分析本实验中出现的 γ-γ 符合以及本底符合是不是偶然符合。
3. 能否用 ^{137}Cs 放射源作为偶然符合信号源？
4. 为什么盖上铝片时，γ 道的计数比不盖铝片时略有增加？

参考文献

[1] 复旦大学,清华大学,北京大学. 原子核物理实验方法. 3 版. 北京:原子能出版社,1997.

实验 16

康普顿散射实验

1923 年,美国物理学家康普顿在研究 X 射线被较轻原子组成的物质(石墨、石蜡等)散射后光的成分时,发现散射谱线中除了有波长与原波长相同的成分外,还有波长比原波长长的成分,这种散射现象称为康普顿散射或康普顿效应.康普顿散射是近代物理学的一大发现,它进一步证实了爱因斯坦(Einstein)的光子理论,揭示出光的波粒二象性,从而促进了近代量子物理学的诞生和发展.此外,康普顿散射也阐明了电磁辐射与物质相互作用的基本规律.无论在理论还是在实验方面,它都具有极其深远的意义,康普顿因此获得 1927 年诺贝尔物理学奖.中国物理学家吴有训曾在康普顿实验室学习和工作,在康普顿散射的研究工作中做出了杰出的贡献,因此有些教材或书籍也称康普顿散射实验为康普顿-吴有训散射实验.

实验目的

1. 理解 γ 射线与物质相互作用的三种主要效应.
2. 通过实验验证康普顿散射的 γ 光子能量及微分散射截面与散射角的关系.
3. 理解康普顿散射的测量技术,掌握测量微分散射截面的实验技术.

实验原理

1. 康普顿散射原理

康普顿散射是射线与物质相互作用的三种效应之一,是入射光子与物质原子中的核外电子发生非弹性碰撞而被散射的现象.散射时,入射光子把部分能量传递给电子,使它脱离原子成为反冲电子,而散射光子的能量和运动方向发生变化,如图 16-1 所示.图中,$h\nu$ 是入射光子的能量,$h\nu'$ 是散射光子的能量,θ 是散射角,e 代表电子,φ 是反冲角.

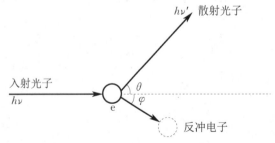

图 16-1 康普顿散射示意图

由于发生康普顿散射的入射光子(设为 γ 光子)的能量比电子的束缚能要大得多,因此入射 γ 光子与原子中的电子作用时,可以把电子的束缚能忽略,将其看成是自由电子,并将散射

发生之前的电子视为静止,动能为 0,只有静能 m_0c^2. 散射后,电子获得速度 v,此时电子的能量为

$$E = mc^2 = \frac{m_0c^2}{\sqrt{1-\beta^2}},$$

动量为

$$mv = \frac{m_0 v}{\sqrt{1-\beta^2}},$$

式中,$\beta = \dfrac{v}{c}$,c 为光速.

用相对论的能量守恒定律和入射方向的动量守恒定律就可以得到

$$m_0 c^2 + h\nu = \frac{m_0 c^2}{\sqrt{1-\beta^2}} + h\nu', \tag{16-1}$$

$$\frac{h\nu}{c} = \frac{m_0 v \cos\varphi}{\sqrt{1-\beta^2}} + \frac{h\nu'}{c}\cos\theta, \tag{16-2}$$

式中,$\dfrac{h\nu}{c}$ 是入射 γ 光子的动量,$\dfrac{h\nu'}{c}$ 是散射 γ 光子的动量. 在与入射方向垂直的方向上,由动量守恒定律可得

$$\frac{h\nu'}{c}\sin\theta = \frac{m_0 v \sin\varphi}{\sqrt{1-\beta^2}}. \tag{16-3}$$

由以上三式可得出散射 γ 光子的能量为

$$h\nu' = \frac{h\nu}{1 + \dfrac{h\nu}{m_0 c^2}(1-\cos\theta)}, \tag{16-4}$$

式中,$m_0 c^2 = 511$ keV. 式(16-4)反映了散射 γ 光子能量和入射 γ 光子能量及散射角的关系.

2. 康普顿散射的微分散射截面

微分散射截面的表达式为

$$\frac{\mathrm{d}\sigma(\theta)}{\mathrm{d}\Omega} = \frac{r_0}{2}\left(\frac{h\nu'}{h\nu}\right)^2\left(\frac{h\nu}{h\nu'} + \frac{h\nu'}{h\nu} - \sin^2\theta\right), \tag{16-5}$$

式中,$r_0 = 2.818 \times 10^{-15}$ m 是光电子的经典半径. 当采用 ^{137}Cs 放射源时,对应的 $h\nu = 662$ keV. 式(16-5)通常称为克莱因-仁科(Klein-Nishina)公式,此式描述的就是微分散射截面与入射 γ 光子能量及散射角的关系.

本实验采用 NaI(Tl) 闪烁谱仪测量各散射角的散射 γ 光子能谱,用光电峰峰位及光电峰面积得出散射 γ 光子能量 $h\nu'$,并计算出微分散射截面的相对值 $\dfrac{\mathrm{d}\sigma(\theta)/\mathrm{d}\Omega}{\mathrm{d}\sigma(\theta_0)/\mathrm{d}\Omega}$.

3. 散射 γ 光子能量 $h\nu'$ 及微分散射截面相对值 $\dfrac{\mathrm{d}\sigma(\theta)/\mathrm{d}\Omega}{\mathrm{d}\sigma(\theta_0)/\mathrm{d}\Omega}$ 的实验测定原理

1) 散射 γ 光子能量 $h\nu'$ 的测量方法

(1) 对散射 γ 光子能谱进行能量刻度,作出"能量-道数"曲线.

(2) 由散射 γ 光子能谱光电峰峰位的道数在刻度曲线上查出散射 γ 光子的能量 $h\nu'$.

需说明的是,实验装置中已考虑了地磁场的影响,光电倍增管已用圆筒形坡莫合金包住,

即便如此,不同 θ 角的散射光子能量刻度曲线仍有少量的差别.

2) 微分散射截面相对值 $\dfrac{\mathrm{d}\sigma(\theta)/\mathrm{d}\Omega}{\mathrm{d}\sigma(\theta_0)/\mathrm{d}\Omega}$ 的测量

根据微分散射截面的定义,当有 N_0 个光子入射时,与样品中 N_e 个电子发生作用,在忽略多次散射和自吸收的情况下,散射到 θ 方向 Ω 立体角内的光子数应为

$$N(\theta) = \frac{\mathrm{d}\sigma(\theta)}{\mathrm{d}\Omega} N_0 N_e \Omega f, \tag{16-6}$$

式中,f 是散射样品的自吸收因子,我们假定 f 为常数,即不随散射 γ 光子能量变化.

由图 16-2 可以看出,在 θ 方向上,NaI(Tl) 晶体对散射样品(看成一个点)所张的立体角 $\Omega = \dfrac{S}{R^2}$,S 是晶体表面积,R 是晶体表面到样品中心的距离. 我们测量的是散射 γ 光子能谱的光电峰计数 $N_p(\theta)$,假定晶体的光电峰本征效率为 $\varepsilon_f(\theta)$,则有

$$N_p(\theta) = N(\theta)\varepsilon_f(\theta). \tag{16-7}$$

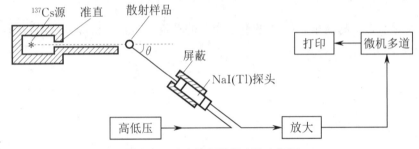

图 16-2 康普顿散射实验方框图

已知 NaI(Tl) 晶体对点源的总探测效率 $\eta(\theta)$ 与能量 E 的关系(见附表 16-1)及 NaI(Tl) 晶体对点源的峰总比 $R(\theta)$ 与能量 E 的关系(见附表 16-2),设晶体的总本征效率为 $\varepsilon(\theta)$,则有

$$\frac{\varepsilon_f(\theta)}{\varepsilon(\theta)} = R(\theta), \tag{16-8}$$

$$\eta(\theta) = \frac{\Omega}{4\pi}\varepsilon(\theta). \tag{16-9}$$

由式(16-8)和式(16-9)可得

$$\varepsilon_f(\theta) = R(\theta)\eta(\theta)\frac{4\pi}{\Omega}, \tag{16-10}$$

将式(16-10)代入式(16-7),则有

$$N_p(\theta) = N(\theta)R(\theta)\eta(\theta)\frac{4\pi}{\Omega}, \tag{16-11}$$

将式(16-6)代入式(16-11),则有

$$N_p(\theta) = \frac{\mathrm{d}\sigma(\theta)}{\mathrm{d}\Omega}R(\theta)\eta(\theta)\frac{4\pi}{\Omega}N_0 N_e \Omega f, \tag{16-12}$$

整理可得

$$\frac{\mathrm{d}\sigma(\theta)}{\mathrm{d}\Omega} = \frac{N_p(\theta)}{4\pi R(\theta)\eta(\theta)N_0 N_e f}. \tag{16-13}$$

这里需要说明，$\eta(\theta), R(\theta), \varepsilon(\theta), \varepsilon_f(\theta)$ 都是能量的函数，但在具体情况下，入射 γ 光子具有单一能量，散射 γ 光子的能量就取决于 θ. 为了简便见，将它们都写成 θ 的函数.

式 (16-13) 给出了微分散射截面 $\dfrac{\mathrm{d}\sigma(\theta)}{\mathrm{d}\Omega}$ 与各参量的关系，若各量均可测或已知，则微分散射截面可求. 但实际上，有些量无法测准(如 N_0, N_e 等)，但它们在各个散射角 θ 下都保持不变，所以只能求出微分散射截面的相对值 $\dfrac{\mathrm{d}\sigma(\theta)/\mathrm{d}\Omega}{\mathrm{d}\sigma(\theta_0)/\mathrm{d}\Omega}$. 在此过程中，一些未知量都消掉了. 例如，设散射角 $\theta_0 = 10°$ 时的微分散射截面相对值为 1，则由式 (16-13) 不难得到其他散射角 θ 处的微分散射截面与 $\theta_0 = 10°$ 时的比值为

$$\frac{\mathrm{d}\sigma(\theta)/\mathrm{d}\Omega}{\mathrm{d}\sigma(\theta_0)/\mathrm{d}\Omega} = \frac{N_p(\theta)}{R(\theta)\eta(\theta)} \bigg/ \frac{N_p(\theta_0)}{R(\theta_0)\eta(\theta_0)}. \tag{16-14}$$

由式 (16-14) 可以看出，实验测量的就是 $N_p(\theta)$ ($\theta_0 = 10°$ 时).

需注意的是，$N_p(\theta)$ 和 $N_p(\theta_0)$ 的测量条件应相同.

实验仪器

BH1307 型康普顿散射仪，主要包括以下部分.
(1) 康普顿散射实验台：含台面主架、导轨、铅屏蔽块及散射用铝棒(直径为 20 mm).
(2) 带屏蔽的 SG1121 核辐射探测器.
(3) BH1324 一体化多道分析器：配套有盒式高、低压电源，线性脉冲放大器等.
(4) 放射源：^{137}Cs 放射源(密封安装在铅室屏蔽体内)、作刻度用的 ^{60}Co 放射源及小铅盒.
(5) 微机多道系统：含 4096ADC 和 PHA 接口二合一卡、计算机 UMS 仿真软件等.

实验内容

(1) 将仪器各部件连接好，预热 30 min，调整仪器，使其处于较佳的工作状态. 双击计算机桌面上的 UMS 图标，进入测量程序.

(2) 移动探头，使 $\theta = 0°$，利用 ^{137}Cs 放射源和 ^{60}Co 放射源对仪器进行能量刻度，将数据记录在表 16-1 中，并作能量刻度曲线.

表 16-1 能量刻度数据记录表

放射源	^{137}Cs	^{60}Co	
E/MeV	0.662	1.173	1.332
光电峰峰位(道数)			

(3) 改变散射角 θ(角度变化量为 10°)，测量其相应的散射光子能量及不同散射角 θ 时散射光子能谱的净峰面积.

① 移动探头，使 $\theta_0 = 10°$.
② 放上散射样品，打开放射源.
③ 输入测量时间，测量散射光子能谱即总谱. 测量完毕将光电峰峰位，上、下边界道数(感兴趣区)和总峰面积等的值记录在表 16-2 中. 上、下边界道数的设置应为两边都取平坦部分且尽量接近散射峰，如图 16-3 所示.

表 16-2　散射能谱的数据记录表

散射角 $\theta/(°)$	光电峰峰位（道数）	上边界道数	下边界道数	总峰面积	本底面积	净峰面积	测量时间 t/s
10							
20							
30							
40							
……							
90							

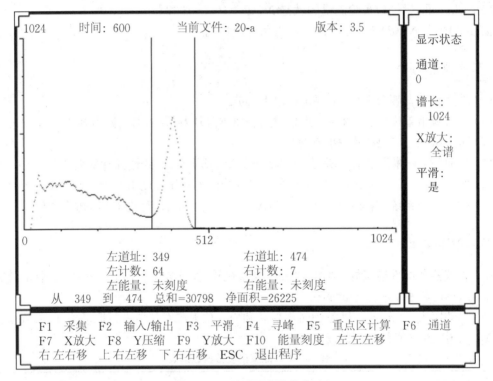

图 16-3　总峰面积取值方法

④ 取下散射样品,保持感兴趣区不变,在相同的测量时间内测量本底能谱,测量完毕经平滑后在对应的感兴趣区求出本底面积.

⑤ 求出净峰面积,净峰面积＝总峰面积－本底面积.

⑥ 其他角度下的测量方法相同,并记录得到的各 θ 角下光电峰峰位、上下边界道数、总峰面积、本底面积和净峰面积值.

⑦ 在测量程序的主界面下单击"关闭",弹出"退出"窗口,确认后退出测量程序.

⑧ 将放射源屏蔽后锁好.

(4) 实验结果与分析.

① 根据各光电峰峰位的道数值在能量刻度曲线上找出对应的散射光子能量的实验值

$h\nu'$,再由此能量在 $\eta(\theta)$-E 和 $R(\theta)$-E 曲线上找出对应的 $\eta(\theta)$ 和 $R(\theta)$ 值,计算出散射光子相对微分散射截面的实验值 $\dfrac{\mathrm{d}\sigma(\theta)/\mathrm{d}\Omega}{\mathrm{d}\sigma(\theta_0)/\mathrm{d}\Omega}$,记录相应数据.

② 作出散射光子能量实验值的 $h\nu'$-θ 曲线,并计算实验值 $h\nu'$ 与理论值 $h\nu''$ 的误差.

③ 作出散射光子微分散射截面的实验值的 $\dfrac{\mathrm{d}\sigma(\theta)/\mathrm{d}\Omega}{\mathrm{d}\sigma(\theta_0)/\mathrm{d}\Omega}$-$\theta$ 曲线,并计算实验值 $\dfrac{\mathrm{d}\sigma(\theta)/\mathrm{d}\Omega}{\mathrm{d}\sigma(\theta_0)/\mathrm{d}\Omega}$ 与理论值 $\left(\dfrac{\mathrm{d}\sigma(\theta)/\mathrm{d}\Omega}{\mathrm{d}\sigma(\theta_0)/\mathrm{d}\Omega}\right)'$ 的相对误差.

④ 进行误差分析.

!注意事项

1. 打开放射源时,准直孔前方不得站人.
2. 实验者与驱动装置应至少保持 0.5 m 以上的距离.

?思考题

1. 分析康普顿散射实验的误差来源.
2. 了解 γ 射线与物质相互作用的三种主要效应.

参考文献

[1] 卢希庭. 原子核物理. 2 版. 北京:原子能出版社,2000.
[2] 复旦大学,清华大学,北京大学. 原子核物理实验方法. 3 版. 北京:原子能出版社,1997.

附录

附表 16-1 NaI(Tl) 晶体对点源的总探测效率 $\eta(\theta)$ 与能量 E 的关系

E/MeV	0.1	0.15	0.2	0.3	0.4
$\eta(\theta)$	1.09×10^{-3}	1.07×10^{-3}	1.04×10^{-3}	9.17×10^{-4}	8.11×10^{-4}
E/MeV	0.5	0.6	0.8	1.0	
$\eta(\theta)$	7.37×10^{-4}	6.87×10^{-4}	6.17×10^{-4}	5.69×10^{-4}	

注:晶体距点源 30 cm.

附表 16-2 NaI(Tl) 晶体对点源的峰总比 $R(\theta)$ 与能量 E 的关系

E/MeV	0.2	0.3	0.4	0.5	0.6	0.662	0.8	1.0
$R(\theta)$	0.884 1	0.723 6	0.587 5	0.491 2	0.426 6	0.391 4	0.337 3	0.297 7

注:晶体距点源 10 cm.

实验17

氡的放射性测量实验

实验目的

1. 了解环境中氡与氡子体的产生过程.
2. 掌握 FT648 型测氡仪的安装及测量原理.
3. 掌握双滤膜法测量氡气体浓度的原理.

实验原理

1. 氡与氡子体

氡已知的放射性同位素共有 36 种,原子量在 193～228 范围内. 较为重要的三种氡的同位素分别是三个天然放射系的中间产物,分别为锕系(^{235}U) 的 ^{219}Rn、钍系(^{232}Th) 的 ^{220}Rn 和铀系(^{238}U) 的 ^{222}Rn. 这三个天然放射系中的核素大多具有 α 放射性,少数具有 β 放射性,一般都会伴随 γ 放射性. 每个天然放射系从母核开始,经过多次衰变,最后会形成稳定的铅同位素. 因此,作为衰变系的中间产物,氡的三种同位素均会向下继续发生一系列的衰变,直至形成稳定的铅同位素. 通常将氡的短寿命衰变产物称为氡子体,下面是上述三种氡同位素的主要子体.

^{222}Rn 的子体:^{218}Po(RaA),^{214}Pb(RaB),^{214}Bi(RaC),^{214}Po(RaC′).

^{220}Rn 的子体:^{216}Po(ThA),^{212}Pb(ThB),^{212}Bi(ThC),^{212}Po(ThC′),^{208}Tl(ThC″).

^{219}Rn 的子体:^{215}Po,^{211}Pb,^{211}Bi,^{207}Tl.

由于 ^{222}Rn 的半衰期为 3.82 d,^{220}Rn 的半衰期为 55 s,而 ^{219}Rn 的半衰期为 4 s,因此在天然环境中的氡含量主要以 ^{222}Rn 为主,^{220}Rn 次之,^{219}Rn 最少.

2. 氡浓度及氡、钍子体的测量原理及方法

1) ^{222}Rn 浓度测量方法及原理

双滤膜法是测定环境大气中氡含量的一种常用方法. 该方法需将环境大气以恒定流速通过一个容积一定的圆柱形双滤膜采样管,如图 17-1 所示,在该管进、出口两端各装有过氯乙烯超细纤维滤膜.

入口滤膜能将空气中原有的氡、钍子体过滤掉,氡气则能通过入口滤膜在衰变室中穿行. 此过程中,氡衰变的新生子体除极少数沉积在管壁上以外,绝大部分均被出口滤膜所收集. 由于采样管容积一定,采样的抽气速度也保持恒定,则气流在管内的渡越时间就是一个定值. 因此,气流在经过衰变室的行程中,氡衰变的新生子体就与气流中氡的浓度成正比,从而出口滤膜上所测得的 α 粒子计数与大气中氡的浓度成正比,在采样结束后 T_1～T_2 时段内,测量出口

滤膜上氡子体的 α 粒子计数，即可换算出环境大气中的氡浓度．利用双滤膜法对 ^{222}Rn 的检测下限可达 4×10^{-3} Bq/L．

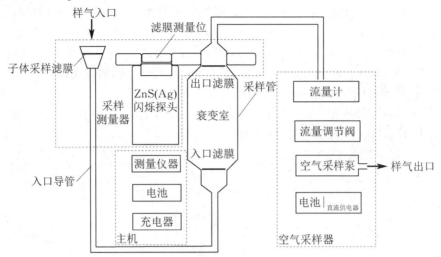

图 17-1　FT648 型测氡仪组成示意图

实验中，空气采样器按抽气状态采样，流速为 40 L/min．被测空气由样气入口进入入口导管，经入口滤膜时，空气中原有的氡、钍子体几乎被全部滤掉，只有氡随空气进入衰变室．从该时刻开始，氡以 $T_{1/2}=3.82\text{ d}$ 的半衰期衰变而产生 RaA 子体．由于样气通过衰变室的渡越时间远小于 RaA 子体的半衰期（3.05 min），因此可以认为在样气由入口滤膜至出口滤膜之间的渡越过程中，由 RaA 衰变出的 RaB 子体原子数极少，可以忽略不计．于是，在样气渡越过程中，只考虑由氡衰变出的 RaA 子体．实际上，样气通过入口滤膜的渡越过程中，氡的浓度随时间是变化的，但计算结果表明在渡越时间为 20 s 左右时，氡的浓度的减小仅为 0.004%，即在进入衰变室至穿过出口滤膜的时间间隔内，完全可以认为衰变室内氡的浓度是不变的．

样气在穿过入口滤膜之后在渡越过程中产生的 RaA 子体以气溶胶的形式存在．RaA 子体在通过出口滤膜时，被收集在出口滤膜上．采样一段时间后，将滤膜卡从采样管中抽出，移到 ZnS(Ag) 闪烁探头内的滤膜测量位上，对滤膜进行 α 放射性活度测量．

设从停止采样时刻起至开始 α 放射性活度测量的时间间隔为 T_1，至测量结束时为 T_2．若在滤膜测量位上测出的 α 粒子计数为 X，直接依据仪器的结构与各运行参数值，根据托马斯（Thomas）公式

$$C_{Rn}=\frac{16.65X}{S\Omega EVZF_f\Sigma\beta G}, \tag{17-1}$$

便可算出被测气体中氡的浓度 C_{Rn}．

式(17-1)中，S 为能谱修正因子，取 $S=1.06$；Ω 为探头几何因子，取 $\Omega=0.735$；E 为 ZnS(Ag) 探头探测 α 粒子的探测效率（4π 效率）；V 为衰变室容积（单位：L）；Z 为衰变修正因子（见附表 17-1）；F_f 为扩散损失修正因子（见附表 17-2）；Σ 为出口滤膜过滤效率；β 为自吸收修正因子，取 $\beta=0.91$；G 为重力沉降修正因子，取 $G=1$．

2）氡、钍子体测量方法及原理

将装好子体采样滤膜的滤膜卡安放在子体采样器的支架上，用固定螺栓压紧，启动空气采样泵采样，直接采集空气中的氡、钍子体．经过时间 t 后，关闭空气采样泵，将经过采样的子体采样滤膜连同滤膜卡一同推入 ZnS(Ag) 闪烁探头内，进行 α 粒子的计数测量．

使用绝对测量方法——"五段法"测量氡、钍子体浓度及其α潜能浓度的过程如下. 以 $C_p X(T_a, T_b)$ 表示采样结束后 $T_a \sim T_b$ 时间间隔内的总α粒子计数(含本底). 测量中可以设置采样时间 $t = 5$ min, 采样结束时间停留 2 min, 然后测量滤膜卡上的第一计数段 $(T_a \sim T_b)$ $2 \sim 5$ min, 第二计数段 $(T_c \sim T_d)$ $6 \sim 20$ min, 第三、四、五计数段 $(T_e \sim T_f)$、$(T_g \sim T_h)$、$(T_i \sim T_j)$ 的测量时间分别为 $21 \sim 30$ min, $150 \sim 250$ min, $360 \sim 560$ min. 计数结果分别为 X_1, X_2, X_3, X_4 和 X_5. 由此, RaA, RaB, RaC, ThB 和 ThC 子体的浓度以及由它们计算出的α潜能浓度, 利用滤膜采样、"五段法"计数就可以得出.

RaA, RaB, RaC, ThB 和 ThC 子体的浓度 $X_{RaA}, X_{RaB}, X_{RaC}, X_{ThB}$ 和 X_{ThC}, 以及氡、钍子体的α潜能浓度 C_{pRn}, C_{pTh} 的计算公式分别为

$$X_{RaA} = \frac{6.4433X_1 - 3.2915X_2 + 2.9886X_3 - 0.083584X_4 + 0.037063X_5}{EQF},$$

$$X_{RaB} = \frac{0.24634X_1 - 1.0350X_2 + 2.3523X_3 - 0.40203X_4 + 0.20847X_5}{EQF},$$

$$X_{RaC} = \frac{-0.63644X_1 + 0.95989X_2 - 0.87181X_3 - 0.39243X_4 + 0.22949X_5}{EQF},$$

$$X_{ThB} = \frac{1.9630 \times 10^{-3}X_1 - 2.6704 \times 10^{-3}X_2 + 5.2279 \times 10^{-3}X_3}{EQF}$$
$$+ \frac{-4.0672 \times 10^{-4}X_4 + 2.7492 \times 10^{-2}X_5}{EQF},$$

$$X_{ThC} = \frac{-0.22130X_1 + 0.30102X_2 - 0.58872X_3 + 0.44137X_4 - 0.25134X_5}{EQF},$$

$$C_{pRn} = \frac{3.012X_1 - 2.734X_2 + 6.323X_3 - 2.022X_4 + 1.100X_5}{EQF},$$

$$C_{pTh} = \frac{-1.316X_1 + 1.790X_2 - 3.501X_3 + 2.614X_4 + 0.2509X_5}{EQF},$$

式中, Q 为采样流速(单位: L/min), $F = \Sigma\beta S\Omega$.

氡、氡子体和钍子体的测量时序图如图 17-2 所示.

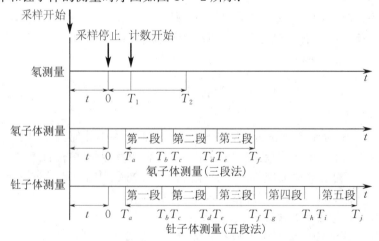

图 17-2 测量时序图

实验仪器

FT648型测氡仪(包括FT648型测氡仪主机、采样测量器、KB-60F空气采样泵、空气交流泵(30～40 L/min)、采样管、参考源卡(^{239}Pu)、滤膜卡、玻璃纤维纸(49♯)、滤膜、塑料导管等)、计算机.

实验内容

(1) 按图17-1检查仪器各部件的安装与准备工作是否完备,包括主机自检,检查抽气泵、流量计、采样系统是否正常.

(2) 工作参数优化. 将参考源卡(^{239}Pu)推到"出口滤膜(测量位)"上,拧紧"蔽光升降轮". 打开电源开关,调整主机面板上的"高压调节"电位器,选择合适的工作电压,使参考源卡(^{239}Pu)在探头的计数为参考值的80%左右(注意ZnS(Ag)闪烁探头标记的探测效率).

(3) 本底测量. 先后将未安装滤膜和安装有滤膜的滤膜卡推到"出口滤膜(测量位)"上,分别测出无膜本底值N_{0b}和有膜本底值N_0. 每次的测量时间可以设置为30～60 min.

(4) 氡气采样及测量. 将安装有滤膜的滤膜卡推到"出口滤膜(采样位)",设置好采样时间、流速后开始采样. 采样结束后,快速将滤膜卡从采样位移动到测量位进行氡浓度测量. 根据测量结果计算大气中氡的浓度,并进行误差分析.

(5) 氡子体测量. 将安装有滤膜的滤膜卡置于"子体采样滤膜(采样位)",同时将无滤膜的滤膜卡置于"出口滤膜(采样位)",拧紧后,启动采样泵,经过时间t后,停止采样. 将采好样的滤膜卡推到"出口滤膜(测量位)"上,然后采用"五段法"测量氡、钍子体及其α潜能浓度. 由于这一部分实验耗时较长,可以考虑作为选做实验.

注意事项

1. 注意光电倍增管的工作条件(电压),配套仪器中光电倍增管使用正高压,输出为负极性脉冲.

2. 滤膜卡进入蔽光滑道盒之前,应切断仪器电源. 只有当滤膜卡在测量位上,旋紧"蔽光升降轮"之后,方可接通主机电源,否则光电倍增管容易受损,性能变差.

3. 采样测量器与采样管组装过程中,应注意将连接环拧紧,并用专用扳手再紧固. 最好在橡皮圈上涂抹少量真空封脂,以获得良好的气密效果,否则容易泄漏导致对氡计数偏大,对子体计数偏小.

4. 本实验选用ZnS(Ag)闪烁探头无窗测量,以提高α粒子探测效率. 使用时需防止闪烁探头污染.

5. 不能用手触摸参考源卡.

6. 主机工作中,发生欠压时应立即充电.

7. 测量期间,不允许按动高、低压按钮,否则会产生错误计数.

思考题

1. 室外及室内氡浓度的变化各受什么因素影响,为什么?

2. 在室内测量中,为什么进气口与出气口高度差要大于50 cm,且不在相同方向上?

参考文献

[1] 汲长松,张树衡. 直接法测氡仪的研制. 第十五届全国核电子学与核探测技术学术年会论文集,2010:389-394.

[2] 汲长松,王婷婷,张庆威. 测定^{222}Rn与^{220}Rn子体浓度"五段法"与"三段法"实验对比. 第十七届全国核电子学与核探测技术学术年会暨核电子学与核探测技术分会第八次全国会员代表大会论文集,2014:402-407.

附录

附表17-1 衰变修正因子 Z

t/min	T_1/min	T_2/min	Z
5	1	6	1.672
5	1	15	2.597
5	1	30	3.411
5	1	100	6.314
10	1	6	2.312
10	1	15	3.803
10	1	30	5.425
10	1	100	11.068
15	1	6	2.625
15	1	15	4.634
15	1	30	7.070
15	1	100	15.281
30	1	30	11.121
30	1	60	19.184
30	0.5	30	12.249
30	0.5	60	20.535
60	1	31	20.229
60	1	61	33.691
60	0.5	30.5	20.632
60	0.5	60.5	34.184
15	0.5	30.5	7.522
15	0.5	60.5	12.003
30	0.5	30.5	12.344
30	0.5	60.5	20.570

附表 17-2　扩散损失修正因子 $F_f\left(\mu=\dfrac{\pi DL}{q}\right)$

μ	F_f	μ	F_f	μ	F_f
0.005	0.877	0.12	0.551	0.70	0.220
0.008	0.849	0.14	0.525	0.80	0.197
0.01	0.834	0.16	0.502	0.90	0.178
0.02	0.778	0.18	0.481	1.00	0.162
0.03	0.737	0.20	0.462	1.50	0.110
0.04	0.705	0.25	0.420	2.00	0.083
0.05	0.678	0.30	0.384	2.50	0.067
0.06	0.654	0.35	0.349	3.00	0.056
0.07	0.633	0.40	0.324	4.00	0.042
0.08	0.614	0.45	0.302	5.00	0.033
0.09	0.596	0.50	0.282		
0.10	0.580	0.60	0.248		

实验 18

低能 γ 射线测量薄膜厚度实验

目前国内外使用的 γ 射线测厚仪中放射源有 ^{137}Cs，^{60}Co，^{241}Am 等，相对于 α，β 射线，γ 射线穿透力最强，能够穿透较硬的物质，如钢、铝等。同时，γ 射线测厚技术也可应用在塑料薄膜和金属薄膜的厚度测量中，因为薄膜具有吸收射线的能力，所以通过测量穿过薄膜的部分射线强度并将其与设定值对比即可计算出薄膜的厚度.

实验目的

1. 理解透射式测厚仪和背散射式测厚仪的工作原理.
2. 掌握低能 γ 射线测量薄膜厚度的方法.

实验原理

X 射线、γ 射线虽然起源不同，能量大小不等，但都属于电磁辐射. 电磁辐射与物质相互作用时，会出现各种复杂的物理、化学和生化过程，引起各种效应. 低能 γ 射线由于能量低（能量小于 100 keV），与物质相互作用和 X 射线相似. 低能 γ 射线与物质相互作用过程中造成射线强度衰减的主要原因是光电效应、康普顿散射和电子对效应. 以上这些效应作用的结果是射线穿过一定厚度的物质时，强度会有一定程度的衰减. 吸收物质的原子序数和入射光子的能量不同，这三种效应的相对重要性也不同. γ 射线与物质发生上述三种主要相互作用都有一定的概率. 我们用截面 σ 这个物理量来反映概率的大小，因此有光电效应截面（σ_{ph}）、康普顿散射截面（σ_c）和电子对效应截面（σ_p）. γ 射线与物质相互作用的总截面 σ 就是这些截面之和，即

$$\sigma = \sigma_{ph} + \sigma_c + \sigma_p. \tag{18-1}$$

这三种效应都与吸收物质的原子序数和入射光子的能量有关，因此需要具体分析不同的吸收物质和能量区域.

当一定强度（I_0）的 γ 射线穿过一定厚度的物质时，其透射强度（I_t）或散射强度（I_s）与物质的厚度有关，通过测量 $\frac{I_t}{I_0}$ 或 $\frac{I_s}{I_0}$ 就可确定物质的厚度. γ 射线测厚仪就是根据低能 γ 射线与物质相互作用，利用透射强度或散射强度来测量物质厚度的仪器.

根据测量原理的不同，γ 射线测厚仪分为透射式和背散射式. 透射式 γ 射线测厚仪的原理是 γ 射线入射到被测物质后会产生一定程度的衰减，透射强度与被测物质的厚度有如下关系：

$$I_t = I_0 e^{-\mu d}, \tag{18-2}$$

式中，μ 是物质对 γ 射线的总吸收系数，d 是被测物质的厚度. 理论上，对于同一物质，γ 射线强度一定的情况下，总吸收系数 μ 也是定值，因此通过测量透射前后 γ 射线强度的变化量即可得

到被测物质的厚度.

对式(18-2)取对数有

$$\ln I_t = \ln I_0 - \mu d. \tag{18-3}$$

由此可以看出,当透射前后的 γ 射线强度以自然对数表示时,γ 射线的吸收曲线为一条直线,并且直线的斜率为总吸收系数,即

$$\mu = \frac{\ln I_1 - \ln I_2}{d_2 - d_1}. \tag{18-4}$$

目前国内外透射式测厚仪常用的放射源有 ^{137}Cs,^{60}Co,^{241}Am 等,探测器部分多采用电离探测器和闪烁探测器,主要应用在钢材、薄膜、管道油垢等测厚和输煤量的测量中,量程最高可达 150 mm,精度最低为 0.1%.

透射式测厚仪的特点是放射源(或射线管)和核辐射探测器分别置于被测物质的两侧,γ 射线穿过被测物质后被探测器探测. 本实验所用的透射式测厚仪的工作原理如图 18-1 所示.

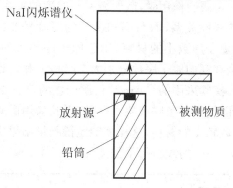

图 18-1 透射式测厚仪的工作原理示意图

入射 γ 射线与被测物质作用时,一部分 γ 射线可能发生大角度散射(称为背散射),而被核辐射探测器记录. 背散射式测厚仪是利用被测物质对 γ 射线的背散射作用制成的检测仪表,其特点是放射源和核辐射探测器安装在被测物质的同一侧,如图 18-2 所示. 背散射 γ 射线的强度与放射源至被测物质的距离,被测物质的成分、密度、厚度及表面形状等因素有关. 当除了被测物质厚度之外的其他条件给定时,所测得的背散射 γ 射线的强度仅与被测物质的厚度有关.

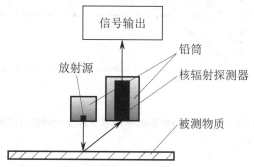

图 18-2 背散射式测厚仪的工作原理示意图

当 γ 光子与金属薄膜相互作用时,根据克莱因-仁科公式,康普顿微分散射截面为

$$\frac{d\sigma(\theta)}{d\Omega} = \frac{r_0}{2}\left(\frac{h\nu'}{h\nu}\right)^2 \left(\frac{h\nu}{h\nu'} + \frac{h\nu'}{h\nu} - \sin^2\theta\right), \tag{18-5}$$

式中，$\dfrac{d\sigma(\theta)}{d\Omega}$ 为康普顿微分散射截面，θ 为散射角，$r_0 = 2.818 \times 10^{-15}$ m 为光电子经典半径，$h\nu$ 为入射 γ 光子能量，$h\nu'$ 为散射 γ 光子能量. 入射与散射 γ 光子能量之间的关系由康普顿散射公式可得

$$h\nu' = \dfrac{h\nu}{1 + \dfrac{h\nu}{m_0 c^2}(1 - \cos\theta)}, \tag{18-6}$$

式中，$m_0 c^2$ 为电子静能. 由此可知，随着散射角的增大，康普顿微分散射截面逐渐减小，因此在散射角为 90° 的情况下，γ 光子的散射概率最低.

当散射角确定时，γ 光子的散射概率随金属厚度的改变而产生变化，这个变化规律在原子序数小的铝材料中更为明显，这是因为对于低能 γ 射线，原子序数较大的材料在作用过程中，主要发生光电效应. 图 18-3 所示为利用 MCNP(Monte Carlo N-Particle Transport Code) 模拟低能 γ 射线与不同厚度的金属膜作用时，散射概率与厚度的关系. 从图中可以清楚地看出散射概率与铝膜厚度呈很好的线性关系，而与铜和金膜的厚度呈非线性关系. 因此采用背散射时，低能 γ 射线适用于测量原子序数小的材料，对于原子序数大的材料，测厚范围较窄. 对比铝、铜和金三种物质，由于金和铜的原子序数分别为 79 和 29，相对铝的原子序数 13 高了 1～5 倍，在金和铜这两种金属中，实验采用的 ^{241}Am 放射源产生的 59.5 keV 的 γ 射线更易与金属内部的电子产生光电效应，从而使得背散射现象不明显. 因此采用低能 γ 射线作为测厚仪的放射源时，被测物质应为原子序数较小的材料，这样才能使得测量结果更为理想. 附表 18-1 中给出了几种材料对 ^{137}Cs，^{60}Co 和 ^{241}Am 的线吸收系数.

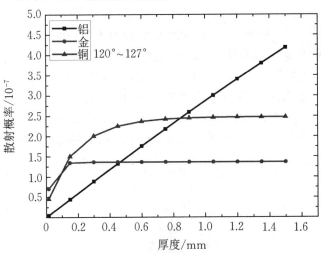

图 18-3 散射角确定时不同厚度的金属膜散射结果

实验仪器

铅筒、放射源、被测物质(铜膜、铅膜、铝膜)、高压电源、低压电源、NaI 闪烁谱仪、游标卡尺等.

本实验选用集成了多道分析器的 NaI 闪烁谱仪，主要由 NaI 晶体和集成数字化谱仪组成，采用放射性活度为 10^4 Bq 的 ^{241}Am 作为放射源，用铅浇制成尺寸约为 Φ40 mm × 100 mm 的圆柱体，在一端挖一个直径为 10 mm、深度为 10 mm 的小孔，将放射源固定其中.

除了集成化 NaI 闪烁谱仪,也可使用前面提到的 γ 能谱仪实验装置来实现,用定标器读取透射光子的计数率.

此外,目前碲锌镉(CdZnTe,简称 CZT)探测器是一种新型室温半导体探测器,对温度不敏感(峰电位的零漂小于 0.1%/℃),能量分辨率介于碘化钠(NaI)闪烁探测器和高纯锗(HPGe)半导体探测器之间,探测效率高,广泛应用于 X 射线和 γ 射线探测领域.由于 CZT 探测器对低能 γ 射线有较高的探测效率和很好的能量分辨率,同时体积小、安装简便,因此也可将该探测器应用于低能 γ 射线测量金属膜的厚度.编者利用 CZT 探测器开发出了一种结构紧凑、性能优异的背散射式测厚仪,具有探测效率高,占用空间小,便于安装的特点,并已经用于本科的创新实验教学.

1. 总吸收系数 μ 的测量

(1) 按图 18-1 所示调整实验装置,使放射源、准直孔、NaI 探头在同一直线上.铝膜距离放射源 2 cm,NaI 探头距离铝膜 3 cm(这些参数可以根据实际情况进行确定,主要考虑是探测器能有尽可能高的计数率).放射源和 NaI 闪烁谱仪中心在同一平面,放射源中心轴与铝膜垂直.NaI 闪烁谱仪测得数据后由计算机端的软件读出并显示能谱,这样就可以去除 γ 射线与铝膜作用时产生的康普顿散射所带来的影响,提高测量精度.

(2) 中间不插入金属膜时,记录光电峰的位置和峰的总面积,测量时间可设为 300 s.

(3) 在 NaI 探头和放射源之间加上不同厚度的一组铝膜,用游标卡尺量出每一片膜的厚度,分别进行定时测量(300 s),并记录光电峰的位置、峰的总面积和铝膜的厚度.

(4) 用铜膜或铅膜代替铝膜,重复上一步.

(5) 根据测量结果,计算各种金属膜的总吸收系数 μ.

2. 透射式测厚仪灵敏度测量

将厚度为 0.01～0.02 mm 的铝膜裁剪成尺寸约为 150 mm×100 mm 的若干张,用框型亚克力板固定,确保铝膜尽可能平整,在 NaI 探头和放射源之间加上 10 层、20 层、30 层、40 层和 50 层的铝膜,并且距离放射源 5 cm.分别进行定时测量,每次测量时间为 100～600 s,并记录光电峰的位置、峰的面积和膜的厚度.对比这 5 个厚度的测量数值,观察能谱中的峰的面积有没有重叠,结合数据的统计涨落,估算测厚仪的测量灵敏度.

3. 背散射式测量金属膜的厚度

(1) 按图 18-2 所示调整实验装置,使放射源和 NaI 探头处于同一侧,并且让放射源和 NaI 探头成 45°或 60°.

(2) 将厚度为 0.01～0.02 mm 的铝膜用框型亚克力板固定,在 NaI 探头和放射源之间加上不同厚度的一组铝膜,三者放置位置如图 18-2 所示,其中铝膜距离放射源 2～5 cm.分别测量 10 层、20 层、30 层、40 层和 50 层铝膜的值,每次测量时间为 600 s 或更长,确保有足够的统计数,并记录光电峰的位置、峰的面积和铝膜的厚度.

(3) 根据测量结果,拟合出不同厚度的铝膜与计数率的关系曲线.

(4) 测量两块已知厚度的标准铝膜,根据拟合曲线给出测量结果.

(5) 将测量结果与已知值比较,计算相对误差.

!注意事项

1. 请严格按照实验要求操作放射源,实验结束后由指导教师将放射源放回指定地点存放.
2. 实验中不能移动放射源和改变 NaI 闪烁谱仪的工作参数.
3. 测量时间可以根据放射源的强度进行调整.

?思考题

1. γ 射线与物质相互作用时,物质对射线的总吸收系数与哪些因素有关?
2. 为什么背散射法测量原子序数大的金属的厚度时,其工作范围较小?
3. 根据透射法的测量结果,若放射源的放射性活度达到 10^8 Bq,则统计涨落造成的不确定度可降至 0.01%(测量时间为 1 s). 对于 3 mm 厚的铝膜,其测量灵敏度能达到多少?

参考文献

[1] 孙树正. 放射性同位素手册. 北京:中国原子能出版传媒有限公司,2011.
[2] 叶萌. 基于碲锌镉探测器的 γ 射线测厚仪的研制. 南宁:广西大学,2020.
[3] 李保春. 近代物理实验. 2 版. 北京:科学出版社,2019.
[4] 复旦大学,清华大学,北京大学. 原子核物理实验方法. 3 版. 北京:原子能出版社,1997.

附录

附表 18-1 几种材料对 ^{137}Cs, ^{60}Co 和 ^{241}Am 的线吸收系数

材料	面密度 ρ/(g/cm^2)	放射源及 γ 光子能量		
		^{137}Cs, 0.662 MeV	^{60}Co, 1.25 MeV	^{241}Am, 59.5 keV
		线吸收系数 μ/(cm^{-1})		
Al	2.7	0.194	0.150	0.686
Fe	7.89	0.573	0.424	8.924
Cu	8.9	0.642	0.474	13.332
Pb	11.34	1.213	0.674	51.744

实验19

双光栅色散-汇合光谱成像实验

2001年,广西大学张卫平等人报道了光栅具有汇合光谱成像特性及双光栅色散-汇合光谱成像(又称双光栅衍射成像)效应,之后根据研究成果开展了双光栅色散-汇合光谱成像的相关实验.双光栅色散-汇合光谱成像是一种与传统的折射成像大不相同的衍射传递图像方式,它具有鲜明的特点:光路为"之"字形,可实现"隔屏观物";被观察物只需普通光源(非单色光)照明,物光经过两个光栅的两次衍射形成位于原物附近或与原物重合的正立虚像.它独特的色散-汇合光谱成像过程,提供了一种在成像过程中进行滤波、实现图像处理的途径,其光路特点提供了用于绕障视物与定位目标的直观方法.将两个光栅之一替换为菲涅耳(Fresnel)全息图(带有物体信息的光栅),还可实现白光下菲涅耳全息图的再现.

广西大学物理实验教学中心基于上述原创科研成果,开设了两个独具特色的与双光栅色散-汇合光谱成像相关的实验并已在全国多所学校推广.本实验是其中之一,可以帮助学生深入认识光栅衍射作用和成像过程,增强其对图像采集与处理相关知识的了解和实际应用能力.

实验目的

1. 了解两个光栅有夹角状态下的双光栅色散-汇合光谱成像特点.
2. 认识两个光栅的夹角对双光栅色散-汇合光谱成像带来的影响.
3. 掌握计算机图像采集系统的使用方法,学会使用MATLAB软件处理相关数据.

实验原理

两个光栅的恰当组合可以形成一个图像传递系统,即双光栅色散-汇合光谱成像系统.物光束通过这一系统的两个光栅的两次衍射后仍能形成清晰的物体图像,两次衍射分别利用了第一个光栅的色散特性与第二个光栅的汇合光谱特性.

光栅的汇合光谱特性指的是不同入射角的各色光束经光栅衍射后,得到相同(或基本相同)出射角光束的现象,这与光栅的色散情况正好相反.

光栅方程$d(\sin\theta \pm \sin\beta)=k\lambda (k=0,\pm 1,\pm 2,\cdots)$反映了一束单色光经过光栅后各级光的衍射角与入射角间的关系,式中,θ为入射角,β为衍射角,k为衍射级次.β与k有关,也可写为β_k.从光栅方程可以看出,对于某一具体的k级,方程中的β_k与θ可以互换,即以β_k角入射同样的光栅,则第k级衍射光的衍射角为θ.

现考虑一束含有多种波长($\lambda_1,\lambda_2,\cdots$)的光,以入射角$\theta$入射到光栅上,经光栅衍射后形成各级光谱,第 k 级光谱的各波长的光对应的衍射角分别为 $\beta_{k1},\beta_{k2},\cdots$. 如果同样使这些光的第 k 级衍射角与入射角互换,即让波长为 $\lambda_1,\lambda_2,\cdots$ 的光以与它们对应的衍射角 $\beta_{k1},\beta_{k2},\cdots$ 入射到同样的光栅上,如前所述,这些光的第 k 级衍射角都为 θ(见图 19-1),该级即汇合光谱级. 光栅的这种使含有多种波长的光束以不同入射角射入,经衍射后得到有相同(或基本相同)出射角光束的性质,即光栅色散的逆效应,称为光栅的汇合光谱效应.

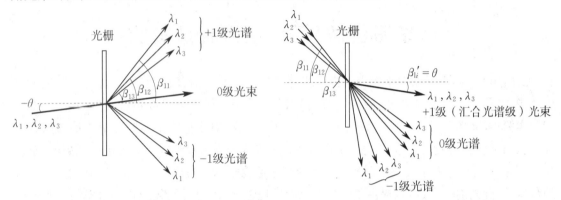

图 19-1　含有多种波长的光束被光栅衍射的示意图

双光栅色散-汇合光谱成像效应指的是利用光栅的汇合光谱作用,可将由色散形成的物光谱汇合起来,重新形成清晰的物体图像. 因此,将两个光栅进行组合,让来自物体的具有不同波长的物光束经过光栅被色散形成物光谱后,使其中某一级的按光谱排列的物光谱进入另一个光栅并满足光谱汇合条件,则该光谱中的按颜色排列的物体虚像被汇合形成原物体虚像,在汇合光束中可以清晰地看到该物体的图像.

图 19-2 所示是双光栅色散-汇合光谱成像系统的光路示意图,图中 S 为被观察物, G_1, G_2 均为非倾斜平面透射光栅,P 为挡板. 光栅 G_1 使物光色散为物光谱,为了获得较好的成像质量, G_1 放置的位置应使需要的某一级(图中所画为第 k_1 级)衍射光满足其衍射角与入射角相等. 光栅 G_2 被置于第 k_1 级衍射光束的中心轨迹上的恰当位置,由光栅 G_2 衍射形成的各级光谱中会有一级光束实现光谱汇合而发生双光栅色散-汇合光谱成像现象,从该汇合光谱光束中能清晰地观察到被观察物的图像. 图 19-3 所示是箭头形状的被观察物经双光栅系统衍射后的图像照片.

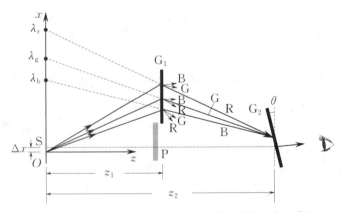

图 19-2　双光栅色散-汇合光谱成像系统的光路示意图

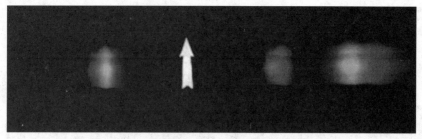

图 19-3　经双光栅系统衍射后得到的图像照片

此时两个光栅的空间频率（每毫米具有的光栅数，单位是 L（线）/mm）、衍射光的级次及放置方位满足如下方程：

$$\frac{k_1 z_1}{d_1} = -w \frac{k_2 z_2}{d_2}, \tag{19-1}$$

式中，负号表示成像光束经过两个光栅衍射时的级次符号相反；k_1，$\frac{1}{d_1}$，z_1 分别代表光栅 G_1 的衍射级次、G_1 的空间频率、G_1 到物体的垂直距离；k_2，$\frac{1}{d_2}$，z_2 分别代表光栅 G_2 的衍射级次、G_2 的空间频率、G_2 到虚光谱的垂直距离；w 为系数，其数值与两个光栅的夹角 θ 有关.

双光栅色散-汇合光谱成像光路为"之"字形，物光束经过两个光栅的两次衍射形成正立的物体虚像，该虚像位置与原物的位置一般会有一定的偏移. 在实验中将光路中的挡板 P 移开，可以清楚地看到被观察的"十字点"原物与其衍射虚像两者之间在 x 轴方向有明显的偏移量 Δx（见图 19-4），该偏移量的大小与两个光栅的夹角 θ 直接相关.

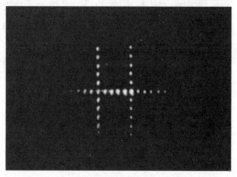

图 19-4　"十字点"原物与衍射虚像图

两个光栅的夹角 θ 的改变不仅影响 Δx 的大小变化，还影响 z_2 的变化.

实验仪器

ZWP 光栅衍射成像仪、汞灯、光栅（空间频率 $\frac{1}{d}$ 分别为 1 000 L/mm，500 L/mm，300 L/mm）等.

ZWP 光栅衍射成像仪是为了方便观测双光栅色散-汇合光谱成像效应而设计的仪器，由广西大学研制，如图 19-5 所示.

图 19-5　ZWP 光栅衍射成像仪

图 19-5 中，S 为光源(汞灯)照亮的透光待观察物体，B 为光谱观察板，G_1，G_2 为光栅，L_1，L_2 分别为望远镜与摄像头，T_1，T_2，T_3 为横向轨道，S_1，S_2，S_3，S_4，S_5 为滑动支架。

仪器各主要部件的作用如下。

(1) 光学系统：由光源(带有被观察的目标物体)、两个光栅、望远镜组成，用于实现与观察双光栅色散-汇合光谱成像效应。

(2) 机械移动部分：主要由 z 轴方向的纵轨道、三根 x 轴方向的横轨道及横轨道上的多个滑动支架组成。滑动支架用于承载光栅、望远镜等部件，使得它们能方便地在桌面(图 19-2 中的 zOx 面)上轨道长度范围内移动，以满足双光栅色散-汇合光谱成像对这些部件的方位要求。

(3) 计算机图像采集系统：由计算机、图像采集卡与摄像头组成，用于记录并处理实验图像。

实验内容

1. 研究两个光栅夹角 θ 不同时的汇合光谱特性

1) 观察并粗测两个光栅不同夹角下的汇合光谱成像参数，并分析变化趋势

(1) 选择双光栅系统参数，如取 $\dfrac{1}{d_1}=1\,000\text{ L/mm}$，$\dfrac{1}{d_2}=500\text{ L/mm}$，$k_1=1$，$k_2=1$.

(2) 点亮汞灯，调节光栅 G_1 与横向轨道 T_1 平行，移动轨道 T_1 确定 z_1 位置(z_1 取 38～40 cm)，沿轨道 T_1 移动光栅 G_1 使其 $k_1=1$ 级衍射光的入射角等于衍射角(透过 G_1 观察到其第 1 级虚光谱落在与光源齐平的观察板 B 上)。

(3) 调整光栅 G_2 的位置，并粗测 z_2 与两个光栅夹角 θ 的关系，观察汇合光谱的物体虚像及其位置，具体步骤如下。

① 确认光栅 G_2 的中心位于其底座轴心上，调节光栅 G_2 与光栅 G_1 平行并记下初始角度 θ'_0，移动光栅 G_2 使其位于光栅 G_1 的 $k_1=1$ 级的衍射光路中(参看光路示意图 19-2)，并转动光栅 G_2 使其中心法线指向光栅 G_1 的虚光谱中心(可指向光谱中的绿色谱线)，记下此时 G_2 的

实验 19 双光栅色散-汇合光谱成像实验

角度读数 θ'. 沿 G_1 的 $k_1=1$ 级衍射光路向前(或向后)移动光栅 G_2,透过 G_2 沿光源方向观察物光谱的汇合情况,根据光谱是趋向汇合还是散开的情况调节光栅 G_2 的移动方向,直至在 G_2 后能看到汇合光谱的物体虚像(先目视至光谱汇合,然后在 G_2 上加单缝光阑,用望远镜观测,再调节至光谱完全汇合). 此时移开衰减片前的挡光板,确保能同时看到物体的虚像与实物. 记下此时横向轨道 T_2 的位置读数 z_2' 和物体虚像与实物的位置偏移量 Δx.

② 在①的基础上,分别沿顺时针方向与逆时针方向转动光栅 G_2 两次,每次使 θ' 的读数改变 $10°\sim 15°$. 每次改变光栅 G_2 的角度后,重新调整光栅位置直至又能观察到清晰的物体的虚像,记下相应的 θ' 与 z_2' 的读数、物体虚像与实物的位置偏移量 Δx.

③ 作 θ 与 z_2 的关系曲线,分析相关趋势以及物体虚像与实物的位置偏移量 Δx 的变化趋势.

2) 精细测量与拍摄记录不同夹角下汇合光谱成像数据

(1) 确定实现汇合光谱时光栅 G_2 可转过的角度范围(转至汞灯的明亮三谱线不能看全或严重变形,该跨度约为 $50°$),设定每次测量时光栅 G_2 的角度改变量(建议角度改变量为 $3°\sim 4°$,即每次测量数据为 $12\sim 15$ 组).

(2) 熟悉摄像装置的使用,开始正式测量与拍摄.

① 定好光栅 G_2 的起始角度(可将光栅 G_2 的中心法线指向光栅 G_1 的虚光谱中心取为起始角度),调整 G_2 位置,使可在望远镜中通过 G_2 上的单缝光阑看清汇合光谱图像.

② 移开衰减片前的挡光板,确保在望远镜中能同时看到物体的虚像与实物.

③ 将摄像头移动到光栅 G_2 后(代替望远镜),拍摄衍射形成的物体的虚像,保存图像.

④ 记录光栅 G_2 所在的横向轨道 T_2 的位置读数 z_2',G_2 的角度读数 θ'.

(3) 转动光栅 G_2 以改变其角度 θ',重复上述步骤直至完成计划的拍摄测量. 注意在拍摄的整个过程中,摄像头与光源的距离应保持不变.

(4) 完成上述步骤后,测量"十字点"观察物的实际长度(观察物的长度为 20 mm 左右),注意校准读数,得出实际的两个光栅夹角 θ 及 z_2.

(5) 通过 MATLAB 软件编程,在计算机上计算所拍摄的各组物体虚像与原物图像位置及位置差(横向偏移量 Δx),作两个光栅的夹角 θ 与 Δx,z_2 的关系曲线图.

① 利用 MATLAB 软件程序,在计算机上计算所拍摄的各组物体虚像和原物图像在 x 轴上的横向偏移量 Δx,得出各组 Δx 数值.

② 将程序计算得到的 Δx 数值(像素点)转换成实际数值(单位:mm),用两种 Δx 数据与相应的 z_2 及 θ 作出数据表.

③ 作 z_2-θ 关系曲线图以及 Δx-θ 关系曲线图.

2. 研究不同空间频率的双光栅组合的汇合光谱特性

选择两组不同的双光栅再次搭建双光栅系统 $\left(\dfrac{1}{d_1}=1\,000\text{ L/mm},\dfrac{1}{d_2}=300\text{ L/mm},k_1=1,k_2=1;\dfrac{1}{d_1}=1\,000\text{ L/mm},\dfrac{1}{d_2}=300\text{ L/mm},k_1=1,k_2=2\right)$,重复以上实验操作并记录相关数据. 处理数据并作两个光栅的夹角 θ 与 Δx,z_2 的关系曲线图,与之前的双光栅系统的关系曲线图进行比较分析.

! 注意事项

实验过程中,光栅 G_2 须与光栅 G_1 中心及 G_1 的虚光谱中心处于同一直线上.

? 思考题

1. 为什么双光栅色散-汇合光谱成像形成的是虚像?
2. 实验过程中,如果没有满足"光栅 G_2 须与光栅 G_1 中心及 G_1 的虚光谱中心处于同一直线上"这一要求,将会对实验结果造成什么影响?
3. 为什么在拍摄的整个过程中要保持摄像头与光源的距离不变?

参考文献

[1] ZHANG W P, WEI W L. Method for spectrum imaging. Proceedings of the SPIE, 2001(4548):99-102.

[2] 张卫平,何小荣. 光栅的汇合光谱特性与双光栅成象效应. 中国科学:G 辑,2006, 36(5):556-560.

[3] 刘磊. 基于双光栅色散-汇合光谱成像效应的滤波成像研究. 南宁:广西大学,2015.

[4] 廖宗勋,张卫平. 双光栅色散-汇合光谱成像效应的计算机模拟与实现. 实验科学与技术,2014(1):6-9.

[5] 张卫平,黄冠琅,肖钰斐,等. 教学与科研紧密结合 创建光栅新实验. 实验室研究与探索,2011(3):256-259.

[6] 陈举,万玲玉,张卫平,等. 双光栅衍射消色散成像实验图像的处理. 物理实验,2013(10):13-17.

实验20

白光-光栅再现菲涅耳全息图实验

1948年,物理学家伽博(Gabor)提出了一种记录光波振幅和相位的方法,即全息术.全息术的成像利用了光的干涉原理,以条纹形式记录物体发射的特定光波的振幅和相位,并在特殊条件下使其重现,形成逼真的物体三维图像.在激光出现以前,全息术发展缓慢.1960年,激光的出现使得制作全息图有了理想光源,推动了全息术的快速发展.当使用激光拍摄制作的全息图用激光照射时,可看到清晰的物体的三维图像,即全息图再现像.1971年,伽博荣获了诺贝尔物理学奖.

菲涅耳全息图是经典的透射全息图,一般在单色光下拍摄制作,并在单色光下进行再现,这对它的应用带来了很大的限制.因此,人们长期致力于探索其在白光下的图像再现问题,并在几十年的探索中获得了一些成果.其中,白光-光栅再现菲涅耳全息图的方法是一种使用装置简单,操作方便的全息图再现方法.它摆脱了菲涅耳全息图再现时对激光的依赖,使用白光点光源就能看到清晰的物体的三维图像,且具有图像色彩可调整改变等特点.

实验目的

1. 深入理解菲涅耳全息图再现原理.
2. 了解白光点光源下再现菲涅耳全息图的问题,认识本实验解决问题的思路.
3. 掌握白光-光栅再现菲涅耳全息图的方法,探究该方法下菲涅耳全息图再现像呈现的不同色彩情况(准单色像、彩虹像)与其影响因素.

实验原理

菲涅耳全息图实质上是带有物体信息的光栅,当用一白光点光源再现时,因再现光源为含有多种波长的光源,这些不同波长的光波经过菲涅耳全息图衍射后,所得到的衍射光谱(即全息图再现像)是随波长而散开的一系列图像谱,一般无法看清物体图像,如图20-1所示.

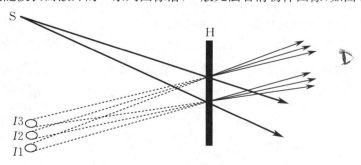

图20-1 白光点光源下再现菲涅耳全息图示意图

1. 白光再现菲涅耳全息图条件

由全息术基本成像理论可知，对于由波长为 λ_0、位于 $O(x_0, y_0, z_0)$ 点的点物体与位于 $R(x_R, y_R, z_R)$ 点的点光源形成的菲涅耳全息图，当用波长为 λ、位于 $C(x_C, y_C, z_C)$ 点的点光源照明时，物像关系式为

$$\begin{cases} \dfrac{1}{l_I} = \dfrac{1}{l_C} + \mu\left(\dfrac{1}{l_0} - \dfrac{1}{l_R}\right), \\ \dfrac{x_I}{l_I} = \dfrac{x_C}{l_C} + \mu\left(\dfrac{x_0}{l_0} - \dfrac{x_R}{l_R}\right), \\ \dfrac{y_I}{l_I} = \dfrac{y_C}{l_C} + \mu\left(\dfrac{y_0}{l_0} - \dfrac{y_R}{l_R}\right), \end{cases} \tag{20-1}$$

式中，$\mu = \dfrac{\lambda}{\lambda_0}$；$l_I, l_0, l_R, l_C$ 分别是像点、物点、参考光源、再现光源到坐标原点的距离。

考虑 $l_0 = l_R = l$ 的情况，方程组（20-1）可化为

$$\begin{cases} l_C = l_I, \\ x_C = x_I + \mu \dfrac{l_I(x_R - x_0)}{l}, \\ y_C = y_I + \mu \dfrac{l_I(y_R - y_0)}{l}. \end{cases} \tag{20-2}$$

令

$$\xi = \dfrac{x_R - x_0}{\lambda_0 l}, \quad \eta = \dfrac{y_R - y_0}{\lambda_0 l}$$

分别为 x 轴、y 轴方向的空间频率，则方程组（20-2）变为

$$\begin{cases} l_C = l_I, \\ x_C = x_I + \xi \lambda_0 l_I, \\ y_C = y_I + \eta \lambda_0 l_I. \end{cases} \tag{20-3}$$

由方程组（20-3）可以看出，若再现全息像位置不变，则再现光源的位置随波长的不同而改变，与波长成正比。若再现光源为多波长光源，为使各波长的再现像重合，则波长为 λ_i 的再现光的位置都应满足此方程组，即菲涅耳全息图在多波长光源照明下各色再现像重合应满足再现光源随波长在空间展开为光谱。如图 20-2 所示（图中以三个波长为例），当坐标的选择使物点、参考光源位于 zOx 面内，且使再现像位于 z 轴上时，有

$$x_I = y_I = 0, \quad \eta = 0.$$

考虑近轴条件，l 可由 z 代替，以上条件变为如下的简单方程（下标 i 表示不同波长）：

$$x_{C_i} = \xi \lambda_i z_I = \xi \lambda_i z_C. \tag{20-4}$$

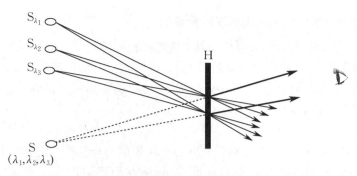

图 20-2　多波长光源照明下各色再现像重合示意图

2. 点光源经光栅衍射后形成的虚光谱分布

考虑一空间频率为 $\dfrac{1}{d}$ 的光栅，条纹方向与 zOx 面垂直，当位于坐标原点上的白光点光源照射到光栅时，在 zOx 面上光栅的每一点对光的衍射可由光栅方程描述，满足 $d(\sin\theta \pm \sin\alpha) = k\lambda$（$k=0,\pm1,\pm2,\cdots$），式中，$\theta$ 为入射角，α 为衍射角。当调整光栅的位置使 $\theta = \alpha$ 时（见图 20-3），满足最小偏向角条件，有

$$\sin\theta = \frac{k\lambda}{2d}. \tag{20-5}$$

由几何关系知 $\sin\theta = \dfrac{x - x_0}{\sqrt{(x-x_0)^2 + z^2}}$，并将 $x = 2x_0$ 代入式(20-5)，有 $x = \dfrac{kz\lambda}{d\sqrt{1 - \left(\dfrac{k\lambda}{2d}\right)^2}}$，

从而当 $\left(\dfrac{k\lambda}{2d}\right)^2 \ll 1$ 时，有 $x = \dfrac{kz\lambda}{d}$。又因为每个波长都满足衍射角和入射角相等的最小偏向角条件，所以对于白光点光源中的每一波长 λ_i，均有

$$x_i = \frac{kz\lambda_i}{d} = kz\lambda_i \xi'. \tag{20-6}$$

式(20-6)反映了白光点光源经光栅衍射后形成的虚光谱的分布情况。在忽略各光束并未严格满足最小偏向角条件带来的影响时，白光点光源经过光栅 G 后形成的衍射光谱，均可视为由满足式(20-6)的各波长的虚光源发出。

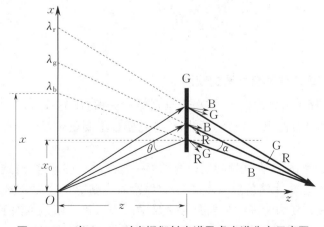

图 20-3　当 $\theta = \alpha$ 时光栅衍射光谱及虚光谱分布示意图

3. 利用辅助光栅实现白光再现菲涅耳全息图

比较式(20-6)与式(20-4)可以看出,两式有相同的形式. 若将菲涅耳全息图 H 置于图 20-3 的衍射光谱中,并沿该衍射光谱移动 H,可使 $x_{C_i} = x_i$,即满足了各波长再现光形成的各色再现像重合的条件,因此在菲涅耳全息图 H 后能观察到一个清晰的消色散全息图再现像,如图 20-4 所示. 此时,有关系式 $kz\lambda_i\xi' = \xi\lambda_i z_C$,即

$$kz\xi' = z_C\xi, \tag{20-7}$$

式中, k 为光栅衍射光级次; ξ', ξ 分别为光栅的空间频率与全息图中心的空间频率. 这就是利用辅助光栅实现白光再现菲涅耳全息图原理,该方法由于使用了一个辅助光栅,因此称为白光-光栅再现菲涅耳全息图方法.

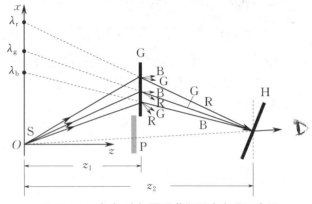

图 20-4　白光-光栅再现菲涅耳全息图示意图

在该方法的使用中,来自白光点光源的光进入光栅被色散为光谱后,某级光谱中所有波长的光或部分波长的光进入菲涅耳全息图并被衍射后,观察者从中能观察到不同色彩的一个物体再现像. 如果光谱中两个衍射级次的光进入菲涅耳全息图,则能观察到双倍双色图像(两个不同颜色的物体再现像).

 实验仪器

菲涅耳全息图、ZWP 光栅衍射成像仪(使用白光点光源)、不同空间频率(1 000 L/mm、600 L/mm 和 300 L/mm)的光栅、激光等.

实验内容

1. 白光-光栅再现菲涅耳全息图的观测

(1) 在 ZWP 光栅衍射成像仪上,将白光点光源 S、光栅 G(先用 1 000 L/mm 的光栅)、挡光板 P、菲涅耳全息图 H 按图 20-4 所示摆放,注意光栅 G 不要正对着点光源 S,应有一定距离及角度.

(2) 使菲涅耳全息图 H 在光栅的衍射光的第一级光谱中移动,同时透过全息图观察衍射色散图,略微转动全息图 H 使色散图样最亮. 继续沿着光栅 G 的衍射光的光路移动、转动全息图 H,直至使色散图样变为清晰的全息图再现像. 图 20-5 展示了该方法下观察到的全息图再现像,供实验时参考. 若全息图朝着光栅方向移动时全息图再现像逐渐变清晰,但移近光栅仍

未能形成清晰再现像,则需要使用光栅的二级光谱进行全息图再现.

提示 进行本实验时,可以根据实际需要选用来自光栅的一级或二级甚至更高级次的衍射光谱.但级次过大,光能分散且各光谱重叠严重,观察到的全息图再现像将不止一个.由式(20-7)可知,本实验方法并不要求辅助光栅的空间频率与菲涅耳全息图的平均空间频率相匹配,因而利用一个光栅可以观看不同空间频率的全息图,只需要调节式(20-7)的其他参量.

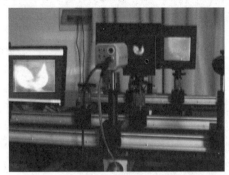

图 20-5 实验观察到的全息图再现像

(3) 换用空间频率为 600 L/mm 的光栅,进行同样的操作、观察.

(4) 测量菲涅耳全息图不同位置的空间频率.在全息图横向上取 3～5 个位置,将激光依次打在这些位置上,并测量激光透过后的衍射光点位置,计算全息图的这些点位的空间频率.

(5) 将观察到的全息图清晰再现像的位置 z 与用式(20-7)所计算的结果进行比较,计算两者的误差,得出相关结论.

2. 白光-光栅再现菲涅耳全息图图像色彩的研究

1) 研究不同色彩的全息图再现像

(1) 在实验内容 1 的基础上,在光栅 G 上加一光阑(宽约 5 mm),观察经光栅 G 后的衍射光的色彩.

(2) 将全息图移至该衍射光的不同色彩部分,获得不同颜色的准单色光全息图再现像.

(3) 改变光栅 G 上光阑宽度(使其变小),观察彩虹全息图再现像情况.

(4) 在上述光路不变的情况下,改变观察点再进行观察(即改变眼睛到全息图的距离及接收全息图衍射光谱的位置).白色全息图再现像与各种彩虹全息图再现像如图 20-6 所示.

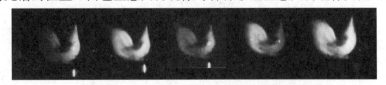

图 20-6 实验观察到的各种全息图再现像

(5) 将上述不同情况下观察到的全息图再现像进行比较,分析观察到不同色彩情况的物体图像的原因.

(6) 在步骤(1)～(5)的实验过程中,要注意分析并观察所加的光阑的宽度对全息图再现像的色彩的影响;分析、研究观察点位置对全息图再现像的色彩的影响;分析、研究不同的光栅(空间频率不同)对全息图再现像的色彩的影响.

2) 研究双倍、双色全息图再现像

(1) 将图 20-4 中的辅助光栅 G 换为空间频率为 300 L/mm 的光栅,此时由于该光栅的空间频率较低,其色散形成的各级光谱紧密相连.将全息图置于该光栅衍射光谱中有两级光谱叠加的衍射光路中,在此光路中移动光栅的位置,直至观察到两个全息图再现像.

(2) 分析、研究为何制作全息图时拍摄的是一个物体,却能再现出两个物体图像.该全息图能否再现出两个以上的物体图像? 分析并实验观察.

!注意事项

切勿使激光直射人眼.

?思考题

1. 直接使用白光点光源再现菲涅耳全息图不能看清全息图再现像的原因是什么？
2. 白光-光栅再现菲涅耳全息图的方法为什么能使不同波长的光源再现的全息图再现像重合在一起？
3. 在白光-光栅再现菲涅耳全息图的光路中加不同大小的光阑,这会对全息图再现像的色彩带来怎样的影响？
4. 白光-光栅再现菲涅耳全息图方法中使用空间频率为 1 000 L/mm 的辅助光栅与使用空间频率为 600 L/mm,300 L/mm 的辅助光栅有何不同？
5. 白光-光栅再现菲涅耳全息图原理与双光栅色散-汇合光谱成像原理有何异同？

参考文献

[1] 张卫平,何小荣,沈晓明.白光-光栅再现普通透射全息图原理.广西大学学报:自然科学版,2003,28(4):293-296.
[2] 于美文.光全息学及其应用.北京:北京理工大学出版社,1996.
[3] 沈晓明,张卫平,何小荣,等.在全息照相实验中增设光栅辅助白光再现全息图的尝试.物理实验,2006,26(12):30-32.

实验21

氦氖激光器与激光谐振腔实验

激光的理论基础起源于爱因斯坦.1917年,爱因斯坦提出了一套全新的技术理论"光与物质相互作用",提出了"受激辐射光放大"(即激光)理论.1960年,梅曼(Maiman)发明了人类第一台激光器,他用高强闪光灯来刺激红宝石,由此产生了世界上第一束激光,激光波长为694.3 nm.此后,气体激光器(如氦氖激光器)、半导体激光器、钕玻璃激光器、化学激光器、染料激光器等相继诞生.60多年来,激光技术飞速发展,并得到了广泛应用.

利用氦氖激光器开展的系列实验,主要是测量氦氖激光器的相关参数.通过有关实验,可以掌握氦氖激光器的调整方法,了解激光器的基本原理、基本结构以及输出激光的特性等,主要用于高校的物理教学.氦氖激光器在激光导向、准直、测距和全息照相等方面有着广泛的应用.

实验目的

1. 了解激光原理和激光器的结构.
2. 了解激光器的特性、工作条件和相关理论.
3. 通过实验,掌握激光调谐的原理和技巧.
4. 观察腔长与激光功率、横模的关系.
5. 了解激光光束特性,学会对高斯光束发散角和束腰进行测量.

实验原理

1. 激光产生原理

光与物质相互作用时,会有自发辐射、受激吸收和受激辐射三种物理过程,下面以二能级系统对这几种过程进行简单说明.

1) 自发辐射

由原子物理学知识可知,原子可以处在不同的能量状态,内部状态处于能量最低的状态称为基态,其他比基态能量高的称为激发态.在热平衡情况下,绝大多数原子都处于基态.原子处于基态时是稳定的,处于激发态时是不稳定的,处于激发态的原子寿命一般为 10^{-8} s 量级.处于高能级的电子自发向低能级跃迁时会辐射光子,这个过程称为自发辐射,如图21-1所示.辐射光子的能量为两个能级的能量差,即

$$h\nu_{21} = E_2 - E_1, \tag{21-1}$$

式中,E_2 和 E_1 分别对应原子在高能量状态(激发态)和低能量状态(基态)时的能量,$h\nu_{21}$ 是原

子从激发态 E_2 向基态 E_1 跃迁时辐射光子的能量.

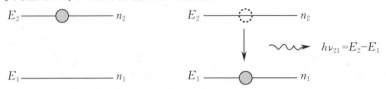

图 21-1　原子的自发辐射示意图

原子的自发辐射是完全随机的,各发光原子在自发辐射过程中各自独立,互不关联,即所辐射的光在发射方向上无规则地射向四面八方.此外,自发辐射的相位、偏振态及传播方向也是杂乱无章的,发射光的频率也不是单一的,而是有一定范围.

在热平衡条件下,原子数密度按能量分布遵从玻尔兹曼分布.设处于激发态 E_2 上的原子数密度为 n_2,处于基态 E_1 上的原子数密度为 n_1,则在 E_2,E_1 两个能级上的原子数密度之比为

$$\frac{n_2}{n_1}=\exp\left(-\frac{E_2-E_1}{kT}\right)=\exp\left(-\frac{h\nu}{kT}\right), \tag{21-2}$$

式中,$k=1.38\times10^{-23}$ J/K 称为玻尔兹曼常量,T 为热力学温度.从式(21-2)中可以看出,处于激发态 E_2 上的原子数密度 n_2 远比处于基态 E_1 上的原子数密度 n_1 低.

2) 受激吸收

当原子系统受到外来光子作用时,如果光子的能量恰好满足 $h\nu_{21}=E_2-E_1$,那么处于基态的原子会因吸收一个能量为 $h\nu_{21}$ 的光子而被激发,并跃迁到激发态上,这个过程称为原子的受激吸收过程,如图 21-2 所示.在吸收过程中,并不是所有能量的光子都会被原子吸收,只有当入射光子的能量正好等于原子的能级间的能量差时,该光子才能被吸收.

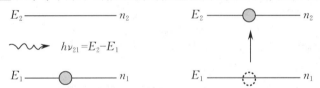

图 21-2　原子的受激吸收示意图

设处于基态 E_1 上的原子数密度为 n_1,入射光的辐射能量密度为 $u(\nu)$,则单位体积、单位时间内吸收光子而跃迁到激发态 E_2 的原子数 n_{12} 可以表示为

$$n_{12}=B_{12}n_1u(\nu)=n_1\omega_{12}, \tag{21-3}$$

式中,B_{12} 为受激吸收爱因斯坦系数;$B_{12}u(\nu)$ 为吸收速率,常用 ω_{12} 表示.

由于处于激发态的原子是不稳定的,它们的寿命大约在 10^{-8} s 量级,在没有外界的影响下,这些处于激发态的原子很快就会自发地退回到基态去,并发出光子,这就是我们前面所描述的自发辐射过程.自发辐射光子数 n_{21} 与处于激发态 E_2 上的原子数密度 n_2 成正比,有

$$n_{21}=A_{21}n_2, \tag{21-4}$$

式中,A_{21} 为自发辐射爱因斯坦系数.

3) 受激辐射和光的放大

光的受激吸收的反过程就是受激辐射.处于激发态的原子受到外来能量为 $h\nu_{21}$ 的光子作用,如果满足能量条件 $h\nu_{21}=E_2-E_1$,则处于激发态 E_2 的原子也会在外来光子的诱发下,从激发态 E_2 跃迁到基态 E_1.这时原子会发射一个与外来光子一模一样的光子,这个过程称为受

激辐射,如图 21-3 所示.受激辐射发出的光子和外来的入射光子具有相同的传播方向、频率、偏振态和相位.

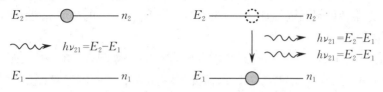

图 21-3 原子的受激辐射示意图

设处于激发态 E_2 上的原子数密度为 n_2,入射光的辐射能量密度为 $u(\nu)$,则单位体积、单位时间内受激辐射的原子数 n'_{21} 可以表示为

$$n'_{21}=B_{21}n_2 u(\nu)=n_2 \omega_{21}, \tag{21-5}$$

式中,B_{21} 为受激辐射爱因斯坦系数;$B_{21}u(\nu)$ 为受激辐射速率,常用 ω_{21} 表示.

受激辐射的概念是爱因斯坦于 1917 年在推导普朗克的黑体辐射公式时首次提出来的.他从理论上预言了原子发生受激辐射的可能性,这是激光的基础.这种受激辐射的光子有一个显著的特点,就是原子可发出与诱发光子(外来入射光子)完全相同的光子,不仅频率(能量)相同,而且传播方向、偏振态以及相位都完全一样.于是,入射一个光子,就会出射两个完全相同的光子,这就意味着原来的光信号被放大,这种在受激辐射过程中产生并被放大的光,就是激光.

4)粒子数反转

光与原子系统相互作用时,同时存在着受激吸收、自发辐射和受激辐射这三种过程,如果要实现光的受激辐射放大,则受激辐射在三种过程中要占据主导地位.

在热平衡条件下,原子数密度按能量分布服从玻尔兹曼分布,且 E_2,E_1 两个能级上的原子数密度之比满足式(21-2),处于激发态 E_2 上的原子数密度 n_2 远比处于基态 E_1 上的原子数密度 n_1 低.这时,原子系统的受激吸收过程占优势,也就是说原子系统单位时间内从辐射场所吸收的光子数总是多于受激辐射产生的光子数.如果要使激发态原子数 N_2 多于基态原子数 N_1,即 $N_2-N_1>0$,实现粒子数反转,那么必须采用适当的激励,破坏热平衡状态.也就是说,必须在非热平衡条件下,才能实现粒子数反转.粒子数反转是相对热平衡状态而言的.当系统处于粒子数反转状态时,受激辐射光子数多于受激吸收光子数,因此对光具有放大作用.

5)激光器

一般的激光器由三个主要部分组成,即工作物质、激励能源和光学谐振腔.

并非所有的物质都能实现粒子数反转,在可以实现粒子数反转的物质中也并不是物质的任意两个能级间都能实现粒子数反转.要实现粒子数反转,这种物质要有合适的能级结构,并具备必要的能量输入系统,以便不断地从外界供给能量,致使物质中有尽可能多的粒子吸收能量后,从基态不断地跃迁到激发态上去.这一能量供应过程叫作"激励""抽运"或者"泵浦".

如果物质只有两个能级,用有效的抽运手段也无法实现粒子数反转,因此二能级的物质不能用作激光器的工作物质.三能级系统(如红宝石)和四能级系统(如氦、氖和二氧化碳等)是可以实现粒子数反转的常用物质.对于三能级系统,如果外界的抽运速率足够大,就有可能实现 E_2 和 E_1 两个能级上的粒子数反转.由于热平衡状态下 E_1 能级聚集了大量的原子,要实现粒子数反转,外界的抽运速率要足够强.对于四能级系统,在外界抽运的条件下,粒子数反转是

在 E_3 和 E_2 两个能级之间实现的. 由于热平衡状态下 E_2 能级聚集的原子非常少,粒子数反转在四能级系统上比三能级系统更容易实现. 按工作物质分,激光器可分为气体激光器、固体激光器、半导体激光器和染料激光器四大类,近年来还发展了自由电子激光器. 大功率激光器通常都是脉冲式输出.

激励能源是使工作物质原子由基态激发到激发态的外界能量. 通过强光照射工作物质来实现粒子数反转的方法称为光泵法. 红宝石激光器利用大功率的闪光灯照射而实现粒子数反转. 通常使用的激励能源有光能源、热能源、电能源、化学能源等.

光学谐振腔是激光器的重要部件,其功能主要有: ① 使工作物质的受激辐射连续进行; ② 不断产生新的光子; ③ 限制激光输出的方向. 最简单的光学谐振腔由放置在氦氖激光器两端的两块相互平行的反射镜组成. 这两块反射镜的曲率半径、焦距以及反射镜之间的距离都有一定的限制. 氖原子在实现了粒子数反转的两个能级间发生跃迁,辐射出平行于激光器方向的光子时,这些光子将在两块反射镜之间来回反射,于是不断地产生受激辐射,很快地就产生出相当强的激光. 这两块相互平行的反射镜,一块反射率接近 100%,即完全反射,另一块反射率约为 98%,激光就是从后一个反射镜射出的. 常用的光学谐振腔有法布里-珀罗谐振腔、共心谐振腔、共焦谐振腔、广义共焦式谐振腔等.

2. 氦氖激光器

1) 氦氖激光器的能级

氦氖激光器是典型的气体激光器,其工作原理和特性具有典型性. 氦氖激光器的工作物质是氦气与氖气,产生激光的是氖原子. 在气体放电管内,在电场中加速获得一定动能的电子与氦原子碰撞,将氦原子激发到亚稳态,与基态氖原子碰撞后,产生跃迁,从而实现粒子数反转,发出激光. 图 21-4 所示为氦氖激光器的能级图.

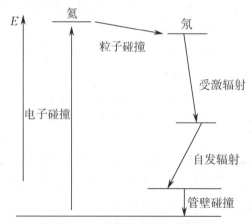

图 21-4 氦氖激光器的能级图

2) 氦氖激光器的结构

氦氖激光器的结构一般由激光管和激光电源组成,而激光管由放电管、电极和光学谐振腔组成. 激光管的中心是一毛细管,称为放电管,外面是储气部分. 激光管的两端有与放电管垂直并且相互平行的两块反射镜,构成光学谐振腔.

在密封的激光管内充有一定比例的氦气和氖气,反射镜 A(反射率接近 100%) 被严格地固定在激光管上,反射镜 B(反射率约为 98%) 在激光管上的布儒斯特(Brewster)窗外部,可以沿光轴前后移动.图 21-5 所示为氦氖激光器的结构示意图.当激光管的两块反射镜平行,在正、负极加直流高压(一般在 3 kV 以上)时,氖离子实现粒子数反转.当氖离子发生受激辐射时,会发出一束光,即为激光,从反射镜 B 射出.

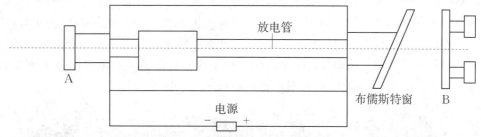

图 21-5　氦氖激光器的结构示意图

激光在光学谐振腔中传播,除了会被放大外,还会有损耗,如反射镜的不完美造成的反射、透射损耗,毛细管造成的衍射损耗等,只有当激光的放大率(增益)大于损耗时激光才会起振.激光起振的最小增益称为激光起振的阈值条件.

3) 横模

横模是指垂直于激光传播方向的某一横截面上的光强分布,用符号 TEM$_{mn}$ 来表示.其中,m,n 为整数,分别代表光斑在两个方向上的节点数.最基本的横模结构是一个按高斯分布的圆形光斑,称为基横模,表示为 TEM00.图 21-6 所示为几种比较简单的横模图样.

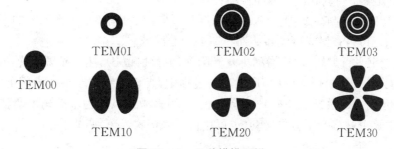

图 21-6　几种横模图样

不同的横模具有不同的光强分布、频率、相位和偏振态(本实验主要研究光强的空间分布),对光强分布的分析一般采用光的衍射理论.激光在两块反射镜之间来回传播,每次都要穿过毛细管,毛细管的孔径相当于一个圆孔光阑,光穿过时将发生衍射现象.随着往返次数的增多,毛细管对光束的衍射影响越来越小,最终光强分布趋于稳定,不再变化.我们可以采用衍射理论来计算横截面上的光强分布,但是这种计算过于复杂,并且只有一些特殊腔型才有精确的解析解,如共焦谐振腔(这是一种由两块凹面镜构成的光学谐振腔,且两块反射镜焦点重合).可以证明,由任意两块凹面镜构成的稳定谐振腔,都会有一个等价共焦谐振腔与之对应,即这两个谐振腔中的光强分布是完全一样的.

实验仪器

氦氖激光器光学谐振腔,二维调整架,半导体激光器(LD),激光功率指示计,CCD 摄像仪,增益测量组件,扩束镜等.

实验内容

1. 氦氖激光器光学谐振腔的出光调试与测量

将仪器按图 21-7 所示摆放好,进行氦氖激光器光学谐振腔的出光调试,即调整光学谐振腔两端的两块反射镜的方位,使它们严格平行,只有这样才有可能使光学谐振腔达到谐振条件,产生激光. 本实验调试两块反射镜平行的过程主要是借助另一束半导体激光作为基准光,用自准直的方法使两块反射镜平行,具体调试有以下三个环节.

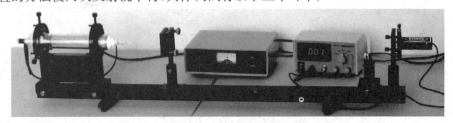

图 21-7 氦氖激光器光学谐振腔实验仪器图

1) 调试基准光(LD 激光束)平行导轨并入射激光管

(1) 打开激光功率指示计的电源,LD 发出激光.

(2) 松开激光管调整架上的 6 个调整螺钉,使激光管处于自由悬挂状态.

(3) 调节光束平行导轨并进入布儒斯特窗.

① 粗调光束方向与高度:调整 LD 的高度和方向,同时调整小孔光阑屏的高度和位置,使通过小孔的激光可打在激光管的布儒斯特窗的中心区域.

② 细调光束平行导轨:前后滑动小孔光阑屏(或反射镜 B),注意光斑位置,并反复调整 LD 以使小孔光阑屏(或反射镜 B)在前后滑动的过程中,光斑始终位于小孔光阑屏(或反射镜 B)的中心区域. 这时 LD 激光束基本上与导轨平行,用该激光束作为基准光来调整光学谐振腔. 在实验过程中这个基准光不应再变动(也可用白屏来接收光斑,调节平行).

2) 光学谐振腔平行调节

(1) 光学谐振腔入射光调节:当 LD 激光束落在氦氖激光器光学谐振腔的布儒斯特窗上,通过激光器的玻璃外壳我们会看到这束 LD 激光是否进入了毛细管(这时氦氖激光器光学谐振腔电源应处于"关"状态,以便于观察). 调整布儒斯特窗一端的二维调整架,使 LD 激光束进入毛细管.

(2) 光学谐振腔反射光调节:取下反射镜 B 并调整氦氖激光器光学谐振腔反射镜 A 端的二维调整架,小孔光阑屏上的反射光的强度和形状也随之变化,尽量使这个环形光斑变小并成为一个亮点. 反复调整激光管前后的两个二维调整架,使反射到小孔光阑屏的亮点尽可能对称、明亮,并重合于小孔,此时可认为毛细管基本与 LD 激光束(基准光)相重合,反射镜 A 与 LD 激光束垂直.

3) 出光调试

(1) 将反射镜 B 重新放回到导轨上,调整高度使光斑落在反射镜 B 膜片的中央位置.

(2) 调整反射镜 B 镜架上的两个精密调整螺钉,使反射镜 B 反射回小孔光阑屏上的光斑落于小孔中心.

(3) 打开氦氖激光器电源,激光管亮起. 调整工作电流到 5.5 mA 左右(不可过大,以免损坏激光管和电源).

(4) 将激光功率指示计探头放入光路,探测氦氖激光器的输出功率,反复、仔细地调整反射镜 B 上的两个精密调整螺钉,以使输出功率达到最大.

(5) 光学谐振腔调节出光后,测量其工作电流与输出功率的关系.

(6) 改变工作电流(3.5～6 mA,每次改变 0.5 mA),记录工作电流 I 与对应的输出功率 P 的数值. 改变腔长,重复以上操作. 作出不同腔长下的 P - I 曲线.

2. 氦氖激光器最小增益的测量

(1) 选择并确定一个腔长,调整光学谐振腔使激光输出功率最大.

(2) 将增益测量组件插入腔内光路,使增益测量组件与导轨在水平方向成一定夹角,仔细调整增益测量组件的角度,使激光正好消失(这时损耗与激光增益相等),此时将增益测量组件锁紧在其支座滑块上.

(3) 取下固定有增益测量组件的支座滑块放置在腔外光路上,测出加入该增益测量组件与未加入该增益测量组件情况下的激光功率值,两者比较得到该增益测量组件对光路的损耗即为该腔长下的激光起振的最小增益.

(4) 改变腔长,用同样的方法测不同腔长情况下激光起振的最小增益.

(5) 算出不同腔长的氦氖激光器的增益系数.

3. 观察腔长与横模的关系

(1) 工作电流与输出功率的测量:改变工作电流,记录工作电流与输出功率的数值.

(2) 观测腔长与横模的关系:在反射镜 B 后放置扩束镜,在白屏观察光斑的大小和形状. 光斑的大小反映了发散角的大小,光斑的形状即为激光的横模,绘制出激光横模的草图. 松开反射镜架滑块上的螺钉,移动反射镜 B,在适当位置上重新锁紧,以改变光学谐振腔的腔长,重新观测横模,总结腔长与横模变化的规律.

4. 氦氖激光器发散角的测量

本实验采用"两点测量法"测激光发散角,即测量一段激光束两端面的大小,通过计算两端面的大小差与该段激光束长度的比值进而得到发散角. 该测量方法需注意该段激光束的长度不能太短,且要保证探测接收器能在垂直光束的传播方向上采集光束横截面尺寸.

激光光斑分析测量示意图如图 21-8 所示. 光路中的偏振片能调控进入 CCD 摄像仪的激光角度. 由于激光的远场发散角是以光斑尺寸为轨迹的两条双曲线的渐近线间的夹角,因此我们应尽量延长光路以保证测量精确度.

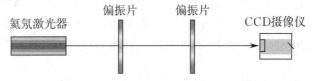

图 21-8 激光光斑分析测量示意图

调节步骤如下.

(1) 调整氦氖激光器正常出光,按图 21-8 所示在光路上放置两个偏振片和 CCD 摄像仪(CCD 摄像仪的入光口装有带 632.8 nm 滤光片的 CCD 光阑,保证只有激光束可以进入靶面).

(2) 将 CCD 摄像仪通电,并且与图像采集卡用信号线连接.

(3) 在计算机上打开"激光光斑分析"软件,点击"采集背景"后在界面上会出现一矩形框,双击即可. 点击"光斑直径",会提示输入 x,y 轴的像素大小,均填写 9 μm 即可. 在界面左边会显示直径大小. 如需停止采集,可敲击空格键,如需重新开始,继续敲击空格键即可.

(4) 调出基横模(图 21-6 中的 TEM00 模式)并显示在屏幕上. 按图 21-8 所示放置好各元件,旋转其中一个偏振片,调节进入 CCD 摄像仪的光束强度,使计算机屏幕上显示的光斑图像微微看到一点即可(不能过度饱和). 如果光斑不是基横模,微调反射镜 A 的俯仰旋钮,直到出现基横模为止. 记下 CCD 摄像仪的位置 L_1.

依照上述方法可以测量光斑 x,y 轴方向各自的直径(单位:μm),平均后就是该位置处的光斑直径 D_1,如图 21-9 所示.

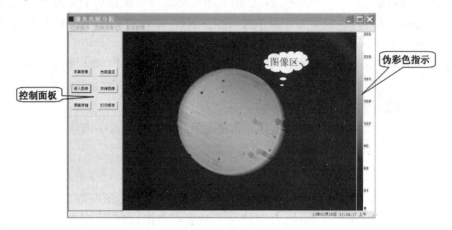

图 21-9 激光光斑分析软件界面示意图

(5) 移动 CCD 摄像仪,用同样的方法测出光斑直径 D_2. 记下此时 CCD 摄像仪的位置 L_2.

(6) 计算光斑发散角 2θ. 由于发散角较小,可做近似计算,有 $2\theta = \dfrac{D_2 - D_1}{L_2 - L_1}$.

5. 激光高斯光束变换与测量

利用激光光斑分析软件,在氦氖激光器的前端多个位置测量光斑直径,寻找光斑最小的位置. 如果是不断向远方发散的状态,那就说明束腰在腔内,这样就要借助一个焦距长的薄透镜(可选用焦距为 200 mm 的透镜),将光束聚焦于透镜右侧的某一位置,如图 21-10(a) 所示,此聚焦点与光束原束腰存在简单的几何成像关系. 利用物距、像距、焦距的关系,可以反测出光束原束腰的位置. 具体步骤如下.

(1) 调整氦氖激光器的反射镜 A,使输出为基横模. 将透镜(焦距为 200 mm)放置于氦氖激光器前输出端,实验过程中为方便测量(希望获得束腰放大像),一般要求透镜与激光器出光口的距离在 200 mm 到 400 mm 之间. 由于前端输出激光较强,实验中可在透镜之前放置两个偏振片改变光强.

(2) 用 CCD 摄像仪接收光斑并显示,在透镜后不同位置测量光斑大小,寻找最小的聚焦光斑位置. 如果显示光斑过度饱和,可旋转偏振片来衰减光强.

(3) 量出 CCD 摄像仪靶面到透镜的距离(像距);透镜焦距已知,利用成像公式算出物距. 从透镜向前量出物距,该位置即为实际束腰的大概位置.

(4) 此时可改用其他焦距的透镜,放置在相同位置,观察后端聚焦光斑的位置和大小,体会其不同之处.

(5) 更换望远镜系统放置在光路中,用 CCD 摄像仪在后面的不同位置来接收扩束后的光斑,体会与之前的差别[见图 21-10(b)].

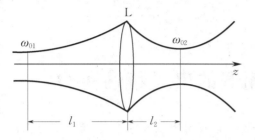

(a) 基于薄透镜的高斯光束聚焦光学系统　　(b) 望远镜系统对高斯光束的准直与扩束

图 21-10　光束聚焦及变换示意图

!注意事项

1. 氦氖激光器的阳极有数千伏的高压,使用时请注意安全.
2. 激光管为玻璃结构,易碎,特别是布儒斯特窗结构中含多种玻璃,应避免受力和碰撞.
3. 因微小的振动会对激光管的输出功率有较大影响,故实验中要保持安静,减少走动,螺丝轻拧.
4. 氦氖激光器的各光学元件须保持洁净,应绝对避免人手的触摸和剐蹭,必要的清洁请使用专用长丝棉或脱脂棉结合干净的乙醚或丙酮轻轻擦拭.

?思考题

1. 氦氖激光器属于气体激光器,与半导体激光器有什么区别?
2. 氦氖激光器的光路需要满足什么条件才能激发出激光?

参考文献

[1] 张天喆,董有尔. 近代物理实验. 北京:科学出版社,2004.
[2] 李保春. 近代物理实验. 2 版. 北京:科学出版社,2019.
[3] 葛惟昆,王合英. 近代物理实验. 北京:清华大学出版社,2020.
[4] 姚启钧. 光学教程. 6 版. 北京:高等教育出版社,2019.

实验22

光纤光学与半导体激光器的电光特性实验

1966年,物理学家高锟就光纤传输的前景发表了具有历史意义的论文.该论文分析了造成光纤传输损耗的主要原因,从理论上阐述了有可能把损耗降低到 20 dB/km,并提议这样的光纤将可用于通信.1970年,美国康宁公司制成了损耗为 20 dB/km 的光纤,证明光纤作为通信介质的可能性.此后,光纤制造技术和半导体激光器技术取得了突破性的进展,发展非常迅速.光纤通信具有容量大、频带宽、损耗低、传输距离远、不受电磁场干扰等优点,因而已成为当今社会最主要的通信手段之一.2009年,高锟因为对光纤事业的突出贡献,而获得诺贝尔物理学奖.

半导体激光器是近年来发展最为迅速的一种激光器.它因其体积小、重量轻、效率高、寿命长、波长范围宽、易于大量生产、成本低等优点,已进入了人类社会活动的多个领域,其中一个主要应用领域是光纤通信系统.此外,在激光测距、激光雷达、激光通信、激光模拟武器、激光警戒、激光制导跟踪、引燃引爆、自动控制、检测仪器等方面,半导体激光器也获得了广泛的应用.

实验目的

1. 了解半导体激光器的电光特性并测量阈值电流.
2. 了解光纤的结构和分类以及光在光纤中传输的基本规律.
3. 对光纤本身的光学特性进行初步的研究.

实验原理

1. 半导体激光器的电光特性

半导体激光器是近年来发展最为迅速的一种激光器.本实验主要对半导体激光器进行一些基本的实验研究,以掌握半导体激光器的一些基本特性和使用方法.

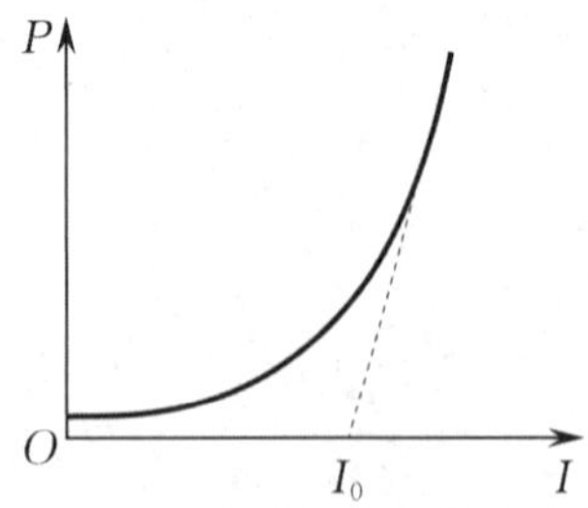

当半导体激光器的电流小于某个值时,输出功率很小,一般我们认为输出的不是激光,只有当电流大于一定值(I_0),使半导体激光器增益系数大于阈值时,才能产生激光,电流 I_0 称为阈值电流.半导体激光器的电流与激光输出功率的关系如图 22-1 所示,当电流大于 I_0 时,激光输出功率随电流的增大而急剧增大.半导体激光器工作时电流应大于 I_0,但也不可过大,以防损

图 22-1 电流与激光输出功率的关系

坏激光管(可以在实验中加入保护电路,防止过载).尽量保持半导体激光器的电流在 I_0 附近,此时激光输出功率对电流变化的灵敏度较高.

2. 光纤

1) 光纤的结构与分类

一般裸光纤具有纤芯、包层及涂覆层(保护层)三层结构,如图 22-2 所示.① 纤芯:由掺有少量其他元素(为提高折射率)的石英玻璃构成.单模光纤的纤芯直径约为 $9.2~\mu m$,多模光纤的纤芯直径一般为 $50~\mu m$. ② 包层:由石英玻璃构成.由于成分的差异,它的折射率比纤芯的折射率略微低一些,以达到全反射条件,其直径约为 $125~\mu m$. ③ 涂覆层:为了保护光纤,增加光纤的强度和抗弯性,在包层外涂覆了塑料或树脂保护层,其直径约为 $245~\mu m$. 激光主要在纤芯和包层中传播.

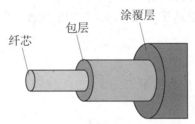

图 22-2 光纤的结构示意图

按纤芯径向介质折射率分布的不同,可将光纤分为均匀和非均匀两类.如图 22-3 所示,均匀光纤的纤芯与包层介质的折射率分别呈均匀分布,在分界面处折射率有一突变,故又称阶跃型光纤;非均匀光纤的纤芯的折射率沿径向呈梯度分布,而包层的折射率为均匀分布,故又称梯度折射率型光纤.按照传输特性的不同,又可将光纤分为单模和多模两种.单模光纤较细,只允许一种传播状态(模式);多模光纤较粗,可允许同时存在多种传播状态(模式).

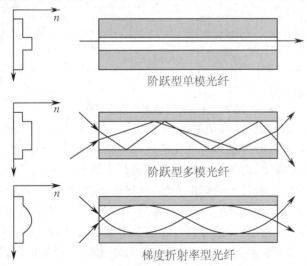

图 22-3 纤芯径向介质折射率分布示意图

2) 光纤的耦合和耦合效率

光纤的耦合是指将激光从光纤端面输入光纤,以使激光可沿光纤进行传输.耦合效率 η 反映了进入光纤中的光的多少,其定义为

$$\eta = \frac{P_1}{P_0} \times 100\%, \tag{22-1}$$

式中,P_1 为激光的输出功率,P_0 为进入光纤中的光功率. 耦合效率 η 与操作者的操作有很大关系.

3) 光纤中光速和光纤平均折射率的测量

由于光在透光介质中的传播速度 c_n 与介质的折射率 n 成反比,即

$$c_n = kn^{-1}, \tag{22-2}$$

因此光在光纤中的传播速度一般小于其在空气中的传播速度. 本实验通过测量一串光脉冲信号在一个特定长度的光纤中的传播时间来求出光在光纤中的传播速度,从而算出光纤的平均折射率.

在光纤的一端输入一串稳定的光脉冲信号,并在光纤的输出端接收这些信号. 光纤的长度 L 会引起一个脉冲信号的时间延迟 T_0,若光在光纤中的速度为 c_n,则

$$c_n = \frac{L}{T_0}. \tag{22-3}$$

再由 $\frac{c_n}{c_0} = \frac{n_0}{n}$ 即可求出光纤的平均折射率为

$$n = \frac{c_0}{c_n} n_0. \tag{22-4}$$

3. 光纤通信

光纤通信的大致过程是:将要传输的信息(语言、图像、文字、数据)加载到载波上,经光发射机处理(编码、调制)后,载有信息的光波被耦合到光纤中,经光纤传输到达光接收机. 光接收机将收到的信号处理(放大、解码、整形)后,还原成原来发送的信息(语言、图像、文字、数据),如图 22-4 所示.

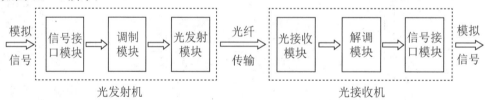

图 22-4 光纤通信原理示意图

本实验将观察通过光纤传输声音信号的整个过程. 从音频信号源(录音机)发出的信号,在示波器上观察是一串幅度、频率随声音变化的近似正弦波信号所对应的波形. 该信号经调制电路调制后加载在一个方波上,对方波的脉冲宽度进行了调制,并以此调制信号驱动半导体激光器,使激光器发出一串经声音信号调制的光脉冲. 该光脉冲进入光纤后经过光纤传输,从光纤出光端输出,被光电二极管接收,还原成电信号. 这时我们可以从示波器上观察到一串与驱动信号相对应脉冲信号,这种脉冲信号再经过解调电路的解调,最后还原成近似正弦波的电信号. 这时,可以从示波器上观察到一串与音频信号源输出信号相对应的波形. 这个近似正弦波的电信号经功率放大后驱动扬声器,便可以听到声音.

实验仪器

F-GX1000 光纤实验仪、导轨、半导体激光器(含二维调整架)、三维光纤调整架、光纤夹、

光纤、光探头(含二维调整架)、激光功率指示计、示波器、音源、专用光纤钳、光纤刀等. 实验仪器如图 22-5 所示.

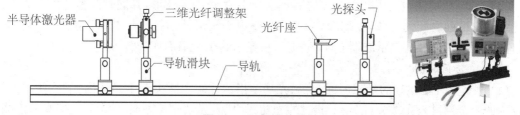

图 22-5　实验仪器图

实验内容

1. 了解半导体激光器的电光特性及测量阈值电流

(1) 将实验仪功能挡置于"直流"挡. 用激光功率指示计换下三维光纤调整架.
(2) 打开实验仪电源,将电流调节旋钮顺时针旋到底.
(3) 调整半导体激光器的激光指向,使激光进入激光功率指示计,并使显示值达到最大.
(4) 逆时针旋转电流调节旋钮,逐步减小半导体激光器的电流,记录下电流值和相应的光功率值.
(5) 根据相应数据作光功率-电流曲线.

2. 光纤与光源的耦合

(1) 将实验仪功能挡置于"直流"挡.
(2) 调整半导体激光器的电流,使激光不太明亮(若激光过强会使光点太亮太刺眼,不利观察),用一张白纸在半导体激光器前面前后移动,确定激光焦点的位置.
(3) 通过移动三维光纤调整架、调整 z 轴旋钮,使光纤端面尽量靠近焦点.
(4) 将半导体激光器的电流调至最大,通过仔细调节三维光纤调整架上的 x 轴、y 轴、z 轴调整螺钉和半导体激光器调整架上的俯仰、扭摆角调整螺钉,使激光照亮光纤端面并耦合进光纤.
(5) 用激光功率指示计监测输出功率的变化,反复调整各调整螺钉,直到光纤的输出功率达到最大为止,记下此时的功率值 P_1.
(6) 用激光功率指示计测量未经过光纤的激光输出功率,记下此时的功率值 P_0.
(7) 计算光纤的耦合效率.

3. 测量光纤传输时间及计算光纤的平均折射率

1) 线路连接

将激光耦合进光纤(使光功率达到 0.01 ~ 0.1 mW 即可),用光探头取代原来的激光功率指示计,用信号线将实验仪发射模块中输出波形接口与示波器的 CH1 通道相连,用信号线将实验仪接收模块中输入波形(解调前)接口与示波器的 CH2 通道相连.

2) 调节波形

将示波器触发打到 CH1 通道,显示键置于双踪同时显示. 将实验仪功能挡置于"脉冲频率"挡,调节脉冲频率约为 50 kHz(或将脉冲频率调到最大). 打开示波器电源,CH1 的电压旋钮置于"2 V/div"挡,时间周期旋钮置于"1 μs/div"挡. 旋转"脉冲频率"旋钮,在示波器上看到一定频率的方波.

CH2 的电压旋钮也置于"2 V/div"挡,观察 CH2 通道上的波形,并同时调整光探头的位置和光纤输出端面之间的距离,使 CH2 的波形尽量成为矩形波. 将"扫描频率"置于"1 μs/div"挡,仔细调节频率旋钮,使示波器 CH1 通道上只显示约 1.5 个周期的波形.

3) 测量传输时间

(1) 测量光纤输出处的延迟时间:将激光功率指示计的光探头置于光纤出光处,使从光纤中发出的光全部进入光探头,记录下此时的光功率. 从激光功率指示计上取下光探头的连线,连接到主机接收模块的输入插座上. 观察示波器上两个通道的波形,记录下 CH1 通道下降沿与 CH2 通道下降沿之间的时间差,即发射信号与接收信号之间的延迟时间(此延迟除包含了光在光纤中传输所消耗的时间外,还包含了电路的延迟时间).

(2) 测量光纤输入处的延迟时间:将光探头置于激光头前,使部分激光进入探头. 将探头与激光功率指示计相连,观察光功率大小. 前后移动探头,使进入探头的光功率与步骤(1)中记录的光功率相当. 再将光探头连线重新接入主机接收模块的输入插座,观察并记录下 CH1 通道下降沿与 CH2 通道下降沿之间的时间差,即发射信号与接收信号之间的延迟时间(此延迟时间为电路的延迟时间).

(3) 计算传输时间及平均折射率:计算两个延迟时间的差即得到光在光纤中的传输时间,利用公式计算光在光纤中的传输速度 c_n,从而求出光纤的平均折射率 n.

4. 模拟(音频)信号的调制、传输和解调

将激光耦合进光纤,置实验仪的功能挡于"音频调制"挡,将示波器的 CH1 和 CH2 通道分别与实验仪的"输出波形"端和"输入波形"端相连,再将示波器的"扫描频率"置于"10 μs/div"挡,示波器显示应为近似的稳定矩形波.

从实验仪"音频输入"端加入音频模拟信号,这时观察到示波器上的矩形波的前后沿闪动. 打开实验仪后面板上的喇叭开关,可听到音频信号源中的声音信号.

分别观察实验仪发射模块调制前后的波形和接收模块解调前后的波形,了解音频模拟信号调制、传输、解调过程.

注意喇叭开关平时应处于"关"状态,以免产生不必要的噪声.

5. 观察光纤输出光的模式及变化

在激光耦合进入光纤后,在光纤出光处,置一白屏接收光纤末端的出光. 轻轻转动各耦合调整旋钮,观察光斑形状的变化(即模式变化),再弯曲光纤,观察光斑形状的变化(即模式变化).

!注意事项 ■

1. 为防止半导体激光器因过载而损坏,实验仪中含有保护电路,当电流过大时,光功率会保持恒定,这是保护电路在起作用,并非半导体激光器的电光特性.
2. 任何时候均不能直视激光光束,避免损伤视力.
3. 如在使用过程中,光纤断在光纤夹处,请务必剔除干净光纤断头(可用纸片或刀片刮净细缝底部),再安装新的光纤,否则可能损坏光纤夹压片.

?思考题

1. 远距离光纤传输中,为什么一般采用单模光纤?
2. 如何提高光纤与光源的耦合效率?

参考文献

[1] 张天喆,董有尔. 近代物理实验. 北京:科学出版社,2004.
[2] 李保春. 近代物理实验. 2版. 北京:科学出版社,2019.
[3] 白洪亮,秦颖,姜东光,等. 开放创新性物理实验教学实践:以光纤光学与半导体激光器电光特性实验为例. 第九届全国高等学校物理实验教学研讨会论文集,2016:220-222.

实验 23

电光调制实验

电光调制器是一种利用电光晶体(如铌酸锂晶体、砷化镓晶体和钽酸锂晶体)的电光效应来调制光信号的装置.电光效应指当在电光晶体上施加电场时,电光晶体的折射率会发生变化的现象.电光效应会引起通过电光晶体的光波的特性发生变化,从而可实现对光信号的相位、振幅和偏振态的调制.电光调制器能够对传输中的光进行相位或强度控制,可用于许多工程和科学应用,包括光通信、光纤传感、光波导、Q开关、激光锁模、光脉冲生成和边带生成等.

1. 掌握晶体电光调制的原理和实验方法.
2. 了解一种激光通信的方法.

1. 一次电光效应和晶体的折射率椭球

由电场引起的晶体折射率变化的现象,称为电光效应.通常施加电场后,晶体的折射率可表示为

$$n = n_0 + aE_0 + bE_0^2 + \cdots, \tag{23-1}$$

式中,a 和 b 为常数,E_0 为施加的电场大小,n_0 为不加电场时晶体的折射率.由一次项 aE_0 引起折射率变化的效应,称为一次电光效应,又称线性电光效应或泡克耳斯(Pockels)效应.由二次项 bE_0^2 引起折射率变化的效应,称为二次电光效应,又称平方电光效应或克尔效应.一次电光效应只存在于不具有对称中心的晶体中,因为在这些晶体中,空间反演对称性被破坏,从而产生一次电光效应.对于具有对称中心的物质,由于空间反演对称性没有被破坏,因此不会发生一次电光效应.二次电光效应则可能存在于任何物质中,因为它涉及高阶的非线性光学过程,不依赖于空间反演对称性.尽管如此,一次电光效应仍然是实际应用中最常用的电光效应之一,因为它具有比二次电光效应更强的调制效果.

光在各向异性晶体中传播时,由于晶体的折射率具有方向性,与光的传播方向和偏振态有关,因此通常使用折射率椭球来描述它们之间的关系.如图 23-1 所示,主轴坐标系中的折射率椭球方程为

$$\frac{x^2}{n_1^2} + \frac{y^2}{n_2^2} + \frac{z^2}{n_3^2} = 1, \tag{23-2}$$

式中,n_1, n_2, n_3 分别为椭球三个主轴方向上的折射率,称为主折射率.当晶体施加电场后,电

场引起晶体中的折射率发生变化,进而导致折射率椭球的形状、大小和方位发生变化. 折射率椭球方程也随之变为

$$\frac{x^2}{n_{11}^2}+\frac{y^2}{n_{22}^2}+\frac{z^2}{n_{33}^2}+\frac{2yz}{n_{23}^2}+\frac{2xz}{n_{13}^2}+\frac{2xy}{n_{12}^2}=1. \tag{23-3}$$

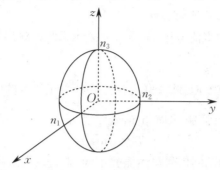

图 23-1 折射率椭球

在晶体中,一次电光效应可分为纵向电光效应和横向电光效应. 本实验旨在研究铌酸锂晶体的一次电光效应,并以铌酸锂晶体作为横向电光调制器来测量晶体的半波电压和电光系数. 同时,通过两种方法改变电光调制器工作点,观察其输出特性的变化.

2. 电光调制原理

1) 铌酸锂晶体横向电光调制

图 23-2 所示为横向电光调制,电极 D_1,D_2 与光波传播方向平行,外加电场则与光波传播方向垂直.

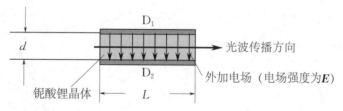

图 23-2 横向电光调制示意图

通过长度为 L 的晶体引起的相位差 $\Delta\varphi$ 正比于电场强度 E 和作用距离 L(即晶体沿光波传播方向的厚度)的乘积 EL,E 又正比于电压 U,反比于电极间距离 d,因此

$$\Delta\varphi \propto \frac{LU}{d}. \tag{23-4}$$

对一定的 $\Delta\varphi$,外加电压 U 与晶体长宽比 $\frac{L}{d}$ 成反比,加大 $\frac{L}{d}$ 可使得 U 下降. 电压 U 下降不仅使控制电路成本下降,而且有利于提高开关速度.

横向电光调制器的半波电压为

$$U_\pi = \frac{d}{L}\frac{\lambda_0}{2n_o^3\gamma_{22}}. \tag{23-5}$$

由此可知半波电压 U_π 与晶体长宽比 $\frac{L}{d}$ 成反比,因此可以通过增大仪器的长宽比 $\frac{L}{d}$ 来减小 U_π. 这也是为什么在电光调制中,要求电极间距离越小越好.

我们所讨论的调制模式主要为振幅调制(即强度调制).其物理本质是:输入的线偏振光在调制晶体中分解为一对偏振方向正交的分量,在晶体中传播一段距离后,这对正交偏振分量所产生的相位差 $\Delta\varphi$ 会随外加电压的改变而改变.在输出端的偏振元件的透光轴上,这对正交偏振分量会重新叠加,输出光的振幅将由外加电压调制,这是典型的偏振光干涉效应.

2) 改变直流偏压对输出特性的影响

以 U 表示加在晶体上的直流电压(偏压),T 表示系统的输出信号,输出信号 T 随着 U 的变化而变化.

(1) 当 $U_0 = \dfrac{U_\pi}{2}$, $U_m \ll U_\pi$ 时,将工作点选定在线性工作区的中心处,如图 23-3(a) 所示.此时,可获得较高效率的线性调制,即输出信号 T 满足

$$T \propto \sin \omega t. \tag{23-6}$$

此时的调制器的输出信号和调制信号虽然振幅不同,但是两者的频率却是相同的,且输出信号的幅度与调制信号的幅度成正比,不会出现失真,称为线性调制.线性调制是激光通信中常用的一种调制方式.

(2) 当 $U_0 = 0$, $U_m \ll U_\pi$ 时,如图 23-3(b) 所示,可得输出信号 T 满足

$$T \propto \cos 2\omega t. \tag{23-7}$$

从式(23-7) 可以看出,输出信号的频率是调制信号频率的 2 倍,即产生"倍频"失真.若 $U_0 = U_\pi$,仍可得

$$T \propto \cos 2\omega t,$$

输出信号仍是"倍频"失真的信号.

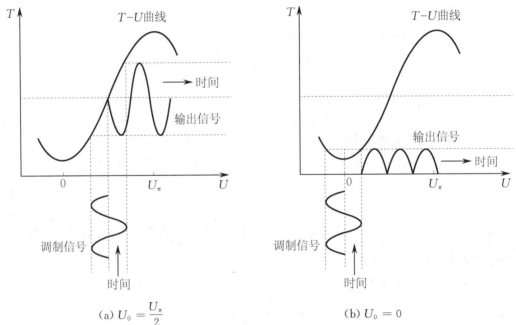

图 23-3 在不同直流偏压下的输出信号曲线

(3) 直流偏压 U_0 在 0 附近或在 U_π 附近变化时,由于工作点不在线性工作区,输出信号将失真.

(4) 当 $U_0 = \dfrac{U_\pi}{2}$, $U_m > U_\pi$ 时,尽管调制器的工作点选定在线性工作区的中心,但是对小信号调制的要求仍然无法满足. 因此,即使工作点选定在线性工作区,输出信号仍然会失真.

3) 用 $\dfrac{1}{4}$ 波片进行光学调制

上文分析说明在电光调制器中,直流偏压的作用主要是在电光晶体中让 x, y 轴两偏振方向的光之间产生固定的相位差,从而使得光经过调制后保持一定的相位关系. 这种相位关系可以将正弦调制信号移动到光强调制曲线的不同位置,从而实现对激光输出光强的调制. 值得注意的是,直流偏压的大小和方向都会影响光的相位差和光强调制效果. 因此,在进行实验时需要仔细选择和调节直流偏压的大小和方向,以达到最佳的调制效果.

直流偏压的作用可以用 $\dfrac{1}{4}$ 波片来实现. 在起偏器和检偏器之间加入 $\dfrac{1}{4}$ 波片,调整 $\dfrac{1}{4}$ 波片的快、慢轴方向,使之与晶体的 x, y 轴平行,即可保证电光调制器工作在线性调制状态下,转动 $\dfrac{1}{4}$ 波片可使电光晶体处于不同的工作点上.

实验仪器

RLE-SA06 晶体电光、声光、磁光效应实验仪(包括半导体激光器、电光调制电源箱、光接收放大器组件、电光晶体(铌酸锂晶体)组件、偏振片、$\dfrac{1}{4}$ 波片、光电探测器、示波器、扬声器等).

实验内容

1. 光路调整以及半波电压的测量

1) 极值法测量半波电压

(1) 按照装配图(见图 23-4,先不放置电光晶体) 将半导体激光器放置在合适的位置,并将半导体激光器开机预热 5~10 min,确保半导体激光器处于稳定工作状态.

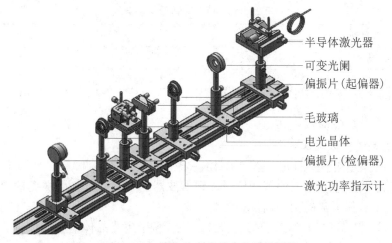

图 23-4 晶体的电光效应实验装配图

(2) 调整半导体激光器水平,使其水平度达到最佳状态.接着固定可变光阑的高度和孔径,使得半导体激光器的出射光在近处和远处都能够通过可变光阑.在完成这一步骤之后,将电光晶体放入光路,并保持与激光束同轴等高的状态.

(3) 调节电光晶体的位置,确保激光束穿过电光晶体的中心,并且电光晶体前后表面的反射光都通过可变光阑小孔的中心(需要注意的是,在此过程中应关闭电光调制器电源).

(4) 根据需要调节起偏器和检偏器的角度,使锥光干涉图案的两暗线互相垂直,且分别在水平和竖直方向上.此时起偏器和检偏器的偏振方向互相垂直并且也分别在水平和竖直方向上.

(5) 在检偏器之后放置白屏,微调电光晶体,使锥光干涉效果图的暗十字中心与半导体激光器光点重合,并观察锥光干涉效果图,如图 23-5 所示(注意,晶体没有正负极,必须调出如图 23-5 所示的锥光干涉效果图才能准确测量半波电压).

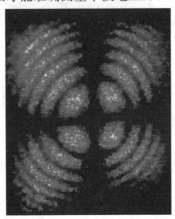

图 23-5　锥光干涉效果图

(6) 取下毛玻璃,打开电光调制器电源开关,安装激光功率指示计,并将调制切换选择为"内调".旋转电光调制器上的"晶体高压"旋钮,逐渐增大电压,同时记录电源面板上数字表的电压读数,并每隔 10 V 记录一次激光功率指示计的读数,将数据记录在表 23-1 中.在实验过程中,功率值随着电压的增大会出现极小值和极大值的交替变化.通过记录相邻极小值和极大值对应的电压之差,即可得到半波电压的值.如果只出现一次极值,且为极大值,可以尝试改变电源的极性,这样就能找到两次极值点.

表 23-1　极值法测量半波电压

电压 U/V	0	10	20	30	…	590	600
功率 P/mW							

(7) 根据式(23-5)计算出半波电压的理论值 $U_\pi = \dfrac{\lambda_0 d}{2 n_0^3 \gamma_{22} L}$,并与测量值进行对比.(已知 $\lambda_0 = 650$ nm,$n_0 = 2.286$,$\gamma_{22} = 6.8 \times 10^{-12}$ m/V,$L = 35$ mm,$d = 3$ mm.)

2) 倍频法测量半波电压

(1) 用光电探测器替换激光功率指示计,将电源前面板上的调制信号"输出"接到示波器的 CH1 通道上,将光电探测器的解调信号接到示波器的 CH2 通道上.根据输出波形,在光电晶体电源面板上选择适当的调制幅度和调制频率.

(2) 对 CH1 和 CH2 通道的信号进行比较,逐步调节电光晶体上所加的直流电压,当直流电压达到某一值时,输出信号将出现倍频失真的现象,如图 23-6 所示.

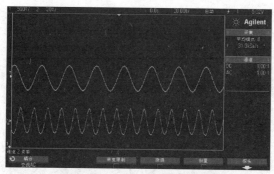

图 23-6　倍频失真波形图 1

(3) 继续调节直流电压,当晶体上加的直流电压达到另一个值时,输出信号又会出现倍频失真,如图 23-7 所示.

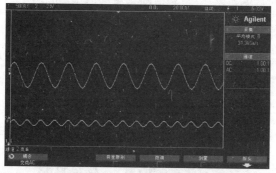

图 23-7　倍频失真波形图 2

(4) 相邻两次出现倍频失真时对应的直流电压之差就是半波电压. 如果晶体电压从 0 增大到 600 V 只出现一个倍频点,可以改变电源的极性来找到另一个倍频点. 如果输出解调信号的波形不稳定或者受到噪声干扰,可以利用示波器的平均功能去除噪声.

2. 音频信号的电光调制与解调

(1) 如图 23-8 所示,在电光晶体前插入 $\frac{1}{4}$ 波片,并将示波器的 CH1 通道接到光电探测器上. 随后,可以通过调整"调制幅度"和"高压调节"旋钮,观察解调波形的变化,如图 23-9 所示.

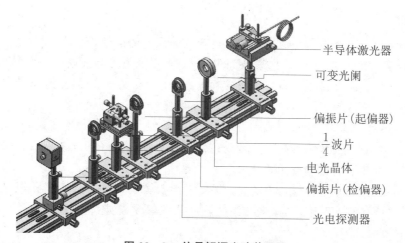

图 23-8　信号解调实验装配图

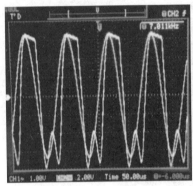 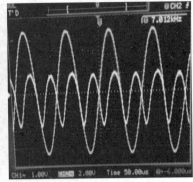

图 23-9　失真信号解调波形

此时,适当旋转光路中的 $\frac{1}{4}$ 波片,得到清晰稳定的波形.将示波器的 CH2 通道连接到电光调制实验箱的"信号监测"上,得到内置波形信号,并将其与解调出来的波形信号进行对比,效果如图 23-10 所示.

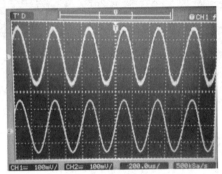

图 23-10　不失真信号解调波形

（2）将 MP3 音源与电光调制实验箱的"外部输入"相连,调制切换选择"外调"模式.

（3）将光电探测器与扬声器连接,此时可通过扬声器听到 MP3 音源中播放的音乐.适当调整"调制幅度"和"高压调节"旋钮,并旋转光路中的 $\frac{1}{4}$ 波片,以获得最清晰的音乐.

!注意事项

1. 实验过程中,电极上所加的直流高压会产生高强度的电场,因此需要注意人身安全问题.在操作过程中,应戴好防静电手套、穿好防静电鞋,以避免产生静电.同时,需要使用绝缘工具进行操作,以避免直接接触高压电极导致电击伤害.在调节直流高压时,应使用专用的高压电源,并按照操作手册的指导进行调整,避免因操作不当造成危险.

2. 铌酸锂晶体通常很脆弱,需要小心处理,特别是在插入或拆卸电极时,铝条不应太紧或过于松弛,以避免对晶体施加过度压力或造成不良影响.建议使用适当的工具或夹具来稳定晶体,以确保它不会折断或受到损坏.

3. 在使用仪器前,应该确保所有的旋钮处于逆时针方向的最小刻度值状态.在关闭仪器前,也应该先将所有旋钮逆时针方向旋转到底,然后再关闭电源开关,以确保仪器的正常使用,并达到保护设备的目的.

思考题

1. 半波电压如何测量？本实验有几种测量的方法？操作上有什么特点？
2. 为什么$\frac{1}{4}$波片可以影响电光晶体的工作点？
3. 铌酸锂晶体在施加电场前后光学性质有何不同？是否都表现出双折射现象？

参考文献

[1] 裴世鑫,崔芬萍. 光电信息科学与技术实验. 北京:清华大学出版社,2015.

实验 24

声光调制实验

声光效应是指光通过受到超声波扰动的介质时所引起的光的衍射现象. 声光器件是基于这种现象制成的装置, 包括声光调制器、声光偏转器和可调谐滤光器等. 声光器件的工作原理是利用超声波对介质折射率的改变, 进而对光的相位进行调制, 从而实现光信号的处理和控制. 声光器件在光通信、图像处理、光学成像等领域都有广泛应用.

实验目的

1. 了解声光效应的原理.
2. 了解拉曼-奈斯(Raman-Nath)衍射和布拉格(Bragg)衍射的实验条件和特点.
3. 完成声光通信实验光路的安装及调试.

实验原理

1. 拉曼-奈斯衍射

当超声波在介质中传播时, 会引起介质的弹性形变和折射率的周期性变化. 当光通过有超声波传播的介质时, 光的相位和振幅也会发生相应的周期性变化, 有超声波传播的介质类似于一个相位光栅, 从而导致衍射现象的出现, 这种现象称为声光效应. 声光效应分为正常声光效应和反常声光效应. 在各向同性介质中, 声光相互作用不会导致入射光的偏振态变化, 因此产生正常声光效应. 正常声光效应可以用拉曼-奈斯衍射的光栅假设进行解释.

在拉曼-奈斯衍射中, 超声波存在的介质起到平面相位光栅的作用. 通过控制超声波的频率、振幅和方向等参数, 可以调制光的相位和振幅, 从而产生一系列复杂的光学效应, 如光学调制、光学偏转和光学滤波等, 这些效应广泛应用于光通信、光学成像、激光干涉和光学计量等领域.

在拉曼-奈斯衍射中, 假设声光介质中传播的超声波是沿 y 轴传播的纵波, 其角频率为 ω_s, 波长为 λ_s, 波矢为 k_s, 入射光是沿 x 轴传播的平面波, 其角频率为 ω, 在介质中的波长为 λ, 波矢为 k.

当光垂直入射 ($k \perp k_s$) 并通过厚度为 L 的介质时, 介质前后两点的相位差为

$$\Delta\varphi = k_0 n(y,t) L = \Delta\varphi_0 + \delta\varphi \sin(\omega_s t - k_s y), \tag{24-1}$$

式中, k_0 为入射光在真空中的波矢大小, $\Delta\varphi_0$ 表示不存在超声波时光波在介质前后两点的相位差, $\delta\varphi = k_0 \Delta n L$ 表示超声波引起的附加相位差(相位调制). 因此, 当平面波入射在介质的前界面上时, 超声波使出射光的波阵面变为周期性变化的皱折波面, 从而改变出射光的传播特

性,使光产生衍射.

这时,第 m 级衍射光的频率为

$$\omega_m = \omega - m\omega_s. \tag{24-2}$$

衍射光仍然是单色光,发生了频移,但由于 $\omega \gg \omega_s$,因此频移可以忽略.

当光斜入射时,如果声光作用的距离满足 $L < \dfrac{\lambda_s^2}{2\lambda}$,则第 m 级衍射极大的方位角 θ_m 由下式决定:

$$\sin\theta_m = \sin i + m\dfrac{\lambda_0}{\lambda_s}, \tag{24-3}$$

式中,i 为入射光波矢 k 与超声波波面的夹角,λ_0 为入射光在真空中的波长.

2. 布拉格衍射

除了拉曼-奈斯衍射外,还有一种基于晶格衍射原理的超声波衍射,称为布拉格衍射.它利用具有周期性结构的晶体作为光栅,通过调制入射光的相位和振幅,实现光学信号的调制和处理,是现代光学的重要技术之一.与拉曼-奈斯衍射不同,布拉格衍射利用的是具有晶体结构的介质,如晶体或光纤光栅等.当超声波在介质中传播时,介质的折射率将发生变化,这相当于在晶体中形成了一个具有周期性折射率变化的结构.当入射光与这个折射率变化周期相匹配时,将发生布拉格衍射现象,入射光被反射或透射成一系列特定角度的衍射光,这些衍射光的波长和方向与入射光的波长和方向有关.布拉格衍射被广泛应用于激光技术、光纤通信、光谱分析和光学传感器等领域,其具体原理如下.

布拉格衍射要求声光作用的距离满足 $L \gg \dfrac{2\lambda_s^2}{\lambda}$.此时,当光$\left(\text{波长为}\ \lambda = \dfrac{\lambda_0}{n}\right)$相对于超声波波面以某一角度斜入射时,布拉格衍射除了 0 级之外,只出现 +1 级或 -1 级衍射,如图 24-1 所示.此时的入射角称为布拉格角(i_B),且满足布拉格条件

$$\sin i_B = \dfrac{\lambda}{2\lambda_s}. \tag{24-4}$$

布拉格角一般都很小,所以其正弦值与其弧度值可以近似看作相等,从而衍射光方向相对于入射光方向的偏转角为

$$\theta = 2i_B \approx \dfrac{\lambda}{\lambda_s} = \dfrac{\lambda_0}{nv_s}f_s, \tag{24-5}$$

式中,v_s 为超声波的波速,f_s 为超声波的频率.

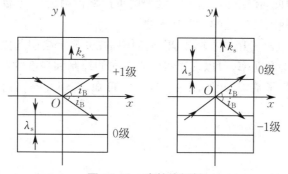

图 24-1 布拉格衍射

3. 超声波的传播速度

假设经过布拉格衍射出射到光屏后,衍射光方向相对于入射光方向偏转了 θ_V,a 是光屏上 0 级到 +1 级或 0 级到 -1 级的衍射光斑中心间的距离,r 是光屏到声光介质的距离,此时有

$$\theta_V \approx \sin\theta_V = \frac{a}{r}. \tag{24-6}$$

根据折射定律,将 θ_V 转换到声光介质中,由于介质中的衍射角 $\theta_D = \theta$,所以有

$$\theta_D = 2i_B = \frac{n_V \theta_V}{n_D}, \tag{24-7}$$

式中,n_V 和 n_D 分别为空气和声光介质的折射率.由式(24-5)可得衍射角 θ_D 的理论计算值为

$$\theta_D = \frac{\lambda_0 f_s}{n_D v_s}. \tag{24-8}$$

若已知激光的波长 λ_0 及声光调制晶体的折射率 n_D,则可通过

$$v_s = \frac{\lambda_0 f_s}{n_D \theta_D} \tag{24-9}$$

计算出超声波在声光调制晶体中的传播速度 v_s.

4. 衍射效率

衍射效率是指在某一个衍射方向上的光强与入射光强的比值,定义为

$$\eta = \frac{P_m}{P}, \tag{24-10}$$

式中,P_m 为第 m 级衍射光的光功率,P 为入射光的光功率.

在布拉格衍射条件下,一级衍射光的衍射效率为

$$\eta = \sin^2\left(\frac{\pi}{\lambda_0}\sqrt{\frac{M_2 L P_s}{2H}}\right), \tag{24-11}$$

式中,P_s 为超声波功率,L 和 H 分别为超声换能器的长和宽,$M_2 = \frac{n^6 p^2}{\rho v_s^\delta}$ 为反映声光介质本身性质的常数,ρ 为介质密度,p 为弹光系数.理论上,布拉格衍射的衍射效率可以接近 100%,而拉曼-奈斯衍射中一级衍射光的最大衍射效率只有不到 34%.布拉格衍射效率高主要是因为晶体的周期性结构形成了高质量的光栅,同时晶体中的原子对光的散射非常小.拉曼-奈斯衍射中的声光介质相对于晶体具有较大的声阻抗,这会导致一部分声波能量的反射和散射,从而导致衍射效率降低.因此,在实际应用中一般采用布拉格衍射的声光器件,这也是为什么布拉格衍射是现代光学中使用最广泛的衍射技术之一.

由式(24-9)和式(24-10)可看出,超声波作用在介质上会引起光的相位和振幅的调制,通过改变超声波的频率和功率,可以实现对激光方向的控制和强度的调制,这为声光偏转器和声光调制器的实现提供了基础.此外,由式(24-2)可知,超声光栅衍射会引起光的频移,因此还可以制成频移器件.

实验仪器

半导体激光器、RLE-SA06 晶体电光、声光、磁光效应实验仪、TSGMG-1/Q 型高速正弦

声光调制器、声光器件、光电探测器、扬声器等.

实验内容

1. 声光效应的检验

(1) 按图24-2所示连接实验装置,将半导体激光器开机预热 5～10 min. 打开半导体激光器开关,调节半导体激光器的工作电流和温度,使其工作在额定值范围内.

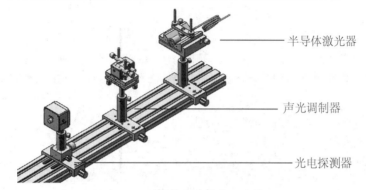

图 24-2　晶体的声光效应实验装配图

(2) 调整激光器水平,固定可变光阑的高度和孔径,使激光在近处和远处都能通过可变光阑. 调整完成后将其他器件依次放入光路.

(3) 调整光路同轴等高,声光调制器电源处于关闭状态,微调声光调制器的角度,使激光以一定角度入射声光调制器晶体,激光不发生衍射现象.

① 开启声光调制器电源,将声光调制器电源上的频率设为 90 MHz,形成超声光栅. 微调声光调制器的角度,使激光以一定角度入射声光调制器晶体,旋转"增益"和"偏置"旋钮,继续微调入射角度,使其发生相位和振幅的调制,观察衍射现象.

② 调节光屏的位置和角度,观察激光经超声光栅在光屏上形成的衍射光斑.

③ 通过测量衍射光斑中心的距离和光屏到声光器件的距离,计算出空气中的发散角.

2. 声速测量

(1) 继续调节声光调制器,只出现0级和+1级衍射或只出现0级和-1级衍射,用光屏测量0级到+1级(或0级到-1级)衍射光斑的距离 a 和声光调制器晶体到光屏的距离 r,代入式(24-6)计算出空气中的衍射角 θ_V,再将 θ_V 代入式(24-7)计算出介质中的衍射角 θ_D(距离 r 越大越好).

(2) 将计算出的衍射角 θ_D 代入式(24-9)计算出超声波的速度并与理论声速进行对比.

3. 衍射效率测量

(1) 用激光功率指示计测量并记录激光器的功率 P.

(2) 将声光调制器电源的频率设置为 90 MHz.

(3) 在声光调制器电源端输入正弦信号,调整出激光正入射时的拉曼-奈斯衍射,测量+1级或-1级衍射光的光功率 P_1.

(4) 调整出激光以一定角度入射时的布拉格衍射,即只有0级和+1级衍射或只有0级和-1级衍射,测量+1级或-1级衍射光的光功率 P_2.

(5) 把测得的两个光功率值代入 $\eta_m = \dfrac{P_m}{P}$ $(m=1,2)$ 得出两种衍射的衍射效率并进行对比.

4. 语音传输实验

(1) 调整探测器的一维平移台,用探测器接收 +1 级或 -1 级衍射光斑.

(2) 将 MP3 音源与声光调制器驱动电源连接,扬声器与光电探测器连接,则可听到 MP3 音源播出的音乐声.

!注意事项

1. +24 V 直流工作电压不能接反,否则会烧坏驱动电源.
2. 驱动电源不得空载,即加上直流工作电压前,应先将驱动电源"输出"端与声光器件或其他 50 Ω 负载相连.
3. 器件应小心轻放,特别是声光器件更应注意.
4. 声光器件的通光面不能触碰,否则会损坏光学增透膜.
5. 在实验过程中要避免直接观察激光,以免损伤眼睛.

?思考题

1. 布拉格衍射和拉曼-奈斯衍射有什么区别?
2. 为什么在测量衍射光功率时,改变声波频率后需要重新微调声光调制器的转向?

参考文献

[1] 裴世鑫,崔芬萍. 光电信息科学与技术实验. 北京:清华大学出版社,2015.

实验 25

真空的获得与蒸发镀膜实验

压强低于一个标准大气压的稀薄气体空间称为真空. 在真空状态下,由于气体稀薄,分子之间或分子与其他质元之间的碰撞次数减少,分子在一定时间内碰撞到固体表面上的次数亦相对减少,这导致其具有一系列新的物化特性,如热传导与对流小、氧化反应弱、气体污染小、汽化点低、绝缘性能好等. 真空技术是基本实验技术之一,近代尖端科学技术,如表面科学、薄膜技术、空间科学、高能粒子加速器、微电子学、材料科学等领域中,真空技术都占有重要的地位,在工业生产中它也有日益广泛的应用.

 实验目的

1. 了解真空技术的基本知识.
2. 掌握低、高真空的获得和测量的基本原理和方法.
3. 掌握蒸发镀膜的基本原理和方法.

 实验原理

1. 真空度与气体压强

真空度是对气体稀薄程度的一种客观度量,单位体积中的气体分子数越少,表明真空度越高. 由于气体分子数密度不易度量,真空度通常用气体压强来表示,压强越低,表明真空度越高.

按照气体空间的物理特性及真空技术应用特点,通常将真空划分为几个区域,如表 25-1 所示.

表 25-1 真空区域划分及其特点和应用

真空区域	粗真空	低真空	高真空	超高真空	极高真空
范围 /Pa	$10^5 \sim 10^3$	$10^3 \sim 10^{-1}$	$10^{-1} \sim 10^{-6}$	$10^{-6} \sim 10^{-12}$	$< 10^{-12}$
物理现象	能实现气体放电,以分子间相互碰撞为主	能实现气体放电,分子间相互碰撞和分子与器壁碰撞几乎持平	主要是分子与器壁碰撞	分子碰撞器壁的次数减少,形成一个单分子层的时间已达到数分钟以上	分子数目极为稀少,以致统计涨落现象比较严重(大于5%),经典统计规律产生了偏差
分子数密度/(cm^{-3})	$10^{19} \sim 10^{17}$	$10^{17} \sim 10^{13}$	$10^{13} \sim 10^{8}$	$10^{8} \sim 10^{2}$	$< 10^{2}$

续表

真空区域	粗真空	低真空	高真空	超高真空	极高真空
平均自由程 /cm	$10^{-5} \sim 10^{-3}$	$10^{-3} \sim 10$	$10 \sim 10^7$	$10^7 \sim 10^{12}$	$> 10^{12}$
抽气系统	机械泵、吸附泵	机械泵、吸附泵	扩散泵、分子泵	超高真空机组、分子泵、离子泵、低温泵	
测量仪器	U形管压差计、压力真空表	麦克劳德(Mcleod)真空规、电阻真空计、热偶规	麦克劳德真空规、电离规、潘宁(Penning)真空计	超高真空电离规	
应用举例	真空成形、真空输运、真空浓缩	蒸馏、干燥、冷冻、真空绝热、真空焊接	真空冶金、真空镀膜、电真空器件、粒子加速器	表面物理、热核反应、等离子体、超导技术、航空航天技术	

2. 真空的获得

真空分为自然真空和人为真空. 自然真空是由气体压强随海拔上升而减小引起的. 人为真空是指用设备抽掉容器中的气体后获得的真空. 1654 年,德国物理学家格里克(Guericke)发明了抽气泵,做了著名的马德堡半球实验.

用来获得真空的设备称为真空泵,真空泵按其原理可分为排气型和吸气型两大类. 排气型真空泵是利用内部的各种压缩机构,将容器中的气体压缩到排气口,而将气体排出泵体之外,如机械泵、扩散泵和分子泵等. 吸气型真空泵则是在封闭的真空系统中,利用各种表面(吸气剂)吸气的办法将容器的气体分子长期附着在吸气剂表面,使容器保持真空,如吸附泵、离子泵和低温泵等.

真空泵的性能主要有下列衡量指标.

(1) 极限真空度:无负载(无被抽容器)时泵入口处可达到的最低压强(最高真空度).

(2) 抽速:在一定的温度与压强下,单位时间内泵从被抽容器中抽出气体的体积,单位是 L/s.

(3) 启动压强:泵能够开始正常工作的最高压强.

1) 机械泵

机械泵是运用机械方法周期性地改变泵内吸气空腔的容积,使被抽容器内气体的体积周期性膨胀压缩从而获得真空的设备. 机械泵的种类很多,目前常用的是旋片式机械泵.

图 25-1 所示是旋片式机械泵的结构示意图,它由一个定子和一个转子构成. 定子为一圆柱形空腔,空腔上安装有进气管和排气阀门,转子顶端保持与空腔壁相接触,转子上开有槽,槽内安放了由弹簧连接的两个旋片. 当转子旋转时,两个旋片的顶端始终沿着空腔的内壁滑动,就有气体不断排出,完成抽气.

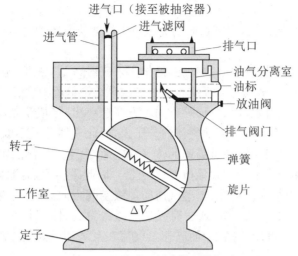

图 25-1 旋片式机械泵的结构示意图

旋片旋转时的几个典型位置如图 25-2 所示。当旋片 A 通过进气口[图 25-2(a) 所示的位置]时开始吸气,随着旋片 A 的运动,吸气腔容积不断增大,到图 25-2(b) 所示位置时达到最大。旋片 A 继续运动,当旋片 A 运动到图 25-2(c) 所示位置时,开始压缩气体,压缩到压强大于一个大气压时,排气阀门自动打开,气体被排到大气中,如图 25-2(d) 所示。之后就进入下一个循环。

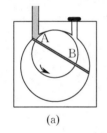 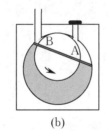 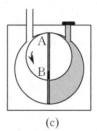 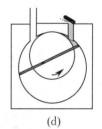

(a)   (b)   (c)   (d)

图 25-2 旋片式机械泵的工作原理示意图

排气阀门浸在油里用以防止大气流入泵中,油通过泵体上的间隙、油孔及排气阀门进入泵腔,使泵腔内所有运动的表面都被油覆盖,形成了吸气腔与排气腔的密封,同时油还充满了一切"死角"空间,以消除它们对极限真空度的影响。

机械泵可在标准大气压下正常启动工作,其极限真空度可达 10^{-1} Pa,主要取决于以下几点:(1) 定子空间中吸气腔与排气腔之间的密封性,因为其中一空间为大气压,另一空间为极限压强,密封不好将直接影响极限压强。(2) 排气口附近有一"死角"空间,在旋片移动时它不可能趋于无限小,因此不能有足够的压力去顶开排气阀门。(3) 泵腔内密封油有一定的蒸气压(室温时约为 10^{-1} Pa)。

旋片式机械泵使用时必须注意以下几点。

(1) 启动前先检查油槽中的油液面是否达到规定的要求,机械泵转子转动方向与泵的规定方向是否符合(否则会把泵油压入被抽容器)。

(2) 机械泵停止工作时要立即让进气口与大气相通,以清除泵内外的压强差,防止大气通过缝隙把泵内的油缓缓从进气口倒压进被抽容器("回油"现象)。这一操作一般都由机械泵进气口上的电磁阀来完成,当泵停止工作时,电磁阀自动使泵的进气口与被抽容器隔绝,并使泵的进气口接通大气.

(3) 泵不宜长时间抽大气,否则长时间高负荷工作会使泵体和电动机受损.

2) 扩散泵

扩散泵是利用气体扩散现象来抽气的,最早用来获得高真空的泵就是扩散泵,目前仍然广泛使用. 图25-3所示是一个具有三级喷嘴的油扩散泵结构示意图,底部为储油罐,当扩散泵油被加热后,油蒸气沿导流管上升从伞形喷嘴向下方高速喷出,形成伞状高速蒸气流,蒸气流内气体的分压强小于蒸气流上部的被抽气体的分压强,因此气体分子不断地由较高分压强区向较低分压强区的蒸气流中扩散,并被高速的蒸气流碰撞. 由于蒸气流的密度远大于气体分子的密度,油分子量是气体分子量的十几倍(15~17倍),因此碰撞后,对油分子影响不大,而气体分子则从油分子处获得很大的动能,随蒸气流向前级空间方向运动. 原来体积较大、压强较低的气体,在经过几级蒸气流的压缩,到达前级空间时,已成为体积较小、压强较高(10^{-1} Pa 以上)的气体,随即被前级机械泵抽走. 而高速蒸气流在泵水冷壁处受冷冷凝,成为液态后返回加热器内再被利用.

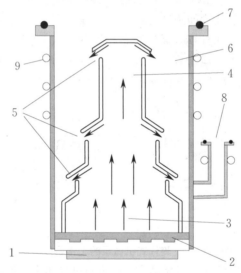

1—加热器;2—工作液;3—油蒸气;4—导流管(高压);5—喷嘴;6—混合室;7—高真空法兰;8—前级空间;9—水冷壁.

图 25-3 三级喷嘴油扩散泵示意图

扩散泵的启动压强应小于 1 Pa,因为在这一压强下,可以保证绝大部分气体分子以定向扩散形式进入高速蒸气流. 此外,若扩散泵在较高空气压强下加热,则会导致具有大分子结构的扩散泵油分子氧化或裂解. 油扩散泵的极限真空度主要取决于油蒸气压和反扩散两部分,反扩散是由于在蒸气流的两边存在着压强差,上方为高真空端,下方为低真空端. 这种压强差会使低真空端的部分气体分子向高真空端进行反扩散,随着压强差的增大,能反扩散过去的分子数将增加. 当反扩散的分子数和被抽的气体分子数相等时,即达到动态平衡. 而多级喷嘴可以有效地阻止气体分子的反扩散,提高泵的极限真空度,目前一般能达到 $10^{-5} \sim 10^{-7}$ Pa. 另外,油扩散泵抽气,会使抽气管道中有大量的油蒸气存在,容易污染被抽容器,所以半导体制造工艺中很少采用油扩散泵.

3) 分子泵

分子泵的工作原理是在分子流区域内靠高速运动的刚体表面传递给气体分子动量,使气体分子在刚体表面的运动方向上产生定向流动,从而达到抽气并获得真空的目的.1958年,贝克尔(Becker)首次提出有实用价值的涡轮分子泵.涡轮分子泵的优点是启动快,能抗各种射线的照射,耐大气冲击,无气体存储和解吸效应,无油蒸气污染或污染很少,能获得清洁的超高真空.

分子泵输送气体应满足两个必要条件:(1)分子泵必须在分子流状态下工作.因为当把一定容积的容器中所含气体的压强减小时,其中气体分子的平均自由程将随之增大.在常压下空气分子的平均自由程只有 $0.06~\mu m$,即一个气体分子平均只要在空间运动 $0.06~\mu m$,就会与第二个气体分子相碰撞.而在 $1.3~Pa$ 时,分子的平均自由程可达 $4.4~mm$.若平均自由程增大到大于容器壁间的距离,气体分子与容器壁的碰撞概率将大于气体分子之间的碰撞概率.在分子流范围内,气体分子的平均自由程远大于分子泵叶片之间的距离.当容器壁由不动的定子叶片与运动着的转子叶片组成时,气体分子就会较多地射向转子叶片和定子叶片,为形成气体分子的定向运动打下基础.(2)分子泵的转子叶片必须具有与气体分子速度相近的线速度.具有这样的高速度才能使气体分子与转子叶片相碰撞后改变随机散射的特性而做定向运动.分子泵的转速越高,对提高分子泵的抽速越有利.实践表明,对于相同分子量的气体分子,其速度越大,泵抽取越困难.

分子泵结构主要有立式和卧式两种,图 25-4 所示为立式涡轮分子泵的结构图.涡轮分子泵主要由泵体、带叶片的转子、定子和驱动系统等组成.转子外缘的线速度高达气体分子热运动的速度(一般为 $150\sim400~m/s$).单个转子或定子的压缩比很小,涡轮分子泵要由十多个转子和定子组成.转子和定子交替排列,两者几何尺寸基本相同,但叶片倾斜角相反.每两个转子之间装一个定子.定子外缘用环固定并使转子和定子之间保持 $1~mm$ 左右的间隙,转子可在定子间自由旋转.

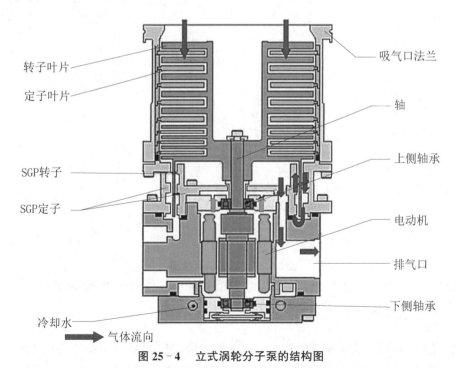

图 25-4 立式涡轮分子泵的结构图

3. 真空的测量

测量真空度的装置称为真空计或真空规. 真空计的种类很多,根据气体产生的压强、气体的黏滞性、动量转换率、热导率、电离等原理可制成各种真空计. 由于被测量的真空度范围很广,一般采用不同类型的真空计分别进行相应范围内真空度的测量.

常用的有热偶真空计和电离真空计. 热偶真空计也叫热偶规,是一种热传导真空计,是根据低压状态下气体的热传导与压强成正比的特点制成的,通常用来测量低真空,可测范围为 $10^{-1} \sim 10^3$ Pa. 电离真空计也叫电离规,是根据电子与气体分子碰撞产生的离子电流随压强变化的原理制成的,测量范围为 $10^{-1} \sim 10^{-6}$ Pa. 使用时特别注意,当压强高于 10^{-1} Pa 或系统突然漏气时,电离规中的灯丝会因高温很快被氧化烧毁,因此必须在真空度达到 10^{-1} Pa 以上时,才能开始使用电离规. 为了使用方便,常把热偶规和电离规组合成复合真空计(规).

1) 热偶规

热偶规及其电路原理如图 25-5 所示,在热偶规中,热丝(如铂丝)的温度由一个细小的热电偶测量. 热电偶由不同金属(OA 和 OB)铰接构成,当两个结构温度不同时,有温差电动势存在,也就是所谓的温差电效应. 其测量过程是:在热丝(OC 和 OD)上加一定的电流,热丝温度升高,热电偶出现温差电动势,它的大小可以通过毫伏表测量. 由于热丝温度的变化取决于气体的热传导,当压强减小时,气体分子传导走的热量减少,热丝温度随之升高,因此温差电动势 E 增大,反之,温差电动势 E 减小. 所以当加热电流保持不变时,热丝的平衡温度在一定的气压范围内取决于气体的压强,温差电动势也就取决于气体的压强. 温差电动势与压强的关系可以通过计算得出,形成一条校准曲线. 考虑到不同气体的热导率不同,所以对于同一压强,温差电动势也是不同的(通常的热偶规的校准气体是空气或者氮气).

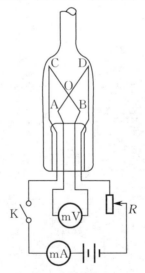

图 25-5 热偶规原理图

热偶规的热丝由于长期处于较高的温度,且受到环境气体的作用,容易老化,因此存在显著的零点漂移和灵敏度变化,需要经常校准.

2) 电离规

电离规的工作原理是:电子在电场中飞行获得能量,若与气体分子碰撞将使气体分子以一定概率发生电离,产生正离子和次级电子,其电离概率与电子能量有关. 电子在飞行途中产生的正离子数目正比于气体分子数密度 n，在一定温度下正比于气体的压强 p，因此，可根据离子电流的大小指示真空度.

常见的电离规的结构与三极管非常类似，图 25-6 所示为热阴极电离规，热阴极灯丝加热后发射热电子，形成电子电流 I_e，栅状阳极具有较高的正电压，板状收集极相对栅极为负电压. 热电子在电场作用下向栅极运动，由于栅极的特殊形状，除了一部分电子被吸收外，另一部分电子则穿过栅极. 这部分电子受栅极和收集极的共同作用返回栅极，电子在往返运动中增大了与气体分子碰撞的概率，使更多的气体分子被电离成为正离子和次级电子，因此栅极和收集极之间形成有效电离区. 这样，部分电子经过多次往返才能最终被栅极吸收，而在栅极与收集极间电离的正离子被收集极吸收并形成电流 I_i. 电子电流 I_e、正离子电流 I_i 与气体压强 p 之间满足

$$p = \frac{1}{K}\frac{I_i}{I_e},$$

式中，K 为电离规的灵敏度. 对于一定的气体，当温度不变时，K 为一常量，由此可以确定出气体压强. 对于很高真空度的情况，气体分子很稀薄，使得被电离的气体分子数目很小，因此需要配置微电流放大装置和灯丝稳流装置. 电离规的线性指示区域是 $10^{-3} \sim 10^{-7}$ Torr（1 Torr = 1 mmHg = 133.322 Pa）. 电离规是中、高真空范围应用最广的真空计. 低真空范围内，电离规的灯丝和阳极很容易被烧掉，所以一定要避免在低真空情况下使用电离规.

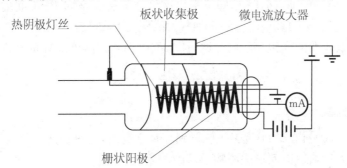

图 25-6 热阴极电离规示意图

4. 真空泵的抽速

在真空系统中，对于一定容积的被抽容器，随着气体逐渐被抽出，容器内压强包括抽气机进气口处的压强不断降低，因而每次抽出的气体在不断减少，抽速就不断变化. 这样，抽气机的抽速应是在某一瞬时压强 p 下被抽气体体积对时间的导数，即

$$S = \frac{dV}{dt}.$$

如采用定容法测机械泵的抽速，设被抽容器的容积为 V_0，气体压强为 p. 当抽气 dt 时间后，被抽出的气体体积为 Sdt. 因为被抽容器的容积不变，所以容器内压强下降了 dp，则所抽气体量可用 $V_0 dp$ 表示. 令机械泵的有效抽速为 S，则在某一瞬时压强 p 下抽出的气体量 $Q = p\frac{dV}{dt} = pS$，此为进气口的气体流量，同时此流量等于气体总量的减少率 θ，即

$$\theta = \frac{V_0 dp}{dt}. \tag{25-1}$$

由于 V_0 是被抽容积,为恒量,因此有

$$pS = -V_0 \frac{\mathrm{d}p}{\mathrm{d}t}, \tag{25-2}$$

式中,负号是因 $\mathrm{d}p$ 为负值而引入的. 对式(25-2)变形,得

$$S = -V_0 \frac{\mathrm{d}(\ln p)}{\mathrm{d}t}. \tag{25-3}$$

因此,只要测出一系列压强、时间值,作出 $\ln p$ 和 t 的关系曲线,得到曲线的斜率 $\frac{\mathrm{d}(\ln p)}{\mathrm{d}t}$ 并代入式(25-3),即可求出该压强下的抽速.

如只需粗略估计抽速,可求其平均抽速,即认为在一小段时间间隔内抽速近似不变,由式(25-2)得

$$S\int_{t_1}^{t_2} \mathrm{d}t = -V_0 \int_{p_1}^{p_2} \frac{\mathrm{d}p}{p},$$

即

$$S = V_0 \frac{\ln p_1 - \ln p_2}{t_2 - t_1}. \tag{25-4}$$

只要测出压强从 $p_1 \sim p_2$ 的抽气时间,代入式(25-4)即可求出平均抽速. 例如,用停表测出压强从 10 Pa 到 1 Pa 所需的抽气时间 t,即可求出该机械泵在 10~1 Pa 区间的平均抽速 S.

密闭的容器抽到一定的真空度后停止抽气,保持一段时间后根据现在的真空度和之前的真空度的差值,乘以容器的容积并除以测试时间,可得到此容器单位时间内的真空泄漏率,即

$$Q = \frac{(p_2 - p_1) \times V_0}{t_2 - t_1}. \tag{25-5}$$

5. 真空蒸发镀膜

真空蒸发法就是把衬底材料(基片)放置到高真空室内,通过加热蒸发材料使之气化或升华,然后沉积到衬底材料表面而形成源物质薄膜的方法.

这种方法的特点是在高真空环境下成膜,可以有效防止薄膜的污染和氧化,有利于得到洁净、致密的薄膜,因此在电子、光学、磁学、半导体、无线电以及材料科学等领域得到广泛的应用.

具体方法就是在真空中通过电流加热、电子束轰击加热和激光加热等方法,使蒸发材料蒸发成为原子或分子,它们随即以较大的自由程做直线运动,碰撞基片表面后凝结,形成一层薄膜. 蒸发镀膜要求镀膜室内残余气体分子的平均自由程大于蒸发源到基片的距离(称为蒸距),尽可能减少蒸气分子与气体分子碰撞的机会,这样才能保证薄膜纯净和牢固,蒸气分子也不至于氧化. 由分子运动理论可知气体分子的平均自由程为

$$\bar{\lambda} = \frac{kT}{\sqrt{2}\pi d^2 p}, \tag{25-6}$$

式中,k 为玻尔兹曼常量,T 为气体温度,d 为气体分子的有效直径,p 为气体压强. 式(25-6)表明,气体分子的平均自由程与压强成反比,与温度成正比. 在常温下,有

$$\bar{\lambda} \approx \frac{6.65 \times 10^{-3}}{p}. \tag{25-7}$$

设蒸距为 L,气体分子的平均自由程为 $\bar{\lambda}$,从蒸发源蒸发出来的蒸气分子数为 N_0,在相距为 L 的蒸发源与基片之间发生碰撞而散射的蒸气分子数为 N_1,并且假设蒸气分子主要与残余气体的原子或分子碰撞而散射,则有

$$\frac{N_1}{N_0} = 1 - \exp\left(-\frac{L}{\bar{\lambda}}\right). \tag{25-8}$$

图 25-7 所示为碰撞百分比与实际行程/平均自由程关系曲线,可见,当 $\bar{\lambda}=L$ 时,有 63% 的蒸气分子会发生碰撞。如果平均自由程变为 $10L$,则散射的粒子数减少到 9%。因此,蒸气分子的平均自由程必须远远大于蒸距,才能避免蒸气分子在向基片迁移的过程中与残余气体分子发生碰撞,从而有效地减少蒸气分子的散射现象。

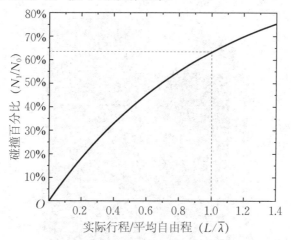

图 25-7 碰撞百分比与实际行程/平均自由程关系曲线

对于蒸距为 $0.15 \sim 0.2$ m 的镀膜装置,镀膜室的气体压强需在 $10^{-2} \sim 10^{-4}$ Pa 范围内才能满足要求。蒸发镀膜时,蒸发材料被加热蒸发成为原子或分子,在一定的温度下,蒸发材料单位面积的质量蒸发速率 G 由朗缪尔(Langmuir)导出的公式决定:

$$G \approx 4.37 \times 10^{-3} p_v \sqrt{\frac{M}{T}}, \tag{25-9}$$

式中,M 为蒸发材料的摩尔质量,p_v 为蒸发材料的饱和蒸气压强,T 为蒸发材料的温度。蒸发材料的饱和蒸气压强随温度的上升而迅速增大。温度变化 10%,饱和蒸气压强就要变化约一个数量级。由此可见,蒸发材料温度的微小变化可引起蒸发速率的很大变化。因此,在蒸发镀膜过程中,要想控制蒸发速率,必须精确控制蒸发材料的温度。

蒸发镀膜最常用的加热方法是电阻大电流加热,采用钨、钼、钽、铂等熔点高且化学性质不活泼的金属,做成适当形状的加热源,其上装入蒸发材料,让电流通过,对蒸发材料进行直接加热蒸发,或者把蒸发材料放入氧化铝、氮化硼或石墨等坩埚中进行间接加热蒸发。例如蒸镀铝膜,铝的熔点为 660 ℃,到 1 148 ℃ 时开始迅速蒸发,常选用钨丝作为加热源,钨的熔点为 3 410 ℃。

在真空镀膜中,飞抵基片的蒸气原子或分子,除一部分被反射外,其余的被吸附在基片表面。被吸附的原子或分子在基片表面上进行扩散运动,一部分在运动过程中因相互碰撞而结聚成团,另一部分经过一段时间的滞留后被蒸发,离开基片表面。聚团可能会因在与表面扩散原子或分子发生碰撞时捕获原子或分子而增大,也可能因单个原子或分子脱离而变小。当聚团增

大到一定程度时,便会形成稳定的核,核再捕获飞抵的原子或分子(或在基片表面进行扩散运动的原子或分子)就会生长. 在生长过程中核与核合成而形成网络结构,网络被填实即生成连续的薄膜. 显然,基片的表面条件(如清洁度和不完整性)、基片的温度以及薄膜的沉积速率都将影响薄膜的质量.

实验仪器

DH2010A 型多功能真空实验仪.

DH2010A 型多功能真空实验仪是一个真空实验平台,由真空获得、真空测量、真空镀膜(蒸发法和溅射法)、电控及仪表等部分组成. 设备外观如图 25-8 所示,主要部件介绍如下.

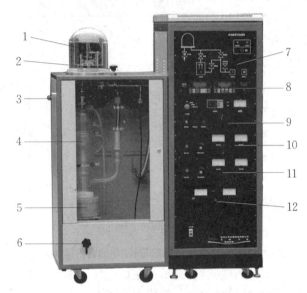

1—真空室;2—挡板调节旋钮;3—蝶阀;4—扩散泵;5—加热炉;6—升降台旋钮;7—真空控制系统;8—真空测量系统;9—烘烤加热系统;10—蒸发镀膜系统;11—直流溅射系统;12—电源总控系统.

图 25-8 设备外观图

(1) 真空室:采用硬质玻璃制造,可直接观察真空室内各部件及实验蒸镀过程,包括真空室底盘、一对无氧铜电极、烘烤加热器、蒸发挡板、衬底加热盒、玻璃内衬套.

(2) 挡板调节旋钮:用于对蒸发样品进行遮挡.

(3) 蝶阀:高真空手动蝶阀,用于通断真空室和扩散泵进气阀门.

(4) 扩散泵:四级玻璃油扩散泵,真空室获得高真空的主泵,采用了玻璃油扩散泵从而使扩散泵的结构和工作过程清晰可见.

(5) 加热炉:用于扩散泵工作时加热扩散泵硅油.

(6) 升降台旋钮:用于升降加热炉,在扩散泵工作时使加热炉上升,注意炉底与泵底保持 10 mm 左右的距离. 扩散泵停止工作时,使加热炉下降,以使扩散泵快速降温,节省冷却时间.

(7) 真空控制系统:可直观地反映整个真空抽气过程的原理和各阀门工作状态.

(8) 真空测量系统:采用数显复合真空计以测量系统的真空度,一路电离规和二路热偶规构成高、低真空测量. 本仪器中,热偶规的测量范围是 $10^{-1} \sim 10^{-3}$ Pa,电离规的测量范围是 $10^{-3} \sim 10^{-5}$ Pa.

（9）烘烤加热系统：用于真空室烘烤和衬底加热，采用温度控制器进行加热控温，并含扩散泵工作加热电流指示．

（10）蒸发镀膜系统：采用单相整流固态调压方式控制蒸发镀膜电源，调节蒸发电流，并含电压、电流指示．

（11）直流溅射系统：采用单相整流固态调压方式控制直流电源，调节直流电流，并含电压、电流指示．

（12）电源总控系统：用于整机的电源控制及工作状态指示．

实验内容

1. 真空室抽真空

真空实验仪控制系统如图 25-9 所示，在启动系统前先检查冷却水有没有接通，要求冷却水管路接通并通水．检查蝶阀是否处于关闭状态．

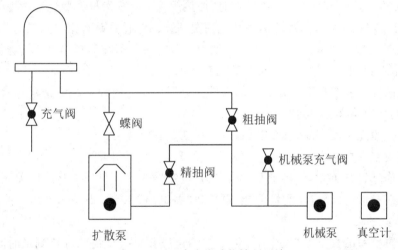

图 25-9　真空实验仪控制系统

（1）开启总电源，面板上的电源指示灯点亮，将控制面板上的工作选择开关旋至"机械泵"挡，启动机械泵，机械泵开始工作．同时打开机械泵充气阀、粗抽阀，对真空室进行粗抽．

（2）开启复合真空计电源．此时热偶规 Ⅱ 单元显示的是管路压强，复合规单元显示的是真空室内压强．记录真空室内真空度与时间的关系，作出抽气曲线．

（3）观察热偶规示数变化，当测量的真空室真空度达到 5 Pa 时（此时复合规单元通过热偶规测量真空室压强），将工作选择开关旋至"扩散泵"挡，此时关闭粗抽阀，打开前级阀（机械泵对扩散泵抽真空），当热偶规 Ⅱ 单元显示的压强到 3 Pa 时，将工作选择开关旋至"扩散泵工作"挡，接通扩散泵加热电源．

（4）加热 10 min 左右后，扩散泵油开始沸腾，打开蝶阀，观察复合规单元中测量值的变化，当热偶规测量真空室的压强到 1 Pa 以下时，真空计会自动开启电离规测量，记录真空室内真空度与时间的关系，作出抽气曲线．

（5）结合扩散泵的工作原理观察油扩散泵的工作过程．

（6）扩散泵正常抽真空时间约为 50 min，在这段工作时间内，可开启真空室烘烤加热电源对真空室内进行烘烤除气,一般烘烤温度控制在 200 ℃ 左右,也可开启衬底加热电源对衬底盒进行烘烤除气,一般烘烤温度控制在 200 ℃ 左右.同时可通过按下真空计面板上的除气按键,对电离规进行除气,一般除气时间为 3 min.

(7) 结合真空计的工作原理观察真空室内真空度的变化过程,分析真空度变化的原因.

2. 蒸镀铝膜

(1) 待真空室内的真空度达到 10^{-3} Pa 时,可开始蒸镀铝膜.

(2) 按下前面板上的蒸发电源按钮,通过调节蒸发电流调节旋钮,逐步调高蒸发电源的电流.缓慢增大加热电流,使得加热电流保持在 20 A 左右持续 3 min,此时观察电离规的测量值,会发现系统真空度经历了一个先下降再上升的过程.原因是吸附在蒸发材料和加热源物质上的气体分子和少量的有机物被解吸附并被真空机组抽出真空室.进一步增大加热电流到 30～40 A,仔细观察加热源物质,会发现在加热电流作用下其呈现暗红色,这时的温度大约为 450 ℃.继续缓慢增大加热电流,加热源物质和蒸发材料颜色逐渐呈现红色、明亮的红色,此时温度大致在 600～700 ℃.当加热电流达到 50～75 A 时,加热源物质和蒸发材料颜色呈现红白色,仔细观察蒸发材料,其形态发生变化,表面出现软化情况,随着时间的持续,原本固态的蒸发材料熔化并在加热源物质上铺展开来.增大加热电流到 100 A 左右并移开蒸发挡板开始蒸镀并计时,达到要求时间后迅速降低电流到 0,蒸镀过程结束.

(3) 一般情况下要求真空度要满足的条件为分子平均自由程是蒸发材料与衬底间距离的 3 倍以上,否则会影响样品的纯度.

(4) 蒸镀铝膜完毕后,关闭蒸发电源开关,切断蒸发电源.

(5) 观察真空室真空度的变化,记下真空室的真空度.关闭蝶阀.

(6) 将工作选择开关旋至"扩散泵"挡,当真空室内真空度低于 1 Pa 时,关闭电离规测量(先长按"自动"按键,关闭自动测量功能,再长按"关电离"按键,则关闭电离规测量),转入热偶规测量真空室的真空度.

(7) 记录真空室的真空度与时间的关系,真空度变化慢时视情况延长测量时间间隔,直到真空度降低至 10 Pa 数量级,停止记录,作出系统真空泄漏率曲线.

(8) 取样.

① 此时扩散泵电源已关闭,工作选择开关旋至"扩散泵"挡,蝶阀处于关闭状态.机械泵继续工作,冷却水继续接通,对扩散泵内的泵油进行冷却.

② 机械泵继续工作,直到扩散泵油的温度低于 50 ℃,同时管路真空度在 10^0 Pa 数量级时,将工作选择开关旋至"机械泵"挡.

③ 切断水源,关闭真空计电源.

④ 将工作选择开关旋至"断"挡,接通充气电源开关,往真空室内充入大气,打开钟罩,取出蒸发衬套、样品.

⑤ 清洗真空室、蒸发衬套等附件,并用热风机吹干净后将真空室安装好,将工作选择开关旋至"机械泵"挡,对真空室进行粗抽.打开真空计电源,当真空室压力在 10^0 Pa 数量级后,将工作选择开关旋至"断"挡,使真空室保持在真空状态.关闭真空计电源.

⑥ 切断总电源开关,拔下总电源插头.

!注意事项

1. 注意基片表面保持良好的清洁度. 被镀基片表面的清洁度直接影响薄膜的牢固性和均匀性. 基片表面的任何微粒、尘埃、油污及杂质都会大大降低薄膜的附着力. 为了使薄膜有较好的反射光的性能,基片表面应平整光滑. 镀膜前基片必须经过严格的清洗和烘干. 基片放入镀膜室后,在蒸镀前有条件时应进行离子轰击,以去除表面上吸附的气体分子和污染物,增加基片表面的活性,提高基片与薄膜的结合力.

2. 注意将蒸发材料中的杂质预先蒸发掉(预熔). 蒸发材料的纯度直接影响着薄膜的结构和光学性质,因此应设法把蒸发材料中蒸发温度低于蒸发材料的其他杂质预先蒸发掉,而不要使它蒸发到基片表面上. 在预熔时用活动挡板挡住蒸发源,使蒸发材料中的杂质不能蒸发到基片表面. 预熔时会有大量吸附在蒸发材料和电极上的气体放出,真空度会降低,故不能马上进行蒸发,应测量真空度并继续抽气,待真空度恢复到原来的状态后,方可移开挡板,增大蒸发电极的加热电流,进行蒸镀. 应该注意,只要真空室充过气,即使前次已预熔过或蒸发过的材料也必须重新预熔.

3. 注意使薄膜层厚度分布均匀. 均匀性不好会造成薄膜的某些特征随表面位置的不同而变化. 适当增加蒸发材料与基片的距离,使基片在蒸镀过程中慢速转动,同时使基片尽量靠近转动轴线放置.

?思考题

1. 机械泵的极限真空度是如何产生的?能否提高?
2. 油扩散泵的启动压强应为多少?为什么?
3. 用热偶规测高真空、用电离规测低真空行不行?如果不做成复合真空计,怎样避免电离规被烧坏?
4. 关机时为何要将大气充入机械泵?
5. 进行真空镀膜为什么要求有一定的真空度?
6. 为了使薄膜层比较牢固,怎样对基片进行处理?

参考文献

[1] 王欲知,陈旭. 真空技术. 2版. 北京:北京航空航天大学出版社,2007.
[2] 罗思. 真空技术.《真空技术》翻译组,译. 北京:机械工业出版社,1980.
[3] 高本辉,崔素言. 真空物理. 北京:科学出版社,1983.
[4] 吴锡珑. 大学物理教程:第3册. 2版. 北京:高等教育出版社,1999.
[5] 陈国平. 薄膜物理与技术. 南京:东南大学出版社,1993.
[6] 杨邦朝,王文生. 薄膜物理与技术. 成都:电子科技大学出版社,1994.
[7] 尚世铉,袁树忠,吕福云,等. 近代物理实验技术:Ⅱ. 北京:高等教育出版社,1993.
[8] 唐伟忠. 薄膜材料制备原理、技术及应用. 2版. 北京:冶金工业出版社,2003.

实验26

溅射法镀膜与测量实验

薄膜技术在现代科学技术和工业生产中有着广泛的应用.例如,光学系统中使用的各种反射膜、增透膜、滤光片、分束镜、偏振片等.电子器件中用的薄膜电阻,特别是平面型晶体管和超大规模集成电路的制造都依赖于薄膜技术.硬质保护膜可使各种易受磨损的器件表面硬化,大大增强表面耐磨性.在塑料、陶瓷、石膏和玻璃等非金属材料表面镀以金属膜具有良好的美化效果,有些合金膜还起着保护层的作用.磁性薄膜具有记忆功能,在电子计算机中常用作存储记录介质.

薄膜的制备方法主要有真空蒸发、溅射、分子束外延、化学镀膜等.真空镀膜,是指在真空条件下采用蒸发或溅射等技术使镀膜材料气化,并在一定条件下使气化的原子或分子牢固地凝结在被镀的基片上从而形成薄膜.真空镀膜是目前用来制备薄膜最常用的方法,真空镀膜技术目前正在向各个重要的科学领域延伸,引起了人们广泛的注意.

实验室测量膜厚的方法主要有在线测厚和非在线测厚.在线测厚较为常见的技术有 β 射线技术、X射线技术和近红外技术;非在线测厚技术主要有接触式测量法和非接触式测量法两类,接触式测量法主要是机械测量法,非接触式测量法包括光学测量法、电涡流测量法、超声波测量法等.由于非在线测厚设备具有价格便宜、体积小等优点,因此应用领域十分广阔.

实验目的

1. 掌握直流溅射法镀膜的基本原理.
2. 掌握磁控溅射法镀膜的基本原理.
3. 了解直流溅射法和磁控溅射法镀膜装置的操作流程及其各自的使用范围.

实验原理

1. 直流溅射法镀膜

溅射过程即入射离子通过一系列碰撞与靶材表面原子进行能量和动量交换的过程.直流溅射又称阴极溅射或二极溅射,因为被溅射的靶材(阴极)和成膜的衬底(基片)及其固定架(阳极)构成了溅射装置的两极,所以称为二极溅射.使用射频电源时的溅射称为射频二极溅射,使用直流电源时的溅射称为直流二极溅射.由于溅射过程发生在阴极,因此又称阴极溅射.靶材和衬底固定架都是平板状的溅射称为平面二极溅射,若两者同轴圆柱状布置,就称为同轴二极溅射.本实验采用同轴二极溅射结构,在真空室内以靶材为阴极,基片置于正对靶面的阳极上,距靶一定距离.系统抽至高真空后充入 10~1 Pa 的气体(通常为氩气),在阴极和阳极间加数千伏直流电压,两极间即产生辉光放电现象.放电产生的正离子在电场作用下飞向阴极,与靶材表面原子碰撞,受碰撞后从靶材表面逸出的靶材原子称为溅射原子,其能量在 1 eV 到数十电子伏范围内,溅射原子在基片表面沉积成膜,如图 26-1 所示.

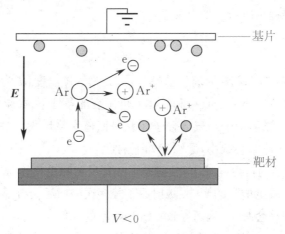

图 26-1 直流溅射示意图

直流溅射所形成的回路,是依靠气体放电产生的正离子飞向阴极靶材,一次电子飞向阳极而形成的.而放电是依靠正离子轰击阴极时所产生的二次电子,经阴极暗区加速后去补充被消耗的一次电子来维持的.因此,在溅射镀膜过程中,电离效应是必备的条件.直流溅射的设备相对比较简单,能沉积高熔点、低蒸气压的物质,但它只局限于低电阻率的靶材.用直流溅射法镀膜时,薄膜生长速度慢,且薄膜中往往含有较多的气体分子.

2. 磁控溅射法镀膜

磁控溅射系统由基本的直流溅射系统发展而来,在直流溅射阴极靶中增加了磁场,利用磁场的洛伦兹力束缚并延长电子在电场中的运动轨迹,增大电子与气体原子的碰撞概率,导致气体原子的电离率增加,使得轰击靶材的高能离子增多和轰击基片的高能电子减少.磁控溅射镀膜解决了直流溅射镀膜速度比蒸发镀膜慢、等离子体的电离率低和基片的热效应明显的问题.

电子在电场的作用下加速飞向基片的过程中与氩原子发生碰撞,电离出大量的氩离子和二次电子.氩离子在电场的作用下加速轰击靶材,溅射出大量的靶材原子,呈中性的靶材原子沉积在基片上成膜.二次电子在加速飞向基片的过程中受到磁场洛伦兹力的影响,被束缚在靠近靶材表面的等离子体区域内,该区域内等离子体密度很高,二次电子在磁场的作用下围绕靶面做圆周运动,该电子的运动路径很长,在运动过程中会不断地与氩原子发生碰撞,电离出大量的氩离子并轰击靶材,经过多次碰撞后电子的能量逐渐降低,将摆脱磁场的束缚,在电场作用下远离靶材,最终沉积在基片上.磁控溅射就是以磁场束缚和延长电子的运动路径,改变电子的运动方向,提高工作气体的电离率,有效利用电子的能量的一种方法.电子的归宿不仅仅是基片,真空室内壁及阳极也是电子归宿,但一般基片与真空室及阳极在同一电势.磁场与电场的交互作用 $E \times B$ 使单个电子的轨迹呈三维螺旋状,而不是仅仅在靶材表面附近做圆周运动.至于靶材表面圆周形的溅射轮廓,是因为磁场呈圆周形状.磁场分布方向不同会对成膜有很大影响. 在上述 $E \times B$ 漂移原理下工作的不仅有磁控溅射,多弧离子镀靶源、离子源、等离子源等都以此为工作原理,所不同的只是电场方向,电压、电流大小而已.

磁控溅射法的特点有成膜快,基片温度低,膜的附着性好,可实现大面积镀膜. 该方法可以分为直流磁控溅射法和射频磁控溅射法.

气体分子平均自由程与压强有如下关系:

$$\bar{\lambda} = \frac{kT}{\sqrt{2}\pi d^2 p}, \qquad (26-1)$$

式中,$\bar{\lambda}$ 为气体分子平均自由程,k 为玻尔兹曼常量,T 为气体温度,d 为气体分子直径,p 为气体压强. 由此可知,在保持气体分子直径和气体温度不变的条件下,如果工作压强增大,则气体分子平均自由程将减小,溅射原子与气体分子相互碰撞概率将增大,二次电子发射将增强. 而当工作压强过大时,沉积速率会减小,原因有如下两点.

(1) 由于气体分子平均自由程减小,溅射原子的背反射和受气体分子散射的概率增大,而且这一影响已经超过了放电增强的影响. 溅射原子经多次碰撞后会有部分逃离沉积区域,基片对溅射原子的收集效率就会减小,从而导致了沉积速率的降低.

(2) 随着氩原子的增多,溅射原子与氩原子的碰撞次数将大量增多,这导致溅射原子能量在碰撞过程中大大损失,致使溅射原子到达基片的数量减少,从而使沉积速率下降.

3. 磁控溅射工艺

1) 溅射变量

(1) 电压和功率.

如果在气体可以电离的压强范围内改变施加的电压,电路中等离子体的阻抗会随之改变,引起气体中的电流发生变化. 改变气体中的电流可以产生更多或更少的离子,控制离子碰撞靶材的速率就可以控制溅射速率.

一般来说,提高电压可以提高电离率. 提高电压时,阻抗的降低会大幅度地提高电流,即大幅度提高了功率. 如果气体压强不变,基片的移动速度也是恒定的,那么沉积速率则取决于施加在电路上的功率. 在镀膜产品中所采用的范围内,功率的提高与溅射速率的提高是一种线性的关系.

(2) 气体环境.

真空系统和工作气体系统共同控制着气体环境. 首先,真空泵将真空室抽到一个高真空(大约为 10^{-6} Torr). 然后,向工作气体系统(包括压强和流量控制调节器)充入工作气体,将气体压强增大到约 2×10^{-3} Torr. 为了确保得到高质量的同一膜层,工作气体必须使用纯度为 99.995% 的高纯气体. 在工作气体中混合少量的惰性气体(如氩)可以提高溅射速率.

(3) 气体压强.

将气体压强降低到某一点可以提高离子的平均自由程,进而使更多的离子具有足够的能量去撞击靶材表面以便将靶材原子轰击出来,提高溅射速率. 超过该点之后,由于参与碰撞的离子过少则会导致电离率降低,使得溅射速率降低. 如果气压过低,等离子体就会熄灭,同时溅射停止. 提高气体压强可提高电离率,但是也减小了溅射原子的平均自由程,这也降低了溅射速率.因此,能够得到最大沉积速率的气体压强范围非常狭窄.如果进行的是反应溅射,由于它会不断消耗,因此为了维持均匀的沉积速率,必须按照适当的速度补充新的工作气体.

(4) 传动速度.

基片在阴极下的移动是通过传动来进行的.低传动速度使基片在阴极范围内经过的时间更长,这样就可以沉积出更厚的膜层.不过,为了保证膜层的均匀性,传动速度必须保持恒定.镀膜区内一般的传动速度范围为 $0 \sim 600$ in/min(大约为 $0 \sim 15.24$ m/min).根据镀膜材料、功率、阴极的数量以及膜层种类的不同,通常的运行范围是 $90 \sim 400$ in/min(大约为 $2.286 \sim 10.16$ m/min).

(5) 距离与速度及附着力.

为了得到最大的沉积速率并提高膜层的附着力,在保证不会破坏辉光放电自身的前提下,基片应当尽可能放置在离阴极近的地方.溅射原子和气体分子(及离子)的平均自由程也会在其中发挥作用.当增大基片与阴极之间的距离时,碰撞的概率也会增大,这样溅射原子到达基片时所具有的能量就会减少.因此,为了得到最大的沉积速率和最好的附着性,基片必须尽可能放置在靠近阴极的位置上.

2) 系统参数

磁控溅射工艺会受到很多系统参数的影响,其中一些是可以在工艺运行期间改变和控制的,而另一些虽然是固定的,但是一般在运行前可以在一定范围内进行控制.两个重要的固定系统参数分别是靶材结构和磁场.

(1) 靶材结构.

每个单独的靶材都具有其自身的内部结构和颗粒方向.由于内部结构的不同,两个看起来完全相同的靶材可能会出现截然不同的溅射速率.在镀膜操作中,如果采用了新的或不同的靶材,应当特别注意这一点.如果所有的靶材在加工期间具有相似的结构,调节电源,根据需要增大或减小功率可以对它进行补偿.在一套靶中,由于颗粒方向不同,也会出现不同的溅射速率.加工过程会造成靶材内部结构的差异,所以即使是相同合金成分的靶材也会存在溅射速率的差异.此外,靶材的晶体结构、颗粒结构、硬度、应力和杂质等参数也会影响到溅射速率,而这些则可能导致在产品上形成条状的缺陷.这也需要在镀膜期间加以注意.不过,这种问题只要更换靶材就能得到解决.靶材损耗区自身也会造成比较低的溅射速率,此时,为了得到优良的膜层,必须重新调整功率或传动速度.而传动速度对于产品是至关重要的,所以适当的调整方法是增大功率.

(2) 磁场.

用来捕获二次电子的磁场必须在整个靶材表面上保持一致,磁场强度也应适当.磁场不均匀就会产生不均匀的膜层.磁场强度如果不适当(如过小),那么即使磁场强度均匀也会导致膜层沉积速率较低,而且可能在螺栓头处发生溅射,这就会使膜层受到污染.如果磁场强度过大,可能在开始的时候沉积速率会非常高,但是由于刻蚀区的关系,这个速率会迅速下降到一个非常低的水平.同时,这个刻蚀区也会造成靶材的利用率比较低.

3) 可变参数

在溅射过程中,通过改变一些参数可以进行工艺的动态控制.这些可变参数包括功率、传动速度、工作气体的种类和压强等.

(1) 功率.

每一个阴极都具有自己的电源(恒流源).根据阴极的尺寸和系统设计,功率可以在 0~150 kW(标称值)范围内变化.在功率控制模式下,功率固定同时监控电压,通过改变输出电流来维持恒定的功率.在电流控制模式下,固定并监控输出电流,这时可以调节电压.施加的功率越大,沉积速率就越大.

(2) 传动速度.

对于单端镀膜机,镀膜区的传动速度可以在 0~600 in/min(大约为 0~15.24 m/min)范围内选择.而对于双端镀膜机,镀膜区的传动速度可以在 0~200 in/min(大约为 0~5.08 m/min)范围内选择.在给定的溅射速率下,传动速度越低则表示沉积的膜层越厚.

(3) 工作气体的种类.

可以在三种工作气体中选择两种作为主气体和辅气体来进行使用,它们之间的比率也可以进行调节.气体压强可以在 $1 \sim 5 \times 10^{-3}$ Torr 范围内进行控制.

(4) 阴极与基片之间的距离.

在曲面玻璃镀膜机中,还有一个可以调节的参数就是阴极与基片之间的距离,平板玻璃镀膜机中则没有.

4. 干涉法测量膜厚

干涉法测量膜厚的理论基础是光的干涉.对于 3~2 000 nm 的膜厚,一般可采用干涉显微镜来测量.干涉显微镜可视为迈克耳孙干涉仪和显微镜的组合,其简化光路如图 26-2 所示.由光源发出的一束光经反射镜 1 和分光镜后分成强度相同的 B,C 两束光,分别经反射镜 2 和样品反射后汇合发生干涉.未镀上薄膜时,两条光路光程基本相等.将薄膜制成台阶状,则光束 C 中从薄膜前反射和从薄膜后反射的光程不同,它们和光束 B 干涉时,由于光程差而造成同一级次的干涉条纹平移,如图 26-3 所示.由此可求出台阶高度(即薄膜厚度)为

$$d = \frac{\Delta l}{l} \cdot \frac{\lambda}{2}, \tag{26-2}$$

式中,Δl 为同一级次干涉条纹(要认准)的移动距离,l 为相邻明、暗条纹间距(由测微目镜测出),λ 为单色光源的波长.由于单色光形成的是明、暗干涉条纹,难以确定条纹移动距离,因此测量时必须选用白光光源,这样容易确定零级干涉条纹.零级干涉条纹两侧是彩色的,便可明确测定条纹移动距离,白光的平均波长取 $\lambda = 540$ nm.

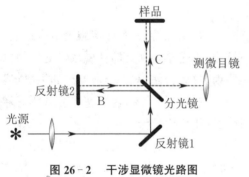

图 26-2 干涉显微镜光路图

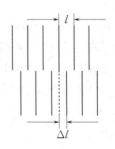

图 26-3 干涉条纹移动

实验仪器

DH2010 A 型/F 型多功能真空实验仪.

实验内容

1. 直流溅射法镀膜

1) 前期准备工作

(1) 对基片进行清洗(最好用超声波清洗),然后酒精脱水,并进行烘干或风干.

(2) 在将基片放入之前,先观察一下基片的表面,然后在显微镜下观察,将所观察到的现象记录下来.

(3) 将基片放在基片架上,并用螺母压紧,放下溅射钟罩,把基片架装有基片的一面朝下放在溅射钟罩上,最后将真空室钟罩放下,并确保真空室钟罩与密封圈紧密接触.

(4) 检查电气控制柜上各个开关,开机前应都处于关闭状态.

(5) 工作气源如未连接,应先与之进行可靠连接,如气源已连接,应检查气源的连接是否可靠.

2) 开始实验

(1) 接通总电源开关,关闭供气阀,将工作选择开关旋至"机械泵"挡,对真空室抽气.打开复合真空计电源开关,测量真空室内真空度.

(2) 当真空室压强达到某一恒定值(2 Pa 左右)时,打开供气阀,抽供气管内气体,再次使压强抽到 2 Pa 左右,关闭供气阀.

(3) 将氩气瓶减压阀门关闭,用专用扳手打开氩气瓶高压阀门,调节氩气瓶减压阀门,打开供气阀,使真空室压强维持一恒定值(50 Pa 左右).

(4) 按下"溅射电源"按钮开关,调节"溅射电流调节"旋钮,使溅射电流在 10 ~ 100 mA 范围内,电压在 1 000 ~ 1 500 V 范围内.

(5) 维持放电(镀膜)约 10 min,调节"溅射电流调节"旋钮使电流输出为 0,按下"溅射电源"按钮开关,切断高压电源.关闭供气阀,同时将氩气瓶减压阀门关闭,拧紧氩气瓶高压阀门.关闭复合真空计电源,将工作选择开关旋至"断"挡,切断机械泵电源,按下充气阀电源开关,对真空室进行充气,取下钟罩.将基片架取出,取出已镀膜的基片.

2. 磁控溅射法镀膜

先仔细清洗真空室的玻璃钟罩,再用吹风机将钟罩烘干.

(1) 用超声波发生器清洗基片,清洗过程中加入清洗液,清洗干净后用热风机干燥.干燥后,将基片倾斜 45° 观察,若不出现干涉彩虹纹,则说明基片已清洗干净.

(2) 在磁控溅射靶上装上需要溅射的靶材.

(3) 将洗净的基片放置在基片架上.

(4) 调节基片架与磁控溅射靶材之间的距离,一般在 30 ~ 60 mm 范围内.

(5) 放下真空钟罩,用分子泵对真空室抽真空,使其真空度达到 5×10^{-3} Pa 左右.

(6) 将工作选择开关旋至"机械泵"挡,关闭分子泵. 待分子泵控制器数码管显示为"000"后,调节"微调阀"将氩气充入真空室,使压强在 5～20 Pa 范围内.

(7) 打开转速调节开关,调节"转速调节"旋钮,使基片架以适当的速度旋转.

(8) 按下"溅射电源"按钮开关,接通溅射电源,旋转"溅射电流调节"旋钮,根据不同的金属选择合适的电压(用金靶时为 1 400 V),并根据镀层厚度要求,使溅射状态保持一定时间.

(9) 将工作选择开关旋至"断"挡,再切换到"充气"挡对真空室内充气,取出已镀膜的基片.

3. 用干涉法测量膜厚

(1) 对所得的已镀膜基片的厚度进行多次测量并记录数据.

(2) 对比分析不同溅射法得到的薄膜厚度及形态差异.

4. 数据记录

将实验数据记入表 26-1.

表 26-1　不同工作压强下所得实验结果

靶材	基片	负偏压 /V	工作压强 /(10^{-3} Torr)	传动速度 /(m/min)	时间 /min	厚度 /nm	沉积速率 /(nm/min)

!注意事项

务必确保基片的清洁度.

?思考题

1. 加热烘烤基片对薄膜的质量有什么影响?
2. 简述正离子轰击的物理作用.
3. 磁控溅射镀膜仪有哪些类型?
4. 磁控溅射法镀膜适用于怎样的范围?
5. 为什么用干涉显微镜可以测量薄膜厚度?

参考文献

[1] 王增福,关秉羽,杨太平,等. 实用镀膜技术. 北京:电子工业出版社,2008.

[2] 程守洙,江之永. 普通物理学:下册. 7版. 北京:高等教育出版社,2016.

[3] 严一心,林鸿海. 薄膜技术. 北京:兵器工业出版社,1994.

[4] KUMRU M. A comparison of the optical, IR, electron spin resonance and conductivity properties of a-Ge$_{1-x}$C$_x$:H with a-Ge:H and a-Ge thin films prepared by r. f. sputtering. Thin solid films,1991,198(1-2):75-84.

磁电阻测量实验

实验目的

1. 了解金属多层膜巨磁电阻材料电阻值随温度变化的规律.
2. 了解零场和外加磁场时金属多层膜巨磁电阻材料的电阻温度特性.
3. 理解金属多层膜巨磁电阻材料磁电阻效应的物理机制和巨磁电阻的各向异性及磁滞特性.
4. 测量金属多层膜巨磁电阻材料电阻率随磁场变化的关系.

实验原理

1. 磁电阻效应

磁电阻效应是指材料在外加磁场的作用下,其电阻率发生变化,从而产生了正磁电阻效应或负磁电阻效应的现象. 磁电阻 R_m 的大小定义为

$$R_m = \frac{\rho(B) - \rho(0)}{\rho(B)} \times 100\%, \tag{27-1}$$

式中,$\rho(0)$ 和 $\rho(B)$ 分别表示零场和外加磁场为 B 时的电阻率.

磁电阻效应根据物理机制的不同,可分为正常磁电阻效应(ordinary magnetoresistance effect,OMR effect)、各向异性磁电阻效应(anisotropic magnetoresistance effect,AMR effect)、巨磁电阻效应(giant magnetoresistance effect,GMR effect)、庞磁电阻效应(colossal magnetoresistance effect,CMR effect)、隧道磁电阻效应(tunnel magnetoresistance effect,TMR effect)等.

OMR 效应是由于磁场中的电子受到洛伦兹力作用,电子运动发生了偏转或沿电流方向螺旋进动,从而导致电子的散射概率增加,电阻率增大,它与电子的自旋基本无关. 所有的非磁金属都具有 OMR 效应,普通非磁金属如铜、银和金等的 OMR 效应一般很小,磁电阻值为 1%~2%,属于正磁电阻效应.

AMR 效应是指在铁磁金属和合金中,磁场方向与电流方向平行或者垂直时,电阻率发生变化的磁电阻效应. 19 世纪中期,开尔文(Kelvin)发现了铁磁多晶体的 AMR 效应,它的电阻与磁场和电流的相对方向有关. AMR 效应源于电子的自旋—轨道相互作用. 在 GMR 传感器出现以前,磁电阻传感器主要采用 AMR 材料,如用于计算机硬盘磁头器件. AMR 材料的磁电阻效应较小,低温(5K)时,铁和钴的磁电阻值仅约为 1%.

1986 年,格伦贝格尔(Grunberg)等人采用分子束外延的方法制备了铁-铬-铁三明治薄膜,两层纳米级铁磁层薄膜之间的铬层厚度为 0.8 nm. 在实验过程中,薄膜上的外加磁场被逐

步减小直至消失. 结果发现, 在铬层厚度为 0.8 nm 的铁-铬-铁三明治薄膜中, 两边的两个铁磁层磁矩从彼此平行(较强磁场下)转变为反平行(弱磁场下). 换言之, 对于非铁磁层铬的某个特定厚度, 在没有外加磁场时, 两边铁磁层磁矩是反平行的. 格伦贝格尔等发现当两个磁矩反平行时, 铁-铬-铁三明治薄膜呈现高电阻状态. 而当两个磁矩平行时, 则呈现低电阻状态, 且两种不同状态下的阻值差高达 10%. 1988 年, 费尔(Fert)研究小组用分子束外延的方法制备了铁(3 nm)-铬(0.9 nm)超晶格多层膜, 在 4.2 K 的温度与 2 T 的外加磁场作用下, 磁电阻值达到 50%, 即使在室温下, 其磁电阻值也高达 17%, 远大于常规的 AMR, 这种磁电阻效应被称为 GMR 效应.

2. 交换作用

人们早就知道过渡金属铁、钴、镍能够出现磁有序状态, 后来又发现很多的过渡金属和稀土金属的化合物具有反铁磁(或亚铁磁)有序状态, 相关理论指出这些状态源于铁磁性原子磁矩之间的直接交换作用和间接交换作用.

海森伯(Heisenberg)明确提出磁有序状态源于铁磁性原子磁矩之间的量子力学交换作用, 这个交换作用是短程的, 称为直接交换作用. 而在过渡金属和稀土金属的化合物中的反铁磁有序状态(见图 27-1), 则是通过化合物中的氧离子(或其他非金属离子)将最近的磁性原子的磁矩耦合起来, 属于间接交换作用. 此外, 在稀土金属中也出现了磁有序状态, 其中原子的固有磁矩来自 4f 电子壳层. 相邻稀土原子的距离远大于 4f 电子壳层直径, 所以稀土金属中的传导电子充当了媒介, 将相邻的稀土原子磁矩耦合起来, 这就是 RKKY 型间接交换作用.

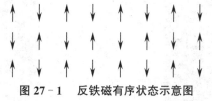

图 27-1 反铁磁有序状态示意图

直接交换作用的特征长度为 0.1～0.3 nm, 间接交换作用可以长达 1 nm 以上. 1 nm 已经是实验室中人工微结构材料可以实现的尺度, 所以科学家们开始探索人工微结构中的磁性交换作用. 据此, 美国 IBM 实验室的江崎(Esaki)和朱兆祥提出了超晶格的概念. 所谓的超晶格就是指由两种(或两种以上)组分(或导电类型)不同、厚度极小的薄膜材料交替生长在一起而得到的一种多周期结构材料, 其特点是这种复合材料的周期长度比各薄膜单晶的晶格常数大几倍或更长.

除了上述提到的格伦贝格尔和费尔两位诺贝尔物理学奖获得者的开创性工作, IBM 公司的帕金(Parkin)将 GMR 材料的制作做了进一步推广, 为其工业化应用奠定了基础. 他于 1990 年首次报道了铁-铬超晶格系列之外的钴-钌和钴-铬超晶格体系亦有 GMR 效应, 并且随着非磁层厚度的增加, 其磁电阻值振荡下降. 此后, 在过渡金属超晶格和金属多层膜中又发现了 20 种左右不同的体系均存在 GMR 振荡现象.

GMR 效应发现的另一重大意义在于打开了一扇通向新技术世界的大门——自旋电子学. GMR 效应作为自旋电子学的开端, 具有深远的科学意义. 传统的电子学是以电子的电荷移动为基础的, 电子自旋往往被忽略了. GMR 效应表明电子自旋对电流的影响非常强烈, 电子的电荷与自旋两者都可能载运信息. 自旋电子学的研究和发展引发了电子技术与信息技术的一场新的革命. 目前, 计算机、音乐播放器等各类数码电子产品中所装备的硬盘磁头, 基本上都应用了 GMR 效应.

3. 自旋相关散射与 GMR 效应

根据导电的微观机理,金属中的电子在导电时并不是沿电场直线前进,而是不断与处于晶格位置的原子实产生碰撞(又称散射),每次散射后电子都会改变运动方向,总的运动是电场对电子的定向加速和随机散射运动的叠加. 电子在两次散射之间运动的平均路程称为平均自由程,电子散射概率越小,平均自由程就越长,电阻率就越低. 电阻定律 $R = \dfrac{\rho l}{S}$ 应用于宏观材料时,通常忽略边界效应,把电阻率 ρ 视为常量. 当材料的几何尺度小到纳米量级,只有几个原子的厚度时(铜原子的直径约为 0.3 nm),电子在边界上的散射概率就大大增加,可以明显观测到由于厚度减小,电阻率增加的现象.

同时,电子具有自旋特性,在外加磁场中,电子自旋磁矩的方向平行或反平行于磁场方向. 在一些铁磁材料中,自旋磁矩与外加磁场平行的电子的散射概率,远小于与外加磁场反平行的电子. 此时,材料的总电阻相当于两类电子各自单独存在时的电阻的并联,这个电阻直接影响材料中的总电流,即材料的总电流是两类自旋电子电流之和,总电阻是两类自旋电子电流的并联电阻,这就是两电流模型,如图 27-2 所示.

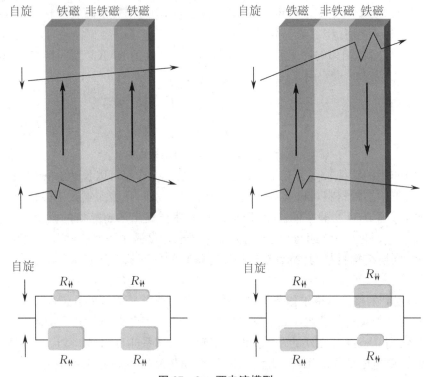

图 27-2 两电流模型

在多层膜 GMR 结构(见图 27-3)中,当无外加磁场时,上下两层铁磁膜的磁矩是反平行(反铁磁)耦合的,因为这样能量最小. 在足够强的外加磁场作用下,铁磁膜的磁矩方向与外加磁场方向一致,外加磁场使两层铁磁膜从反平行耦合变成了平行耦合,导致电阻发生变化.

图 27-3 多层膜 GMR 结构图

有两类与自旋相关的散射对 GMR 效应有贡献.

1) 界面上的散射

无外加磁场时,上下两层铁磁膜的磁场方向相反,无论电子的初始自旋状态如何,从一层铁磁膜进入另一层铁磁膜时都面临状态改变(平行 → 反平行或反平行 → 平行),电子在界面上的散射概率很大,对应于高电阻状态.有外加磁场时,上下两层铁磁膜的磁场方向一致,电子在界面上的散射概率很小,对应于低电阻状态.

2) 铁磁膜内的散射

即使电流方向平行于膜面,由于无规则散射,电子也有一定的概率在上下两层铁磁膜之间穿行.无外加磁场时,上下两层铁磁膜的磁场方向相反,无论电子的初始自旋状态如何,在穿行过程中都会经历散射概率小(平行)和散射概率大(反平行)两种过程,两类自旋电子电流的并联电阻类似于两个均为中等阻值的电阻的并联,对应于高电阻状态.有外加磁场时,上下两层铁磁膜的磁场方向一致,则其中原为自旋平行的电子散射概率小,原为自旋反平行的电子散射概率大,两类自旋电子电流的并联电阻类似于一个小电阻与一个大电阻的并联,对应于低电阻状态.

图 27-4 所示是某种 GMR 材料的磁电阻特性.由图中可见,随着外加正向磁场增大,电阻逐渐减小(图中实线),其间有一段线性区域,当外加磁场已使两铁磁膜磁场方向完全平行耦合后,继续增大磁场,电阻不再减小,达到磁饱和状态.从磁饱和状态开始减小磁场,电阻将逐渐增大(图中虚线).两条曲线不重合是因为铁磁材料具有磁滞特性.加反向磁场与加正向磁场时的磁电阻特性是对称的,两条曲线分别对应增大磁场和减小磁场时的磁电阻特性.

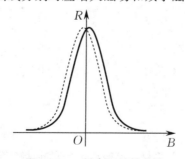

图 27-4 磁电阻特性曲线

所有多层膜结构的 GMR 都是由外加磁场改变两铁磁膜磁场的相对取向来实现 GMR 效应的,但结构及无外加磁场时的耦合状态不一定如图 27-3 所示.如自旋阀结构的 GMR,由钉扎层、被钉扎层、中间导电层和自由层构成.其中,钉扎层使用反铁磁材料,被钉扎层使用硬铁磁材料,硬铁磁和反铁磁材料在交换耦合作用下形成一个偏转场,此偏转场将被钉扎层的磁化方向固定,不随外加磁场改变. 自由层使用软铁磁材料,它的磁化方向易于随外加磁场转动. 这样,很弱的外加磁场就会改变自由层与被钉扎层磁场的相对取向,对应于很高的灵敏度. 硬盘所用的 GMR 磁头就采用这种结构.

4. 磁电阻特性测量

1) 亥姆霍兹线圈磁场

亥姆霍兹(Helmholtz)线圈是一对彼此平行且连通的共轴圆形线圈,如图 27-5 所示. 亥姆霍兹线圈在不同连接方式时的磁场分布如图 27-6 所示. 两线圈同相连接时,线圈内的电流方向一致,大小相同. 当线圈之间距离 d 正好等于圆形线圈的半径 R 时,在其公共轴线中点 O 附近产生较广的均匀磁场区. 这在生产和科研中有较大的实用价值,也常用于弱磁场的计量标准. 设 z 为亥姆霍兹线圈中轴线上某点到中心点 O 的距离,则亥姆霍兹线圈轴线上任一点的磁感应强度为

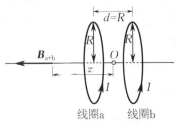

图 27-5 亥姆霍兹线圈

$$B = \frac{1}{2}\mu_0 NIR^2 \left\{ \left[R^2 + \left(\frac{R}{2}+z\right)^2 \right]^{-3/2} + \left[R^2 + \left(\frac{R}{2}-z\right)^2 \right]^{-3/2} \right\}, \quad (27-2)$$

式中,N 为线圈匝数,I 为流经线圈的电流,$\mu_0 = 4\pi \times 10^{-7}$ H/m 为真空磁导率.

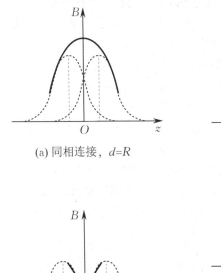
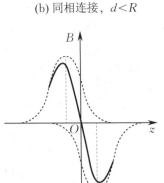

(a) 同相连接,$d=R$

(b) 同相连接,$d<R$

(c) 同相连接,$d>R$

(d) 反相连接,$d=R$

图 27-6 亥姆霍兹线圈的磁场分布

由式(27-2),在亥姆霍兹线圈轴线上中心点 O 处的磁感应强度为

$$B_0 = \frac{8\sqrt{5}\mu_0 NI}{25R}. \quad (27-3)$$

2) GMR 传感器原理

本实验采用 SS501A 型 GMR 传感器作为被测材料。芯片内部的四个磁电阻完全相同，并以全桥方式相连，即相邻的两臂为差模输入（两者的大小相等而极性相反），而相对的两臂为共模输入（两者的大小相等且极性相同），如图 27-7 所示。B 为磁敏感方向，当 B 向的磁场在一定范围内变化时，磁敏电阻 R_1，R_3 的阻值会变大，R_2，R_4 的阻值会变小。在 T_1，T_3 端加一稳定的电桥电压 U_{in}，有一微弱磁场作用于 R_1，R_2，R_3，R_4 时，在 T_2，T_4 端会出现一输出电压 U_{out}。

无外加磁场或外加磁场方向与易磁化轴方向平行时，磁化方向即易磁化轴方向，电桥的 4 个桥臂的电阻值相同，设各桥臂的电阻值为 $R_1=R_2=R_3=R_4=R_0$，在磁敏感方向施加磁场时，磁化方向将在易磁化轴方向的基础上逆时针旋转。结果使相对的两臂电流与磁化方向的夹角发生变化，各桥臂的电阻变化量为 ΔR，则输出电压 U_{out} 的表达式为

$$U_{out}=U_{T_2}-U_{T_4}=\frac{R_2}{R_1+R_2}\cdot U_{in}-\frac{R_3}{R_3+R_4}\cdot U_{in}$$
$$=\left(\frac{R_0+\Delta R}{2R_0}-\frac{R_0-\Delta R}{2R_0}\right)\cdot U_{in}=\frac{\Delta R}{R_0}\cdot U_{in}. \tag{27-4}$$

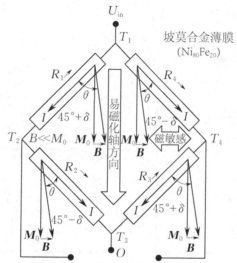

图 27-7 GMR 传感器芯片内部结构图

实验中，可以切换励磁电流方向使磁场反向，若输出电压分别为 U_1，U_2，则由异号法求得 $U_{out}=\dfrac{U_1-U_2}{2}$。$U_{out}$ 称为传感器的传递函数，由式(27-4)可得

$$R_m=\frac{\Delta R}{R_0}=\frac{U_{out}}{U_{in}}. \tag{27-5}$$

在图 27-4 所示的磁电阻特性曲线的线性区间，电阻值的改变量 ΔR 与施加的磁感应强度变化量 ΔB 成正比，因此该区间也可以认为是传递函数的线性范围。传感器的灵敏度 S 和传递函数的线性范围对传感器来说是两个重要特征。灵敏度 S 的定义是在单位电压、单位磁感应强度作用下对应的输出电压值，即

$$S=\frac{U_{out}}{U_{in}B}. \tag{27-6}$$

在相同磁感应强度作用下，当外加磁场方向平行于传感器磁敏感方向时，传感器输出最

大. 当外加磁场方向偏离传感器磁敏感方向时,传感器输出与偏离角度呈余弦关系,因此传感器的灵敏度亦有以下关系:

$$S(\theta) = S(0)\cos\theta. \tag{27-7}$$

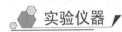 实验仪器

SS501A 型 GMR 传感器、可调恒流源、亥姆霍兹线圈、角度盘、可调稳压源和智能温控机箱等.

实验内容

按图 27-8 所示连接实验仪器,打开实验测试软件,选择相应的实验内容再进行实验.

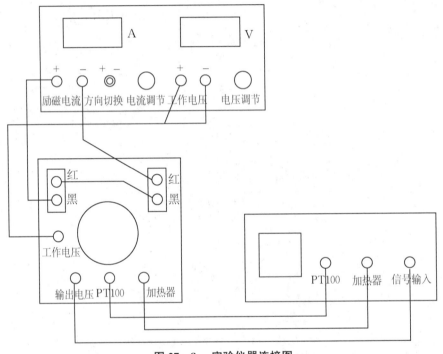

图 27-8　实验仪器连接图

1. GMR 样品的输出电压及 R_m 值随磁感应强度的变化关系

(1) 将"电流调节"旋钮和"电压调节"旋钮调节到最小.

(2) 将样品转动至磁感应强度最大方向(使样品管脚与磁感应强度的方向平行),调节"电压调节"旋钮使输出电压为 10.00 V.

(3) 将电流方向开关拨到"中间"挡,单击"零点偏移量"并选择"U_{out} 调零". 调节励磁电流从 −500 mA 到 500 mA,每间隔 50 mA 测量并记录一次样品的输出电压值 U_{out}.

(4) 分别作 U_{out}-B 和 R_m-B 曲线,并写出结论.

2. GMR 样品的灵敏度与其工作电压 U_{in} 的变化关系

(1) 保持样品在磁感应强度最大的方向上,将电流方向开关拨到"+"或"−",并将电流调节至 150 mA 左右.

(2) 调节输出电压从 5.00 V 到 10.00 V 变化，每间隔 1.00 V，测量输出电压值 U_{out}，作 U_{out}-U_{in} 曲线，分析样品工作电压对其灵敏度的影响.

3. GMR 样品的温度 T 与其输出电压 U_{out} 的变化关系

(1) 将样品台上 PT100 和加热器航空插座与智能温控机箱前面板的"PT100"和"加热器"用导线对应相连，然后开启智能温控机箱的电源开关.

(2) 保持样品在磁感应强度最大的方向上，将电流方向开关拨到"+"或"−"，并将电流调节至 150 mA 左右.

(3) 调节智能温控机箱面板，可由室温开始，每间隔 2 ℃，测量一次输出电压值. 每次温度上升到记录点时，至少等待 1 min，当芯片工作状态稳定时再记录数据.

(4) 作 U_{out}-T 曲线，分析样品的磁电阻特性与温度的变化关系.

4. GMR 样品磁敏感方向与磁场间的夹角与传感器灵敏度的变化关系

(1) 保持样品在磁感应强度最大的方向上，将电流方向开关拨到"+"或"−"，并将电流调节至 150 mA 左右.

(2) 将样品逆时针旋转 90°（角度盘零刻线与样品台 180°或 0°刻度线重合），将此时样品的位置记为 −90°. 顺时针旋转样品，在 −90°~90° 范围内，每间隔 10°记录一次样品的输出电压值. 逆时针旋转样品，重复上述操作.

(3) 计算出不同夹角 θ 所对应的传感器的灵敏度 $S(\theta)$，作 U_{out}-θ 曲线，分析输出电压与夹角之间的关系，以及样品的各向异性特性并总结实验结果.

5. GMR 样品与位移的关系

(1) 保持样品在磁感应强度最大的方向上，将电流方向开关拨到"+"或"−"，并将电流调节至 150 mA 左右.

(2) 调节输出电压旋钮，直至电压表头显示为 10.00 V.

(3) 改变亥姆霍兹线圈其中一个线圈的位置，使其在 R ~ $2R$ 范围内移动，每移动一个刻度记录一次输出电压值.

(4) 作 U_{out}-L 曲线，分析输出电压与位移之间的关系，并总结实验结果.

!注意事项

1. 不要在实验仪器附近放置具有磁性的物品.

2. 样品存在磁滞效应，必要时需重复测量.

3. 无特殊情况下，操作中每次改变一个变量后，等待 5 s 左右，再按下"记录数据"按钮. 这段时间是各部分器件进入稳定工作状态的一个过渡过程.

4. 使用实验软件时，在每次实验之前（指开始记录数据之前）都要将电流调到 0（即电流方向开关拨到"中间"挡），再将电压调至 10.00 V 后，点击"零点偏移量"并选择"U_{out} 调零"，随后再进行实验操作.

?思考题

1. 如果大小恒定、方向可变的外加弱磁场（不导致灵敏度下降）与图 27 - 7 中磁敏感方向相同或相反，传感器电桥上每一个臂的坡莫合金薄膜电阻的电阻值如何变化？电桥输出电压如何变化？

2. 为什么在测量 GMR 传感器的输出电压时,要改变磁场方向为相反方向(或改变励磁电流方向)各测量一次?

3. 为什么在电流方向与易磁化轴方向成 45° 时,GMR 传感器电阻变化量 ΔR 与同易磁化轴方向垂直的磁敏感方向的待测磁感应强度 B 的大小成正比?试定量推导 ΔR 与 B 的函数关系.

相关器的研究及其主要参数的测量实验

实验目的

1. 了解相关器的原理.
2. 测量相关器的输出特性.
3. 测量相关器的抑制干扰能力和抑制白噪声能力.
4. 测量相关器的直流漂移.

实验原理

1. 相关器的基本概念及其传输函数

相关器是锁定(相)放大器的核心部件,是实现求参考信号和被测信号两者相关函数的电子线路.由相关函数的数学表达式可知,需要一个乘法器和积分器实现这一数学运算.从理论上来说,用一个模拟乘法器和一个积分时间为无限长的积分器,就可以把深埋在任意大噪声中的微弱信号检测出来.

通常在锁定放大器中不采用模拟乘法器,也不采用积分时间为无限长的积分器,因为要保证模拟乘法器动态范围大,线性好就难以达到.而由于被测信号是正弦波或方波,乘法器就可以采用动态范围大、线性好、电路简单的开关式乘法器.开关式乘法器又叫相敏检测器(PSD),国内外大部分的锁定放大器都采用这种乘法器,本实验将讨论这种乘法器的相关器.

1) 相关器的数学解

锁定放大器中常采用的相关器原理方框图如图 28-1(a) 所示,由相敏检测器和低通滤波器组成,或者说由乘法器和积分器组成.

被测信号 $x(t)$ 和参考信号 $r(t)$ 在乘法器中相乘,两者之积 $u_1(t)$ 为乘法器的输出信号,同时也是低通滤波器的输入信号. 低通滤波器是采用运算放大器的有源滤波器,电阻 R_1,R_0 及电容 C_0 如图 28-1(a) 中所示,$u_0(t)$ 为低通滤波器的输出信号. 图中的乘法器用开关来实现,可以等效成被测输入信号与单位幅度的方波相乘的乘法器. 若参考信号为占空比1:1的对称方波,幅度为 1 V,则称为单位幅度开关函数(记为 x_k),$r(t)$ 用傅里叶级数展开为

$$r(t)=x_k=\frac{4}{\pi}\sum_{n=0}^{\infty}\frac{1}{2n+1}\sin[(2n+1)\omega_r t]=\begin{cases}1, & nT\leqslant t<nT+\frac{T}{2},\\-1, & nT-\frac{T}{2}\leqslant t<nT\end{cases}(n=0,1,2,\cdots),$$

(28-1)

式中,ω_r 为参考信号的角频率,如图 28-1(b) 所示.

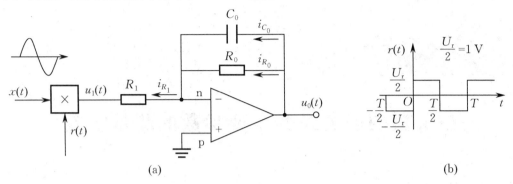

图 28-1 相关器原理图及参考信号波形图

设被测信号 $x(t) = U_s \sin(\omega t + \varphi)$,$\omega$ 为角频率,φ 为相位差,U_s 为振幅,乘法器的输出为 $u_1(t)$,则有

$$u_1(t) = x(t) \cdot r(t) = \frac{4}{\pi} U_s \sin(\omega t + \varphi) \sum_{n=0}^{\infty} \frac{1}{2n+1} \sin[(2n+1)\omega_r t]$$

$$= \sum_{n=0}^{\infty} \frac{2U_s}{(2n+1)\pi} \{\cos\{[\omega-(2n+1)\omega_r]t + \varphi\} - \cos\{[\omega+(2n+1)\omega_r]t + \varphi\}\}$$

$$(n = 0, 1, 2, \cdots),$$

式中,右边第一项为差频项,第二项为和频项.

对于低通滤波器,由运放虚地点得

$$i_{C_0} + i_{R_0} + i_{R_1} = 0.$$

输入电压 $u_1(t)$ 和输出电压 $u_0(t)$ 满足微分方程

$$C_0 \frac{du_0(t)}{dt} + \frac{u_0(t)}{R_0} + \frac{u_1(t)}{R_1} = 0,$$

整理后有

$$\frac{du_0(t)}{dt} + \frac{1}{R_0 C_0} u_0(t) = \frac{-u_1(t)}{R_1 C_0}. \tag{28-2}$$

方程(28-2)为一阶微分方程,其通解为

$$u_0(t) = e^{-\int_0^t \frac{1}{R_0 C_0} dt} \left[\int_0^t \left(\frac{-u_1(t)}{R_1 C_0}\right) e^{\int_0^t \frac{1}{R_0 C_0} dt} dt + C \right], \tag{28-3}$$

式中,C 为待定常数. 若 $C=0$,把 $u_1(t)$ 代入式(28-3),已知

$$\sin\alpha \sin\beta = \frac{1}{2}[\cos(\alpha-\beta) - \cos(\alpha+\beta)],$$

$$\int e^{ax} \sin bx \, dx = \frac{e^{ax}(-b\cos bx + a\sin bx)}{a^2 + b^2},$$

$$\int e^{ax} \cos bx \, dx = \frac{e^{ax}(a\cos bx + b\sin bx)}{a^2 + b^2} = \frac{e^{ax}(a\cos bx + b\sin bx)}{\sqrt{a^2+b^2} \cdot \sqrt{a^2+b^2}},$$

令 $\dfrac{a}{\sqrt{a^2+b^2}} = \cos\theta$,$\dfrac{b}{\sqrt{a^2+b^2}} = \sin\theta$,$\theta = \arctan\dfrac{b}{a}$,则

$$\int e^{ax}\cos bx\,\mathrm{d}x = e^{ax}\frac{(\cos\theta\cos bx + \sin\theta\sin bx)}{\sqrt{a^2+b^2}}.$$

又

$$\sin(\alpha\pm\beta)=\sin\alpha\cos\beta\pm\cos\alpha\sin\beta,\quad \cos(\alpha\pm\beta)=\cos\alpha\cos\beta\mp\sin\alpha\sin\beta,$$

因此有

$$u_0(t) = \frac{-2R_0 U_s}{\pi R_1}\sum_{n=0}^{\infty}\frac{1}{2n+1}\Bigg\{\frac{\cos\{[\omega-(2n+1)\omega_r]t+\varphi-\theta_{2n+1}^-\}}{\sqrt{\{[\omega-(2n+1)\omega_r]R_0 C_0\}^2+1}}$$
$$-\frac{\cos\{[\omega+(2n+1)\omega_r]t+\varphi-\theta_{2n+1}^+\}}{\sqrt{\{[\omega+(2n+1)\omega_r]R_0 C_0\}^2+1}}$$
$$-e^{-\frac{t}{R_0 C_0}}\Bigg\{\frac{\cos(\varphi-\theta_{2n+1}^-)}{\sqrt{\{[\omega-(2n+1)\omega_r]R_0 C_0\}^2+1}}$$
$$-\frac{\cos(\varphi-\theta_{2n+1}^+)}{\sqrt{\{[\omega+(2n+1)\omega_r]R_0 C_0\}^2+1}}\Bigg\}\Bigg\},\quad (28\text{-}4)$$

式中,

$$\theta_{2n+1}^- = \arctan\{[\omega-(2n+1)\omega_r]R_0 C_0\}\quad (n=0,1,2,\cdots),\quad (28\text{-}5)$$
$$\theta_{2n+1}^+ = \arctan\{[\omega+(2n+1)\omega_r]R_0 C_0\}\quad (n=0,1,2,\cdots).\quad (28\text{-}6)$$

2) 相关器的传输函数及性能

由式(28-4)对不同频率进行讨论,了解相关器的性能与物理意义.

(1) 基波.

当 $\omega = \omega_r$,输入信号频率等于参考信号频率时,输出电压记作 u_{01}.注意到当 $n=0$ 时,$\theta_1^- = 0$,因此式(28-4)可写成

$$u_{01} = -\frac{2R_0 U_s}{\pi R_1}\Bigg\{\Big(1-e^{-\frac{t}{R_0 C_0}}\Big)\cos\varphi - \frac{\cos(2\omega_r t+\varphi-\theta_1^+)}{\sqrt{(2\omega_r R_0 C_0)^2+1}} + e^{-\frac{t}{R_0 C_0}}\frac{\cos(\varphi-\theta_1^+)}{\sqrt{(2\omega_r R_0 C_0)^2+1}}$$
$$+\sum_{n=1}^{\infty}\frac{1}{2n+1}\Bigg\{\frac{\cos[-2n\omega_r t+\varphi-\theta_{2n+1}^-]}{\sqrt{(2n\omega_r R_0 C_0)^2+1}} - \frac{\cos[2(n+1)\omega_r t+\varphi-\theta_{2n+1}^+]}{\sqrt{[2(n+1)\omega_r R_0 C_0]^2+1}}$$
$$-e^{-\frac{t}{R_0 C_0}}\Bigg\{\frac{\cos(\varphi-\theta_{2n+1}^-)}{\sqrt{(2n\omega_r R_0 C_0)^2+1}} - \frac{\cos(\varphi-\theta_{2n+1}^+)}{\sqrt{[2(n+1)\omega_r R_0 C_0]^2+1}}\Bigg\}\Bigg\}\Bigg\}.\quad (28\text{-}7)$$

在图 28-1 中,积分器(低通滤波器)的频率响应函数为

$$|H(i\omega)| = \Bigg|\frac{u_0(i\omega)}{u_1(i\omega)}\Bigg| = \frac{R_0}{R_1}\cdot\frac{1}{\sqrt{(\omega R_0 C_0)^2+1}}.$$

当 $R_0 C_0$ 取足够大,使 $\omega_r R_0 C_0 \gg 1$ 时,即 $|H(i\omega)|=0$,可略去式(28-7)中的小项,即

$$u_{01} = -\frac{2R_0 U_s}{\pi R_1}\Big(1-e^{-\frac{t}{R_0 C_0}}\Big)\cos\varphi.\quad (28\text{-}8)$$

由式(28-8)可得:

① $T_e = R_0 C_0$ 为积分器(低通滤波器)的时间常数,由电容 C_0 和电阻 R_0 决定.

② 当 $t \gg T_e$ 时,得到稳态解为

$$u_{01} = -\frac{2R_0 U_s}{\pi R_1}\cos\varphi.\quad (28\text{-}9)$$

输出为直流电压,大小正比于输入信号的振幅 U_s,并和输入信号与参考信号之间的相位差 φ 的余弦成正比. $-\dfrac{R_0}{R_1}$ 为近似积分器(或低通滤波器)的直流放大倍数,负号表示由反相输入端输入.

③ 当 $\varphi = 0$ 时,$u_{01} = -\dfrac{2R_0 U_s}{\pi R_1}$,输出电压最大;当 $\varphi = \dfrac{\pi}{2}$ 时,$u_{01} = 0$,输出电压为零;当 $\varphi = \pi$ 时,$u_{01} = \dfrac{2R_0 U_s}{\pi R_1}$,与 $\varphi = 0$ 时反相;当 $\varphi = \dfrac{3\pi}{2}$ 时,$u_{01} = 0$,输出电压为零.

由式(28-9)可以决定锁定放大器输入信号的幅值及相对于参考信号的相位与输出电压之间的关系. 这个公式是锁定放大器用来进行微弱信号检测的基本公式. 为了便于理解,图 28-2 所示是输入信号为基波,相位 φ 分别为 $0, \dfrac{\pi}{2}, \pi, \dfrac{3\pi}{2}$ 时相关器各点的波形图.

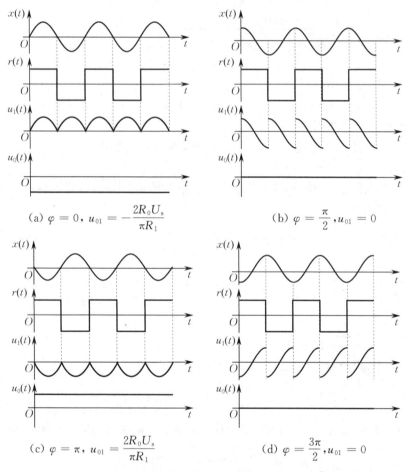

图 28-2　相关器输入信号为基波,相位 φ 分别为 $0, \dfrac{\pi}{2}, \pi, \dfrac{3\pi}{2}$ 时的波形图

(2) 偶次谐波.

当输入信号为参考信号频率的偶次谐波,即 $\omega = 2(n+1)\omega_r$ 时,令时间常数 $T_e = R_0 C_0$ 取足够大,使 $\omega_r R_0 C_0 \gg 1$,由式(28-4)可得

$$u_{0,2(n+1)} = 0. \qquad (28-10)$$

式(28-10)表明,当参考信号是占空比为1∶1的对称方波时,相关器抑制参考信号频率的偶次谐波.图28-3所示是相关器输入信号为二次谐波时的各点波形图.

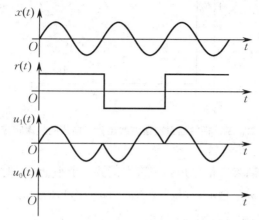

图 28-3　相关器输入信号为二次谐波时的波形图

(3) 奇次谐波.

当输入信号为参考信号频率的奇次谐波,即 $\omega=(2n+1)\omega_r$ 时,若 T_e 较大,有 $\omega_r R_0 C_0 \gg 1$,略去小项,输出电压记作 $u_{0,2n+1}$,由式(28-4)可得

$$u_{0,2n+1}=-\frac{2R_0 U_s}{\pi(2n+1)R_1}\left(1-e^{-\frac{t}{R_0 C_0}}\right)\cos\varphi. \tag{28-11}$$

由式(28-11)可得:

① 时间常数 $T_e=R_0 C_0$.

② 当 $t \gg T_e$ 时,有

$$u_{0,2n+1}=-\frac{2R_0 U_s}{\pi(2n+1)R_1}\cos\varphi. \tag{28-12}$$

③ 当输入信号为参考信号频率的奇次谐波时,相关器的输出直流电压幅值为基波频率的 $\frac{1}{2n+1}$.图28-4所示是相关器输入信号为三次谐波时的各点波形图.相关器奇次谐波输出直流电压的频率响应如图28-5所示.

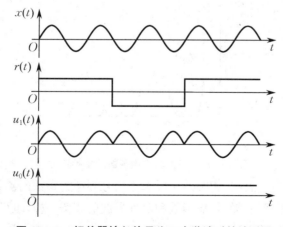

图 28-4　相关器输入信号为三次谐波时的波形图

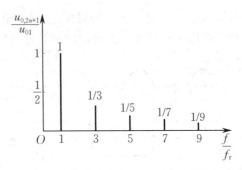

图 28-5　相关器奇次谐波输出直流电压的频率响应

(4) 偏离奇次谐波一个小量 $\Delta\omega$.

当输入信号角频率偏离参考信号角频率奇次谐波一个小量 $\Delta\omega$ 时,有

$$\omega = (2n+1)\omega_r + \Delta\omega \quad (n=0,1,2,\cdots).$$

当 $\omega_r R_0 C_0 \gg 1, t \gg T$ 时,由式(28-4) 可得

$$\begin{aligned}u_{0,2n+1+\Delta} &= -\frac{2R_0 U_s}{\pi(2n+1)R_1} \cdot \left[\frac{\cos(\Delta\omega t + \varphi - \theta^-_{2n+1})}{\sqrt{(\Delta\omega R_0 C_0)^2 + 1}} - e^{-\frac{t}{R_0 C_0}} \frac{\cos(\varphi - \theta^-_{2n+1})}{\sqrt{(\Delta\omega R_0 C_0)^2 + 1}}\right] \\ &= -\frac{2R_0 U_s}{\pi(2n+1)R_1} \cdot \frac{\cos(\Delta\omega t + \varphi - \theta^-_{2n+1})}{\sqrt{(\Delta\omega R_0 C_0)^2 + 1}},\end{aligned} \quad (28-13)$$

式中,

$$\theta^-_{2n+1} = \arctan(\Delta\omega R_0 C_0).$$

式(28-13) 表明,这时相关器的输出电压不再是直流电压,而是以 $\Delta\omega$ 为角频率的交流电压,当 $\Delta\omega = 0$ 时,式(28-13) 即为式(28-12). 由两式比较可见,当输入角频率偏离奇次谐波一个小量 $\Delta\omega$ 时,相关器的输出电压的幅值约为同一奇次谐波频率响应电压的 $\dfrac{1}{\sqrt{(\Delta\omega R_0 C_0)^2 + 1}}$, $\Delta\omega$ 越大,输出电压幅值越小. 这一因子是 6 dB/倍频程衰减的低通滤波器传输函数的模. 这里的 $\Delta\omega$ 可以为正也可以为负,表明在 $(2n+1)\omega_r$ 这一频率两边都按 6 dB/倍频程衰减. 因此,相关器在各奇次谐波附近相当于带通滤波器,传输函数的幅频特性如图 28-6 所示.

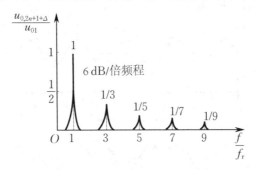

图 28-6　相关器传输函数的幅频特性

式(28-13) 和图 28-6 表明,相关器是以参考信号频率为参数的梳状滤波器,滤波器的通带在各奇次谐波处. 由于相关器的传输函数和对称方波的频谱一样,也可以说以对称方波为参考信号的相关器是同频对称方波的匹配滤波器. 它只允许对称方波中具有的各奇次谐波通过,

从而可抑制其他频率的干扰和噪声. $T_e = R_0 C_0$ 越大,在各奇次谐波处的通带就越窄,越接近于理想匹配滤波器.

(5) 同频方波.

当输入信号为与参考信号同频的方波时,有

$$x(t) = \frac{4}{\pi} U_s \sum_{n=0}^{\infty} \frac{1}{2n+1} \sin[(2n+1)\omega_r(t-\tau)], \tag{28-14}$$

式中,τ 为输入信号相对于参考信号的延迟时间. 当 $\omega_r R_0 C_0 \gg 1$ 时,略去小项,利用式(28-11),求得输出电压

$$u_0(t) = -\frac{8R_0 U_s}{\pi^2 R_1}\left(1 - e^{-\frac{t}{R_0 C_0}}\right) \sum_{n=0}^{\infty} \frac{1}{(2n+1)^2} \cos[(2n+1)\omega_r \tau]. \tag{28-15}$$

利用无穷级数公式

$$y = \frac{c}{2} - \frac{4c}{\pi}\left(\cos\frac{\pi y}{c} + \frac{1}{3^2}\cos\frac{3\pi y}{c} + \cdots\right) \quad (0 < y < c), \tag{28-16}$$

令 $y = \frac{c\omega_r \tau}{\pi}$,则有

$$\frac{4}{n} \sum_{n=0}^{\infty} \frac{1}{(2n+1)^2} \cos[(2n+1)\omega_r \tau] = \frac{1}{2} - \frac{\omega_r \tau}{\pi}. \tag{28-17}$$

把式(28-17)代入式(28-15),可得

$$u_0(t) = -\frac{R_0 U_s}{R_1}\left(1 - e^{-\frac{t}{R_0 C_0}}\right)\left(1 - \frac{2\omega_r \tau}{\pi}\right). \tag{28-18}$$

当 $t \gg T_e$ 时,令 $\varphi = \omega_r \tau$,式(28-18)为

$$u_0(t) = -\frac{R_0 U_s}{R_1}\left(1 - \frac{2\varphi}{\pi}\right). \tag{28-19}$$

对应于式(28-16)无穷级数成立的条件,式(28-19)在 $0 < \frac{\varphi}{\pi} < 1$ 时成立.

在坐标上进行平移,对延迟时间 τ 做变换,令 $\tau = \tau^* + \frac{T_r}{4}$,$\varphi^* = \omega_r \tau^*$,则

$$\varphi = \omega_r \tau = \omega_r\left(\tau^* + \frac{T_r}{4}\right) = \varphi^* + \omega_r \frac{T_r}{4} = \varphi^* + \frac{\pi}{2}.$$

因 $\omega_r = 2\pi f_r = \frac{2\pi}{T_r}$,其中 T_r 为参考信号的周期,延迟时间移动了 $\frac{T_r}{4}$,即相移了 $\frac{\pi}{2}$,故式(28-19)为

$$u_0(t) = \frac{R_0 U_s}{R_1} \cdot \frac{2\varphi^*}{\pi} \quad \left(-\frac{\pi}{2} < \varphi^* < \frac{\pi}{2}\right). \tag{28-20}$$

由式(28-20)得到以下两点结论.

① 输入信号为对称方波时,相关器的输出直流电压为输入信号振幅乘低通滤波器的直流放大倍数,并和两方波的相位差构成线性关系.

② 当输入信号 U_s 恒定时,相关器成为相敏检测器,由于这一原因,国内外大部分的锁定放大器资料中都把相关器称为相敏检测器. 式(28-20)可用曲线表示,如图28-7所示.

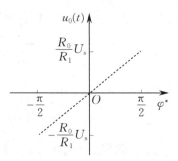

图 28-7 相关器输入信号为方波时,输出电压与相位差的线性关系

3) 相关器的等效噪声带宽

由上述讨论可知,用相关器的传输函数讨论和计算相关器的性能可以得到需要的结果. 用上述讨论的公式,可以很方便地计算相关器对不相干信号的抑制能力. 但对于白噪声的抑制能力,采用等效噪声带宽计算更方便,处理更简单.

根据式(28-13)求出 $2n+1$ 次谐波附近,相对于基波响应的归一化传输函数为

$$K_{2n+1} = \frac{1}{2n+1} \cdot \frac{1}{\sqrt{(\Delta\omega R_0 C_0)^2 + 1}}. \tag{28-21}$$

根据等效噪声带宽的定义,等效噪声带宽为

$$\Delta f_{N(2n+1)} = \int_0^{+\infty} K_{2n+1}^2 \, d\Delta f, \tag{28-22}$$

式中,$\Delta f_{N(2n+1)}$ 的下标表示在 $2n+1$ 次谐波处的等效噪声带宽,Δf 为相对于 $(2n+1)f_r$ 的频差. 把式(28-21)代入式(28-22),由于输入噪声的频率有些比 $(2n+1)f_r$ 高,有些比 $(2n+1)f_r$ 低,并都将在输出端产生噪声贡献,因此积分限应从 $-\infty$ 到 $+\infty$,有

$$\Delta f_{N(2n+1)} = \int_{-\infty}^{+\infty} \left[\frac{1}{2n+1} \cdot \frac{1}{\sqrt{(\Delta\omega R_0 C_0)^2 + 1}} \right]^2 d\Delta f. \tag{28-23}$$

利用公式

$$\int_{-\infty}^{+\infty} \frac{dx}{(\sqrt{x^2+1})^2} = \pi,$$

令 $x = \Delta\omega R_0 C_0 = 2\pi R_0 C_0 \Delta f$,求式(28-23)的积分,得

$$\Delta f_{N(2n+1)} = \frac{1}{(2n+1)^2} \cdot \frac{1}{2R_0 C_0}. \tag{28-24}$$

(1) 基波处的等效噪声带宽.

在式(28-24)中,若 $n=0$,则表示基波处的等效噪声带宽,且有

$$\Delta f_{N1} = \frac{1}{2R_0 C_0} = \frac{1}{2T_e}. \tag{28-25}$$

式(28-24)和式(28-25)表明,基波处的等效噪声带宽与低通滤波器的时间常数有关. 但是,它并不等于低通滤波器的等效噪声带宽 $\frac{1}{4T_e}$,而是低通滤波器的等效噪声带宽的 2 倍. 这是因为在基波频率处,大于或小于该频率的噪声都能进入相关器的低通滤波器.

(2) 总等效噪声带宽.

总等效噪声带宽为各次谐波处等效噪声带宽之和,利用公式

$$\sum_{n=0}^{\infty} \frac{1}{(2n+1)^2} = \frac{\pi^2}{8},$$

可得

$$\Delta f_N = \sum_{n=0}^{\infty} \Delta f_{N(2n+1)} = \frac{\pi^2}{8} \Delta f_{N1}. \tag{28-26}$$

总等效噪声带宽约为基波处的等效噪声带宽的 1.23 倍.

2. 相关器原理

相关器实验插件盒的相关器原理框图如图 28-8 所示,由加法器、交流放大器、开关式乘法器(PSD)、低通滤波器、直流放大器、零偏调节、参考输入与方波驱动电路等组成. 这些器件分别简述如下.

(1) 加法器:由运算放大器组成,并与反相器组成反相加法器,有两个输入端,一个是信号输入端,另一个是噪声或干扰信号输入端,把信号与噪声混合起来,便于观察研究相关器的抑制噪声或抗干扰的能力. 加法器的输出通过面板电缆插头引出.

(2) 交流放大器:由另一个运算放大器接成同相交流放大器,放大倍数分别为 1,10,100.

(3) 开关式乘法器:由两个运算放大器和一对开关组成,输出由面板 BNC(Q9) 电缆插头引出,可接示波器观察波形.

(4) 低通滤波器:由运算放大器构成 RC 滤波器,时间常数由 RC 决定,面板控制时间常数有 0.1 s,1 s,10 s.

(5) 直流放大器:低通滤波器输出的直流电压,由运算放大器组成的直流放大器进行放大,放大倍数分别为 1,10,100,分别由面板旋钮控制.

(6) 零偏调节:在直流放大器输入端有一调零电路,零偏电位器在面板的右上方,便于调零.

(7) 参考输入与方波驱动电路:参考方波由面板 BNC 电缆插座输入,经两个运算放大器变成相位相反的一对方波,控制开关式乘法器的开关,完成乘法器的功能.

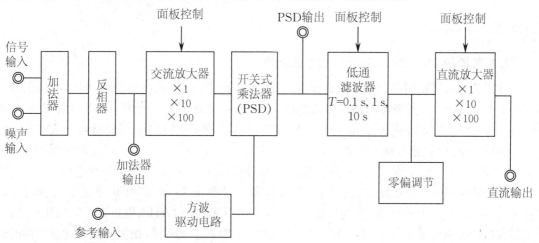

图 28-8　相关器原理框图

3. 相关器实验电路使用公式说明

上述相关器传输函数的讨论中，输入信号电压 $x(t)=U_s\sin(\omega t+\varphi)$，式中，$U_s$ 为正弦波的振幅. 但实验中交流电压的测量均是使用有效值（方均根值）. 因此，本实验在以下的测量值均采用方均根值 U_{rms}（有效值）来度量交流电压的大小，不再使用交流电压的峰值，并且所有实验电路中的放大倍数的校正都是使用方均根值电压表校正定标的. 此外，相关器的实验电路在相关器前加了交流放大器，放大倍数为 K_{AC}，在相关器后加了倒相的直流放大器，放大倍数为 K_{DC}. 再考虑到本实验的多功能信号源的倍频用 n 表示，分频用 $\frac{1}{n}$ 表示，为了后面计算方便，把式(28-9)、式(28-10)、式(28-12)、式(28-13)、式(28-19)分别改写为如下形式.

基波响应：
$$u_{01}=K_{AC}\cdot K_{DC}\cdot U_{s(rms)}\cos\varphi. \qquad (28-27)$$

偶次谐波响应：
$$u_{0n}=0 \quad (n \text{ 为偶数}). \qquad (28-28)$$

奇次谐波响应：
$$u_{0n}=\frac{1}{n}K_{AC}\cdot K_{DC}\cdot U_{s(rms)}\cos\varphi \quad (n \text{ 为奇数}). \qquad (28-29)$$

奇次谐波附近干扰信号的响应：
$$u_{0n}=\frac{1}{n}K_{AC}\cdot K_{DC}\cdot U_{s(rms)}\frac{\cos(\Delta\omega t+\varphi)}{\sqrt{(\Delta\omega R_0 C_0)^2+1}} \quad (n \text{ 为奇数}). \qquad (28-30)$$

同频方波的相位特性：
$$u_0(t)=K_{AC}\cdot K_{DC}\cdot U_{s(rms)}\left(1-\frac{2\varphi}{\pi}\right). \qquad (28-31)$$

此后本实验中所有的理论计算都使用这些公式.

实验仪器

ND-501 型微弱信号检测实验综合装置，(数字存储) 示波器等.

实验内容

1. 相关器的 PSD 波形观察及输出电压测量

按图 28-9 所示用电缆或导线连接各实验器件. 其中，在宽带移相器中，假设输入正弦波 $x(t)=U_{s(rms)}\sin\omega t$，宽带移相器产生占空比为 1:1、振幅为 10 V 的方波 $r'(t)$，相移量为 φ，由 $0°\sim100°$ 连续可调的移相器和 $90°,180°,270°$ 的固定移相器调节. 相位计将测量"参考输入"（相位为 φ_b）与"信号输入"（相位为 φ_a）的相位差，得到数值 $\varphi_b-\varphi_a$. 相位计面板的"微调"旋钮，供测量三角波、正弦波时调零用. 接通电源，预热 2 min，实验按以下步骤进行.

（1）调节多功能信号源的频率和振幅，使用频率计和交流、直流、噪声电压表分别测量信号源 U_s 的频率 f_s 和有效值（方均根值）$U_{s(rms)}$，输出频率约为 1 kHz、电压为 1 V 的正弦波. 相关器参数选择直流放大倍数 K_{DC} 为 ×1，交流放大倍数 K_{AC} 为 ×1，相关器低通滤波器的时间常数设为 1 s.

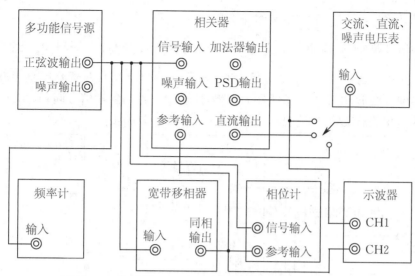

图 28-9　相关器 PSD 波形观察及输出电压测量实验框图

(2) 用同相的正弦波分别输入"参考输入"与"信号输入",调节相位计面板的"微调"旋钮,对相位计的相位零点进行校准.

(3) 按照表 28-1 调节宽带移相器的相移量 $\varphi = \varphi_a - \varphi_b$,测量相关器输出直流电压 u_o 与相关器的输入信号对参考信号相位差 φ 之间的关系,观察并记录 PSD 的输出波形,记录数据. 其中,用交流、直流、噪声电压表测量相关器的输出直流电压 u_o,用相位计测量相位差 φ,用示波器同时观察 PSD(CH1) 和参考信号(CH2) 的输出波形.

(4) 把实测结果与理论值进行对比. 理论值可由下式计算:

$$u_o = K_{AC} \cdot K_{DC} \cdot U_{s(rms)} \cos \varphi. \tag{28-32}$$

作 u_o-φ 关系曲线.

表 28-1　相关器的 PSD 波形观察及输出电压 U_o 的测量

φ	u_o(实验)	u_o(理论)	PSD 与参考信号波形
0°		1 V	
45°		0.707 V	
90°		0	
135°		−0.707 V	
180°		−1 V	
225°		−0.707 V	
270°		0	
315°		0.707 V	

2. 相关器谐波响应的测量与观察

实验连接框图如图 28-10 所示. 宽带移相器输入信号由多功能信号源右下方的"$n\left(\dfrac{1}{n}\right)$ 输出"(即 n 倍频或 $\dfrac{1}{n}$ 分频) 送出. 倍频数通过 4 位二进制开关预置,能得到 0~15 的倍频. 二进制多功能信号源"功能选择"置于分频 $\dfrac{1}{n}$. 由于相关器的参考信号为输入信号的 $\dfrac{1}{n}$ 分频,即相关器的输入信号为参考信号的 n 次倍频.

多功能信号源 $n\left(\dfrac{1}{n}\right)$ 输出先置分频为1,正弦波输出电压 $U_{s(rms)}$ 为1 V,频率为1 kHz,相关器交流放大倍数 $K_{AC}=1$,直流放大倍数 $K_{DC}=1$,用示波器CH1观察PSD输出波形,CH2观察参考信号输入波形,调节宽带移相器的相移,使输入信号与参考信号同相,用交流、直流、噪声电压表测量相关器实验盒的输出电压 $u_{01}=1$ V,观察波形图.

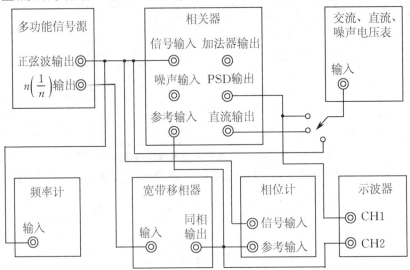

图 28-10　相关器谐波响应的观察及测量实验框图

改变 n 为2,3,4,5,6,重复上述测量,并将数据记入表28-2中.将测量结果与偶次谐波响应公式(28-28)和奇次谐波响应公式(28-29)的理论计算值进行对比.

表 28-2　相关器谐波响应的测量

n	u'_{on}（实验）	u_{on}（理论）	PSD与参考信号波形
1			
2			
3			
4			
5			
6			

3. 相关器对不相干信号的抑制

对不相干信号抑制的测试框图如图28-11所示.多功能信号源Ⅰ的输出正弦波信号为相关器的输入信号,由相关器的"信号输入"端输入,多功能信号源Ⅱ的输出正弦波信号作为相关器的干扰信号,由相关器的"噪声输入"端输入.同时由多功能信号源Ⅰ输出给宽带移相器,宽带移相器输出作为相关器的参考信号,由相关器的"参考输入"端输入.由示波器的CH1通道观察相关器的"PSD输出"波形,CH2通道观察参考输入信号波形.用交流、直流、噪声电压表测量输入信号、干扰信号的交流电压,测量相关器输出的直流电压,由频率计测量输入信号和干扰信号的频率.

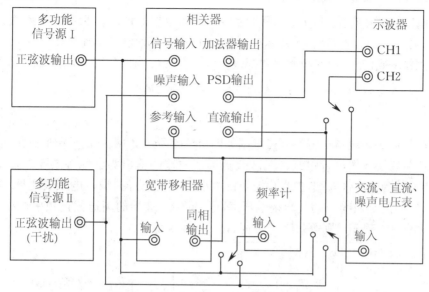

图 28-11 对不相干信号抑制的测试框图

选择相关器的交流放大倍数为 ×10,直流放大倍数为 ×1,时间常数为 0.1 s,调节多功能信号源 I 的频率为 210 Hz(可以任选),电压为 100 mV,调节多功能信号源 II 的输出电压为 0(即相关器输入信号不混有干扰信号),调节宽带移相器的相移量,使相关器的参考信号与输入信号同相,即输出的直流电压最大,可以用示波器观察 PSD 输出波形成全波整流波形.记下 PSD 输出波形及相关器输出的直流电压.

信号源 II 作为干扰源,调节信号源 II 的输出电压 $U_d = 0, 100$ mV, 300 mV, 600 mV, 700 mV, 800 mV,改变干扰信号的大小,任选工作频率 f_d(如 1 211 Hz).首先,不加干扰信号, $U_d = 0$ 时,测量被测信号 $U_s = 100$ mV, $f_s = 210$ Hz 的相关器的输出直流电压 u'_o.调节宽带移相器使参考信号与被测信号同相,输出电压 $u'_o = 1$ V,并用示波器观察 PSD 输出波形和参考信号(方波)的波形.增加干扰电压 U_d 为 100 mV, 300 mV, 600 mV, 700 mV, 800 mV,测量相关器的输出电压,与理论公式(28-30)计算所得结果进行比较,并记录在表 28-3 中.

表 28-3 相关器对不相干信号的响应

被测信号参数: $f_s = 210$ Hz, $U_{s(rms)} = 100$ mV, $U_r = _____$ V
干扰信号参数: $f_d = _____$ kHz

U_d/mV	u'_o(实验)	u_o(理论)	PSD 与参考信号(方波)波形
100			
300			
600			
700			
800			

改变干扰信号的频率,观察干扰信号频率逐渐接近输入信号的奇次谐波时,相关器抗干扰的能力.信号的各奇次谐波处形成带通特性,通带宽度(或用 Q 值表示)由低通滤波器的时间常数决定.改变积分时间常数为 1 s 或 10 s,观察相关器抗干扰的能力.

4. 对噪声的抑制与等效噪声带宽

白噪声电压与带宽有关. 多功能信号源中的白噪声发生器是一宽带白噪声源. 要确切测量噪声电压, 必须要已知噪声带宽. 噪声带宽可以用由高通、低通滤波器组成的一个已知通带宽度的带通滤波器来确定. 一阶有源滤波器等效信号带宽 Δf_s 与等效噪声带宽 Δf_n 由下列关系式决定:

$$\Delta f_n = \frac{\pi}{2}\Delta f_s. \tag{28-33}$$

对噪声的抑制与等效噪声带宽测量框图如图 28-12 所示. 白噪声信号源通过由高通、低通滤波器组成的带通滤波器进行限制, 使高通、低通滤波器的输出为已知等效噪声带宽的噪声源, 并输给相关器的噪声输入端, 白噪声电压的大小由交流、直流、噪声电压表测量. 在测量白噪声电压时, 给出的是白噪声的方均根电压. 高通、低通滤波器的高通截止频率选在 250 Hz, 低通截止频率选在 25 kHz, 则等效噪声带宽 $\Delta f_n \approx 39$ kHz.

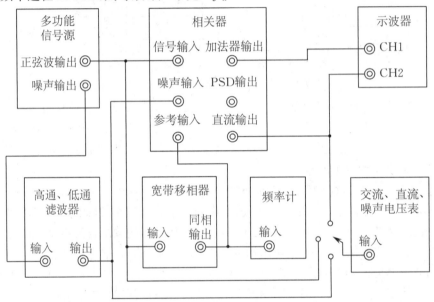

图 28-12　对噪声的抑制与等效噪声带宽测量框图

相关器选 $K_{AC}=10, K_{DC}=10, T_e=1$ s. 输入信号频率 $f_s=1$ kHz, $U_{si}=50$ mV, 先不加白噪声干扰信号. 调节宽带移相器的相移, 使输入信号与参考信号同相, 并用示波器观察"加法器输出"的波形, 用电压表测量输出电压, 用示波器记下输出直流电压曲线. 这里必须提醒的是, 使用示波器测量, 必须使用直流耦合, 扫描时间调到较慢, 每格 10 s 或更慢.

白噪声信号由相关器"噪声输入"端输入, 作为干扰信号. 调节白噪声信号源的输出幅度或与高通、低通滤波器的放大倍数相配合调节, 使输入白噪声方均根电压为 100 mV. 用示波器 CH2 通道观察"加法器输出"信号与噪声相混的波形, 这时信噪比 $\dfrac{U_{si}}{U_{ni(rms)}}=\dfrac{1}{2}$, 在"PSD 输出"也能观察到混有噪声的 PSD 输出波形. 用示波器 CH1 通道显示输出的直流电压与噪声起伏. 根据噪声起伏电压 $U_{no(p-p)}$ 曲线可以求得方均根值 $U_{no(rms)}=\dfrac{1}{6}U_{no(p-p)}$ (注意, 为了计算方便, 这个电压已折合为输入端的电压值).

根据白噪声的性质,输入信噪比对输出信噪比改善由输入等效噪声带宽和相关器的等效噪声带宽的平方根决定,即

$$\frac{U_{so}}{U_{no(rms)}} = \frac{U_{si}}{U_{ni(rms)}}\sqrt{\frac{\Delta f_{ni}}{\Delta f_{no}}}, \qquad (28-34)$$

式中,Δf_{no} 由式(28-26)决定. 把 Δf_{ni},Δf_n,$\frac{U_{si}}{U_{ni(rms)}}$ 代入式(28-34)可以求得相关器输出信噪比 $\frac{U_{so}}{U_{no(rms)}}$,比较输出信噪比相对于输入信噪比的差异. 同理,使用上述公式求 $T_e = 0.1$ s 和 $T_e = 10$ s 时的输出信噪比,并记录在表 28-4 中. 根据计算和示波器显示的测量波形,比较对于不同的时间常数,相关器抑制噪声能力的差别,并进行讨论.

表 28-4 不同时间常数时相关器的响应

被测信号参数:$f_s =$ _____ kHz,$U_{si} =$ _____ mV

时间常数 T_e/s	输入噪声电压 $U_{ni(rms)}$/mV	输入信噪比 $U_{si}/U_{ni(rms)}$	输出噪声电压 $U_{no(rms)}$/mV	输出信噪比 $U_{so}/U_{no(rms)}$	信噪比改善
1	100				
10	100				
0.1	100				

5. 相敏检测特性

实验连线及原理框图如图 28-9 所示. 把多功能信号源的输出改成方波输出. 工作频率选为 250 Hz(其他频率也可以). 输入方波信号为 1 V. 相关器的参数选择如下:$K_{AC} = 1$,$K_{DC} = 1$,$T_e = 1$ s.

改变宽带移相器的相移量. 由示波器观察 PSD 输出波形,并测量相关器输出的直流电压. 用相位计测出输入信号与参考信号的相位差 φ,以及对应的输出直流电压 u_o,作 u_o-φ 曲线. 测量数据记录于表 28-5 中.

表 28-5 相敏检测特性

输入电压 U_{si}/mV	相位差 φ	输出电压 u_o/mV	输入电压 U_{si}/mV	相位差 φ	输出电压 u_o/mV
1 V	0°		1 V	180°	
1 V	30°		1 V	210°	
1 V	45°		1 V	225°	
1 V	60°		1 V	240°	
1 V	90°		1 V	270°	
1 V	120°		1 V	300°	
1 V	135°		1 V	315°	
1 V	150°		1 V	330°	

6. 直流漂移

按图 28-13 所示接线. 相关器的"信号输入"端短接(输入信号为零). 由多功能信号源输

出 100 mV 的任意频率的方波或正弦波信号,直接输给相关器的"参考输入"端,作为参考信号(也可以经宽带移相器后再输入,相关器的直流漂移与相关器的参考信号的相位无关). 相关器的时间常数设为 1 s,交流放大倍数置×1,直流放大倍数置×100,用电压表或示波器测出直流电压的漂移. 首先调节零偏电位器,使输出为 0(显示 mV 量级即可). 由于直流漂移为缓慢变化,通常用每小时漂移量相对于满刻度输出直流电平的百万分之几来度量(ppm/h). 因此,要连续测量 1 h 或更长时间. 测量结果大概在 mV 量级,定义满刻度电平为 1 V,漂移为几千 ppm/h. 由于直流漂移正比于直流放大倍数,只要测量直流放大倍数为 100 时的漂移量,就可以求得直流放大倍数分别为 10,1 时的直流漂移量,即直流放大倍数为 100 时的 $\frac{1}{10}, \frac{1}{100}$.

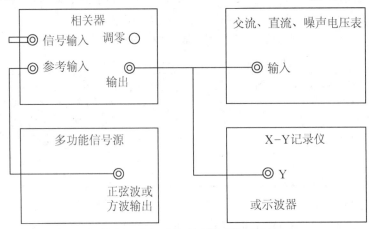

图 28-13　相关器直流漂移的测量框图

!注意事项

实验过程中需注意屏蔽与接地,消除外部干扰因素与粗大噪声.

?思考题

1. 锁定放大器与一般含义的放大器有什么主要的区别?
2. 相关器为什么可以检测微弱信号?
3. 输入相关器的待测信号和参考信号间的相位关系对输出的直流信号有何影响?
4. 低通滤波器的时间常数的选择对相关器输出的直流信号有什么影响?

实验 29

微弱信号检测实验

实验目的

1. 了解影响微弱交、直流电压信号测量的因素.
2. 了解和掌握提高直流电压信号测量精度的方法.
3. 了解锁定放大器的基本原理.
4. 了解对信号进行调制的方法及作用.
5. 掌握微弱交、直流电压信号的测量方法.

实验原理

1. 微弱直流电压信号测量

1）影响微弱直流电压信号测量精度的因素

在科学研究和生产实践中存在大量的微弱直流信号,这些信号通常低于 mV 量级,在 μV 量级范围内,用常用的直流电压表不能精确测量. 影响测量精度的因素主要有下列几种.

（1）仪器的直流漂移.

测量仪器都是由电子器件组成的,电子器件的参数会受温度影响而产生直流电压漂移,称为温度漂移. 由于测量仪器工作后,供电电源会使仪器内部温度上升几到几十摄氏度,将会引起几十毫伏的直流漂移. 要精确测量 μV 量级的信号有一定难度.

对于无源器件电阻等,当温度变化时也会引起阻值变化,从而引起有源器件的偏置电流和电压变化. 更严重的是有源器件运算放大器或晶体管及场效应管的失调电压和失调电流会引起失调漂移. 一般的运算放大器失调漂移在 $0.5 \sim 20\,\mu V/℃$ 范围内.

（2）仪器的噪声.

半导体器件的噪声密度随着频率下降而增加,在接近直流时,低频噪声将会增加到很大. 此外,无源器件电阻除了热噪声外,在低频时会增加过剩噪声. 甚至低噪声的电容器在直流附近也会产生一定的噪声,这些噪声加在一起会产生较大的噪声,有时会达到几十微伏.

（3）工频等外界频率的干扰.

50 Hz 的工频对电压传感器及电源变压器的电磁感应都会带来很大的干扰电压,通常会达到几十微伏到 mV 量级,会严重影响测量精度.

2）提高直流电压测量精度的措施

（1）选用低漂移器件. 有源器件选用失调漂移小的运算放大器,至少要小于 $0.1\,\mu V/℃$,或选用零漂移的斩波稳零的特殊运算放大器. 无源器件选用温度系数小的电阻和电容.

（2）减小环境温度变化. 减小仪器内部的功耗,避免工作时环境温度变化太大. 必要时采用恒温措施.

（3）选择低噪声器件. 有源器件运算放大器选用低频噪声小的器件. 电阻选用金属膜电阻,电容选用 CBB 等低噪声电容,尽量不使用电解电容.

（4）减小检测仪器带宽.

（5）减小电源供电的纹波,选用线性稳压电源或电池供电.

（6）用金属屏蔽盒屏蔽或减小外来干扰.

（7）改进测量方法. 采用扣除零点漂移的方法,减小漂移对测量的影响,提高微弱直流电压的测量精度. 对微弱直流电压放大器的输出电压信号进行采样,采用取平均的方法,减小噪声对测量的影响.

2. 锁定（相）放大器

微弱直流电压信号的测量由于受到测量仪器内部有源器件的失调电压、失调电流引起的直流漂移和低频噪声 $\left(即 \dfrac{1}{f} 噪声\right)$ 的限制,使测量最高灵敏度在 $1\,\mu V$ 左右. 为进一步提高测量灵敏度,达到 nV 量级,可将待测直流信号转换成交流信号测量,这样就避开了直流漂移和低频噪声,使测量灵敏度进一步提高.

1）频谱迁移

测量温度、光强、长度、压力、磁感应强度等物理量时,由传感器把非电量信号变成了微弱的电信号,这些电信号是时间的函数,具有一定的频谱. 这些信号绝大部分可能是微弱的直流信号或随时间缓慢变化的信号,从频谱角度来讲是分布在零频附近区域的信号. 对于这样的信号要进行直接放大和测量,要用直流放大器,但使用直流放大器进行弱信号测量时存在低频噪声和直流漂移,这将严重影响测量灵敏度的提高.

对上述信号使用调制器或斩波器将其转换成交流信号,即把信号所有频谱分量迁移到调制频率 ω_0 处,再进行放大,以避开低频噪声和直流漂移,有利于信号检测. 图 29-1 所示为对信号进行调制前后的噪声功率谱图.

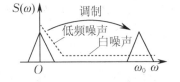 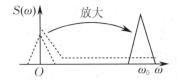

图 29-1　信号调制前后的噪声功率谱图

由图 29-1 可知,若一个信号的频谱在直流附近,如在 1 Hz 范围内,用一个带宽为 1 Hz 的直流放大器进行放大,则存在较大的低频噪声和直流漂移. 如果把信号在频率轴上平移到白噪声区,用带通放大器放大,相比用直流放大器放大,极大地提高了输出信噪比,避免了直流漂移. 锁定放大器相当于 Q 值很高的带通放大器,它的特点是克服了一般带通放大器对 Q 值的限制. 因此,在用锁定放大器进行微弱信号检测时,常采用调制技术,即使信号在频率轴上平移的技术.

2) 锁定放大器原理

实际测量一个被测信号时,无用的噪声和干扰总会伴随出现,影响了被测信号测量的精度和灵敏度.当噪声功率超过待测信号功率时,就需要用微弱信号检测仪器和设备来恢复或检测原始信号.锁定放大器采用相干检测技术使输出信噪比达到最大,能在强噪声情况下检测微弱信号的振幅和相位.

锁定放大器以相干检测技术为基础,其核心部分是相关器,基本原理框图如图29-2所示.典型锁定放大器的框图分成三部分:信号通道、参考通道、相关器.

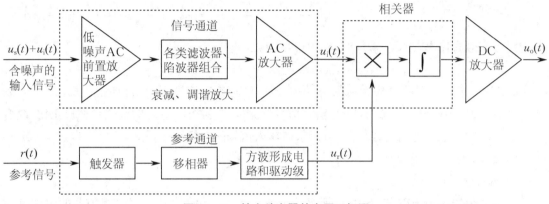

图 29-2 锁定放大器基本原理框图

(1) 信号通道.

信号通道由低噪声 AC 前置放大器,各种功能的有源滤波器、陷波器组合,AC 放大器等部分组成.作用是把输入的微弱信号 $u_i(t)$ 放大到足以推动相关器工作的电平,抑制和滤掉部分干扰信号和噪声,以及扩大仪器的动态范围.

(2) 参考通道.

互相关接收除了被测信号外,还需要有另一个信号(参考信号)输入乘法器中.参考通道的作用是产生与被测信号同步的方波参考信号输出给相关器.

移相器是参考通道的主要部件,它的功能是改变参考通道输出方波的相位,要求在 $0°\sim 360°$ 范围内可调,以保证输出信号 $u_o(t)$ 能达到正或负的最大.

方波形成电路的作用是把经过移相器的波形变成与被测信号同频同步的占空比严格为 1∶1 的方波.方波的对称性,可以消除偶次谐波的响应.

驱动级把方波变成一对相位相反的方波 u_{1r} 和 u_{2r},用以驱动相关器中的电子开关,根据开关对驱动电压的要求,驱动级输出一定振幅的方波参考信号给相关器,其中

$$u_{1r} = \frac{4}{\pi} \sum_{n=0}^{\infty} \frac{1}{2n+1} \sin[(2n+1)\omega_r t],$$

$$u_{2r} = \frac{4}{\pi} \sum_{n=0}^{\infty} \frac{1}{2n+1} \cos[(2n+1)\omega_r t].$$

(3) 相关器.

相关器主要由一个开关式乘法器和一个积分器(低通滤波器)组成,而开关式乘法器又叫相敏检测器(PSD).通过把放大后的输入信号 $u_i(t) = U_i \sin(\omega_i t + \varphi_i)$ 与参考信号 $u_r(t)$ 进行

相关(乘法运算),可实现从噪声或干扰中检测有用信号.

当 $u_r(t)$ 是周期矩形方波时,其傅里叶级数为

$$u_r(t) = \frac{4}{\pi} \sum_{n=0}^{\infty} \frac{1}{2n+1} \sin[(2n+1)\omega_r t].$$

PSD 的输出为

$$u_o(t) = u_i(t) \cdot u_r(t) = U_i \sin(\omega_i t + \varphi_i) \cdot \frac{4}{\pi} \sum_{n=0}^{\infty} \frac{1}{2n+1} \sin[(2n+1)\omega_r t]$$

$$= \sum_{n=0}^{\infty} \frac{2U_i}{(2n+1)\pi} \{\cos\{[\omega_i - (2n+1)\omega_r]t + \varphi_i\} - \cos\{[\omega_i + (2n+1)\omega_r]t + \varphi_i\}\},$$

此式经过积分后输出,当 $\omega_i = \omega_r$ 时,输出电压为

$$u_o(t) = KU_i\cos(\varphi_i - \varphi_r) = KU_i\cos\varphi, \tag{29-1}$$

式中,K 为锁定放大器的总放大倍数,φ 为输入信号与参考信号之间的相位差.式(29-1)表明,锁定放大器的输出为直流电压,与输入信号的振幅 U_i 和相位差 φ 的余弦乘积成正比.改变参考信号和输入信号之间的相位差,可以求得输入信号的振幅和相位.

3) 锁定放大器的特性参量

(1) 等效信号带宽.

锁定放大器相当于以 f_r 为中心频率的带通放大器.等效信号带宽由相关器的时间常数 T_e 决定.对于使用一阶低通滤波器的相关器(见图 29-3),有如下公式:

$$\Delta f_s = \frac{1}{\pi R_0 C_0} = \frac{1}{\pi T_e}, \tag{29-2}$$

式中,Δf_s 为等效带通放大器的等效信号带宽;R_0,C_0 分别为相关器的低通滤波器的滤波电阻和电容;时间常数 $T_e = R_0 C_0$.

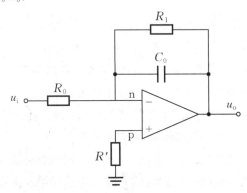

图 29-3　一阶低通滤波器

(2) 等效噪声带宽.

锁定放大器的等效噪声带宽 Δf_n 由相关器决定.对于使用一阶低通滤波器的相关器,已知 Δf_s,可求得 Δf_n 为

$$\Delta f_n = \frac{\pi}{2} \Delta f_s = \frac{1}{2R_0 C_0}, \tag{29-3}$$

即等效噪声带宽由低通滤波器的时间常数(调节范围为 $10^{-3} \sim 10^3$ s)决定.例如,当 $T_e =$

$R_0C_0 = 300$ s 时,可得带通放大器的等效信号带宽 Δf_s 和等效噪声带宽 Δf_n 分别为

$$\Delta f_s = 1.06 \times 10^{-3} \text{ Hz}, \quad (29-4)$$

$$\Delta f_n = 1.67 \times 10^{-3} \text{ Hz}. \quad (29-5)$$

这表明锁定放大器具有十分窄的等效信号带宽和等效噪声带宽. 如果工作频率 f_s 为 100 kHz,此时,相对应的带通放大器的 Q 值为

$$Q = \frac{f_s}{\Delta f_s} = 9.4 \times 10^7. \quad (29-6)$$

这样高的 Q 值,是常规带通放大器所不能达到的. 同时,对于锁定放大器,不必担心这样高的 Q 值会由于元件的环境温度、工作频率、工作环境的变化带来不稳定,因为相关器只是相当于带通放大器,而不是一个真正的带通放大器. 如果真的有一个 $Q = 10^8$ 的带通放大器,很可能由于元件、信号源频率等稳定性问题,而使实际系统无法工作. 这里的锁定放大器,是采用相关接收的原理,相当于一个"跟踪"滤波器. 由于信号和参考信号严格同步,因此就不存在频率的稳定性问题. 等效 Q 值由低通滤波器的时间常数决定,对元件的稳定性要求不高,这里不存在常规带通放大器的缺点.

(3) 信噪比改善.

已知白噪声电压与等效噪声带宽的平方根成正比,如热噪声电压

$$U_{\text{rms}} = \sqrt{4KTR\Delta f_n},$$

设仪器输入等效噪声带宽 $\Delta f_{ni} = 200$ kHz,相关器的输出等效噪声带宽为 $\Delta f_{no} = 1.67 \times 10^{-3}$ Hz,则锁定放大器的信噪比改善为

$$\frac{\dfrac{S_o}{N_o}}{\dfrac{S_i}{N_i}} = \sqrt{\frac{\Delta f_{ni}}{\Delta f_{no}}} = 1.09 \times 10^4. \quad (29-7)$$

这表明相关器使电压信噪比提高 10^4 倍以上,功率信噪比提高了 80 dB 以上. 这些数据充分表明,采用相关器技术设计的锁定放大器具有很强的抑制噪声的能力.

4) 双相锁定放大器

HB-521 型微弱信号检测与噪声实验仪器系统采用双相锁定放大器(其原理框图如图 29-4 所示). 双相锁定放大器能同时检测用直角坐标表示的同相分量和正交分量,或用极坐标表示的振幅和相位,改变 φ 并不引起振幅的变化. 待测信号 $u_i(t) = U_i \sin(\omega t + \varphi_s)$ 经信号通道后,被分别输入两个相同的 PSD 电路,被两个相互正交 $\left(\text{相位差为} \dfrac{\pi}{2}\right)$ 的方波信号 $U_r(t, \varphi_r)$ 和 $U_r\left(t, \varphi_r + \dfrac{\pi}{2}\right)$ 所驱动,最后分别在同相 PSD 和正交 PSD 中输出正比于 $u_i(t)$ 幅值 U_i 的电压 U_x 和 U_y,即 $U_x = KU_i \cos(\varphi_s - \varphi_r)$,$U_y = KU_i \sin(\varphi_s - \varphi_r)$. 利用向量计算机可以得到待测信号用极坐标表示的振幅分量 U_r 和相位分量 φ. 在应用双相锁定放大器时,不需要调整参考信号与输入信号的相位差,非常方便.

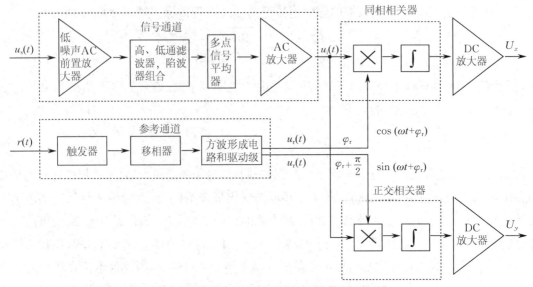

图 29-4 双相锁定放大器原理框图

直角坐标表示的同相分量 U_x 和正交分量 U_y 及用极坐标表示的振幅分量 U_r 和相位分量 φ 的关系如图 29-5 所示,有

$$U_x = U_r \cos\varphi, \quad U_y = U_r \sin\varphi, \quad U_r = \sqrt{U_x^2 + U_y^2}, \quad \varphi = \arctan\frac{U_y}{U_x}.$$

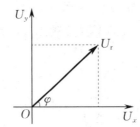

图 29-5 已知频率的正弦信号的矢量表示

可见,φ 的精度不影响测量结果,因此双相锁定放大器可以作为矢量电压表、数字相位计、阻抗测试仪等多种仪器使用.

实验仪器

HB-521型微弱信号检测与噪声实验仪器系统(包括A分箱、B分箱、C分箱),(数字存储)示波器,数字多用表等.

实验内容

1. 微弱 μV 量级直流电压信号的检测

1) 测量仪器介绍

(1) 超低漂移直流电压放大器.

B分箱的超低漂移直流电压放大器是一种性能优良的直流放大器,与数字多用表、示波器结合,就能构成性能优良的 μV 量级直流电压测量仪,仪器框图如图 29-6 所示.

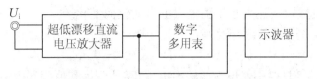

图 29-6 μV 量级直流电压测量仪框图

此 μV 量级直流电压测量仪的性能主要由超低漂移直流电压放大器决定,被测 μV 量级的直流信号通过超低漂移直流电压放大器放大后,用数字多用表测量放大后的直流电压,从而得到输入直流信号电压值.

此放大器输入方式可选择差分输入或单端输入,由面板上的输入模式开关"A-B"或"A"控制. 放大倍数最小为 10,最大为 10^4,通过数码开关的挡位设定. 放大后的电压通过输出插座输出. 调零旋钮是在被测源内阻为 0 的情况下,在无信号输入时调零用,即调节补偿仪器的固有失调电压,使输出电压为 0. 为了减小噪声,此放大器测量的信号频率范围为 $0\sim 1\ Hz$,并且此放大器的前置放大器使用了性能优良的零漂移运算放大器,具有超低漂移、低噪声的性能.

例如,某一直流电压由放大器输入,放大倍数为 10^4,数字多用表直流量程置 200 mV,测量放大器输出电压为 135 mV,则输入电压为 13.5 μV.

对超低漂移直流电压放大器进行调零时,可按以下方法进行:接通 B 分箱的电源,预热 20 min,输入模式设置"A"输入,放大倍数置最大放大倍数(10^4). 输入端"A"无输入或短接,输出端接数字多用表,数字多用表置直流 200 mV 挡. 调节调零电位器,使数字多用表读数为 0,由于灵敏度较高,需要细心缓慢地调节调零电位器. 由于放大器放大倍数十分大,有噪声存在,数字多用表显示值会跳动 $2\sim 3\ mV$. 调到平均值小于 1 mV 时就认为调零完成了. 此时的输出电压 1 mV 相当于放大器输入端 0.1 μV,已达到微弱信号直流电压测试仪漂移的最小值.

(2) 交、直流恒流源.

C 分箱的电流源是高精度交、直流恒流源,能产生 10 nA 到 100 mA 的交、直流恒流电流信号. 输出电流大小不随负载电阻变化而变化. 交流/直流输出通过开关设置;"电流表"显示交流或直流的电流大小;"恒流源输出量程"用于调节电流表量程(mA,μA,nA);"幅度调节"可以对交流、直流的振幅进行粗调和微调. "R_L"用于选择负载电阻的模式,选择"内"时,负载电阻为 $R_L=10\ 000\ \Omega$,选择"外"时,负载电阻由外部电路负载(R_L')决定. 例如,若电流源输出的直流电流为 I_o,当"R_L"模式为"内"时,则"U_o输出"的电压值 $U_o=I_oR_L$,"I_o 输出"与"U_o 输出"一致. 当"R_L"模式为"外"时,"I_o 输出"的外接电路负载为 R_L',则负载的电压 $U_o'=I_oR_L'$.

(3) 用恒流源产生微弱直流电压.

用恒流源通过电阻产生微弱直流电压作为信号源,以模拟科学研究的微弱直流电压,其电路如图 29-7 所示.

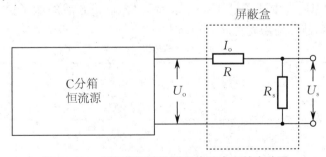

图 29-7 用恒流源产生微弱直流电压的电路图

C分箱恒流源的输出电流大小不随负载电阻变化而变化. 将"R_L"模式设置为"外",若电流源输出的直流电流为 I_o,负载电阻为 $R+R_s$,则

$$U_o = I_o(R+R_s), \quad U_s = I_o R_s, \tag{29-8}$$

式中,R 的值可以任取,只要不使恒流源输出电压 U_o 达到饱和值(± 6 V)即可.

式(29-8)表明,源内阻由 R_s 决定,可以根据需要选不同的电阻,产生不同源内阻的电压值. 电压 U_s 由 I_o 和 R_s 决定,当 R_s 选定后,只要调节恒流源的输出直流电流 I_o 值,就能获得不同直流电压值. 输出电流值由恒流源面板上的数字表读得. 由于电压很小,电阻 R 和 R_s 必须要用金属屏蔽盒屏蔽,消除外界的电磁干扰.

附件箱-5 能实现上述获得微弱直流电压的功能,附件箱-5 不接 ±9 V 电源,此 I-U 变换电路无须电源,并且不接可以减小外加干扰. 附件箱-5 的面板图如图 29-8 所示.

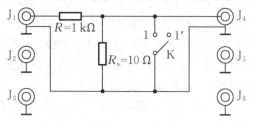

图 29-8 附件箱-5 的面板图

2) 实验步骤与操作

(1) 温度对直流漂移的影响.

按图 29-9 所示连接电路,C 分箱的恒流源设置为"直流",恒流源输出量程在"1 μA"挡(量程指示,μA 指示灯亮,电流表小数点移到从右边向左边数的第四位),负载电阻 R_L 开关设置"外". 调节恒流源的输出电流 I_o 在 $-1.0 \sim 1.0$ μA 范围内选择多个测试点,产生 $U_s = -10 \sim 10$ μV 范围内不同的直流电压信号,用数字多用表测量直流放大器的输出电压 U_o. 测量数据的记录如表 29-1 所示,表中 $K=10^4$ 为放大倍数.

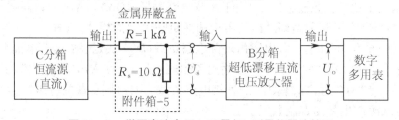

图 29-9 微弱直流电压(μV 量级)测量仪器连接图

为了说明温度变化会产生直流漂移,对测量产生影响,表 29-1 中测量了开机 20 min 和 150 min 后的两组数据. 表中测量值下标 1 表示开机 20 min 后的测量值,下标 2 表示开机 150 min 后的测量值,测量前需先对放大器调零.

表 29-1 测量数据表 1

I_o /μA	$U_s = I_o R_s$ /μV	测量值 U_o		测量值 $U_{si} = \dfrac{U_o}{K}$		误差 ΔU_s	
		U_{o1}/mV	U_{o2}/mV	U_{s1}/μV	U_{s2}/μV	ΔU_{s1}/μV	ΔU_{s2}/μV
-1.0							
-0.8							

续表

I_o /μA	$U_s = I_o R_s$ /μV	测量值 U_o		测量值 $U_{si} = \dfrac{U_o}{K}$		误差 ΔU_s	
		U_{o1}/mV	U_{o2}/mV	U_{si1}/μV	U_{si2}/μV	ΔU_{s1}/μV	ΔU_{s2}/μV
−0.6							
−0.4							
−0.2							
0							
+0.2							
+0.4							
+0.6							
+0.8							
+1.0							

（2）直流漂移的测量．

温度变化会产生直流漂移，从而对测量产生影响，当温度达到平衡后，直流漂移减小．而直流电压测量的最小可分辨率取决于直流电压测量仪的直流漂移．直流漂移的测量步骤如下．

对 B 分箱超低漂移直流电压放大器的直流漂移进行测量．如图 29-9 所示，附件箱-5 输入端不接入恒流源，并把开关 K_1 置"1"挡，使 10 Ω 电阻短路，为了不影响直流漂移的测量，附件箱-5 不接 ±9 V 直流电源．放大倍数置最大（$K = 10^4$），用数字多用表直流"200 mV"挡在放大器输出端监视输出直流电压，调节调零电位器，使输出直流电压为 0．机内温度不断升高，将导致产生直流漂移，为了测量直流漂移随时间的变化，每隔 3 min 测量一次输出电压 U_{on}（$n = 1$，$2, \cdots, 10$）．计算偏离起始值 0 的电压值 $\Delta U_{on} = U_{on} - U_{o1}$，除以放大倍数（$K = 10^4$）得到输入端的漂移电压值 $\Delta U_{in} = \dfrac{\Delta U_{on}}{K}$．由于存在噪声，上述测量时，数字多用表显示数字会跳动几毫伏，U_{on} 均为平均值，此值决定了直流放大器最高检测灵敏度．

对直流漂移分两次测量．第一次为开机 20 min 后开始测量，第二次为开机 150 min 后进行测量．漂移量分别用 U_o^1 和 U_o^2 来表示．在开机 20 min，调零后，每隔 3 min 测一次，记为 U_{on}^1（$n = 1, 2, \cdots, 10$）．在开机 150 min，调零后，每隔 3 min 测一次，记为 U_{on}^2（$n = 1, 2, \cdots, 10$）．将上述数据除以放大倍数，得到折合到输入端的漂移 $\Delta U_{in}^1 = \dfrac{\Delta U_{on}^1}{K}$ 和 $\Delta U_{in}^2 = \dfrac{\Delta U_{on}^2}{K}$ 两组数据，结果记入表 29-2 中．试由此说明开机时间导致的机内温度变化对直流漂移的影响．

表 29-2　直流漂移的测量

n	U_{on}^1/mV	$\Delta U_{in}^1 = \dfrac{\Delta U_{on}^1}{K}$/μV	U_{on}^2/mV	$\Delta U_{in}^2 = \dfrac{\Delta U_{on}^2}{K}$/μV
1				
2				
3				

续表

n	U_{on}^1/mV	$\Delta U_{in}^1 = \dfrac{\Delta U_{on}^1}{K}$ /μV	U_{on}^2/mV	$\Delta U_{in}^2 = \dfrac{\Delta U_{on}^2}{K}$ /μV
4				
5				
6				
7				
8				
9				
10				

(3) 噪声电压的测量.

另一个限制直流电压测量最小可分辨率提高的因素是放大器的噪声. 为了减小噪声, 本实验使用的超低漂移直流电压放大器信号带宽范围仅为 $0\sim1$ Hz, 只放大直流信号和低于 1 Hz 的低频信号, 而抑制频率较高的噪声.

测量此放大器的噪声电压, 能了解测量信号的最小可分辨率. 超低漂移直流电压放大器噪声电压测量框图如图 29-10 所示.

图 29-10　超低漂移直流电压放大器噪声电压测量框图

把接在超低漂移直流电压放大器输入端的附件箱-5 中的开关 K_1 置"1"挡, 使前置放大器输入端短路, 放大器放大倍数置最大 ($K=10^4$), 示波器设置 DC 耦合, 慢扫描设置 20.0 s/div, 记下放大器输出噪声电压波形. 记录示波器显示的输出噪声电压 $U_{n(\text{p-p})}$, 求得输出噪声电压方均根值, 即 $U_{on(\text{rms})}=\sigma=\dfrac{U_{n(\text{p-p})}}{6}$, 则输入端噪声电压方均根值为 $\dfrac{U_{on(\text{rms})}}{K}$. 根据表 29-2, 利用 $\sigma^2 = D(x) = \dfrac{\sum_{i=1}^{n}(x_i-\mu)^2}{n} = E(x^2)-[E(x)]^2$ 可以确定输入端的噪声电压平均值 μ, 在 0.1 nV 左右测量信号的最小可分辨率.

(4) 提高测量精度的方法.

测量表明, 影响直流电压测量精度的主要因素是直流漂移. 因此, 在测量中只要扣除直流漂移就能提高测量精度, 这也是提高测量精度的常用方法. 下面介绍两种方法.

① 测量前调零, 消除直流漂移对测量的影响.

测量仪器连接框图同图 29-9, 对表 29-1 的电压值进行重新测量, 每测量一个数据之前, 都需要对放大器进行调零, 再把信号 U_s 调到要测的数值, 再进行测量. 将数据记录在表 29-3 中. 与表 29-1 的结果进行比较讨论.

表 29-3　测量数据表 2

I_o /μA	$U_\mathrm{s}=I_\mathrm{o}R_\mathrm{s}$ /μV	测量值 U_o /mV	测量值 $U_\mathrm{s}=\dfrac{U_\mathrm{o}}{K}$ /μV	误差 ΔU_s /μV
−1.0				
−0.8				
−0.6				
−0.4				
−0.2				
0				
+0.2				
+0.4				
+0.6				
+0.8				
+1.0				

② 测量时,采用加被测信号和不加被测信号时测量值之差,消除直流漂移对测量结果的影响.

分别调节 C 分箱的恒流源,可以设置有被测信号,以及关闭电源、去掉被测信号两种情况.测量仪器连接框图同图 29-9,每测一次数据值,计算有信号时与恒流源关闭电源时测量值之差,再除以放大器的放大倍数,得到测量值,测量数据的典型值列于表 29-4 中.

表 29-4　测量数据表 3

I_o /μA	$U_\mathrm{s}=I_\mathrm{o}R_\mathrm{s}$ /μV	测量值 U_o1 /mV	恒流源关闭 测量值 U_o2 /mV	测量值 $U_\mathrm{o}=(U_\mathrm{o1}-U_\mathrm{o2})$ /mV	测量值 $U_\mathrm{s}=\dfrac{U_\mathrm{o}}{K}$ /μV	误差 ΔU_s /μV
−1.0						
−0.8						
−0.6						
−0.4						
−0.2						
0						
+0.2						
+0.4						
+0.6						
+0.8						
+1.0						

2. μV 量级微弱交流电压信号的测量

1) 实验用微弱信号电压源

各种物理量的微小变化可通过传感器转换成微弱的电压信号进行测量,本实验中,通过 C 分箱中的衰减器模拟产生微弱电压信号,并通过加法器加上噪声和干扰信号来模拟混有噪声和干扰的微弱信号. 原理框图如图 29-11 所示.

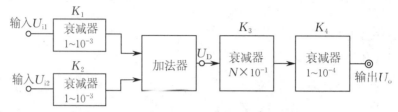

图 29-11 获得微弱信号的衰减器的原理框图

衰减器输入电压 U_{i1} 和 U_{i2},加法器输出电压 U_D,最后输出电压 U_o,它们之间的关系为

$$U_D = K_1 U_{i1} + K_2 U_{i2}, \quad (29-9)$$

$$U_o = K_3 K_4 U_D. \quad (29-10)$$

上述关系也可表示为

$$U_o = K_3 K_4 (K_1 U_{i1} + K_2 U_{i2}). \quad (29-11)$$

比如,U_{i1} 为 100 mV 正弦信号,$U_{i2}=0$,选择 $K_1=10^{-3}$,$K_3=2\times10^{-1}$,$K_4=10^{-2}$,则 $U_o = U_{i1} K_1 K_3 K_4 = 0.1\ V \times 10^{-3} \times 2 \times 10^{-1} \times 10^{-2} = 2 \times 10^{-7}\ V = 200\ nV$. 当信号和衰减量不变时,再加上 $U_{i2}=1\ V$ 的噪声信号,选择 $K_2=10^{-3}$,则 $U_o=200\ nV$(正弦信号)$+2\,000\ nV$(噪声信号),得到淹没在噪声中的微弱信号.

当然,U_{i2} 也可以是与 U_{i1} 不同频率的正弦信号(称为干扰信号),就可以得到混有干扰信号的微弱信号. 用衰减器能十分方便地模拟得到所需要的各种情况下的微弱信号.

2) 实验步骤与操作

(1) 测试仪器连接.

用双相锁定放大器测交流正弦波(或方波)信号框图如图 29-12 所示. 信号源输出两路信号,一路给双相锁定放大器作为参考信号,从参考信号输入端输入,输入电压为 U_r. 另一路输给衰减器作为衰减器的输入信号 U_s,通过衰减器,衰减成微弱信号 U_o,作为双相锁定放大器的输入信号 U_i. 由双相锁定放大器测量输入微弱信号 U_i 的用直角坐标表示的 U_x,U_y 分量,或用极坐标表示的振幅分量 U_r 和相位分量 φ.

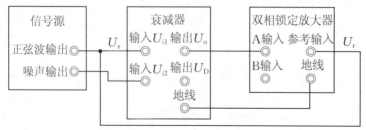

图 29-12 双相锁定放大器测交流正弦波(或方波)信号框图

(2) μV 量级正弦波信号的测量.

按图 29-12 所示进行连线. 信号源可以使用 A 分箱的多功能信号源,也可以使用 C 分箱的交流信号源. 如使用 A 分箱的多功能信号源,具体操作如下.

① 信号源的参数设置:频率 f 选在 1 kHz 左右,如波形设置为正弦波,输出电压为 100 mV(方均根值),输给衰减器的输入端 U_{i1}.

② 衰减器的设置:K_1 衰减器置 $10^{-1} \times 10^{-1} \times 10^{-1} = 10^{-3}$(即把三个开关全部置 10^{-1}). K_2 衰减器置 $10^{-1} \times 10^{-1} \times 10^{-1} = 10^{-3}$,$K_3$ 置 10^{-1}(即数码开关置"1"). K_4 数码开关置"1",不衰减. 输出电压 $U_o = U_{i1} K_1 K_3 K_4$,即 $U_o = 100\text{ mV} \times 10^{-3} \times 10^{-1} \times 1 = 10^{-5}\text{ V} = 10\,\mu\text{V}$,连接衰减器的输出端 U_o 至双相锁定放大器的输入端的信号电缆.

③ 双相锁定放大器的参数设置:参考信号设置为"内"输入. 此时,参考信号由 A 分箱的多功能信号源提供同步信号(通过仪器内部连线接入到参考通道),并加工成同频方波(若选择 C 分箱作为信号源,参考信号设置为"外"输入,这时参考信号由外部信号源提供同步信号). 此外,双相锁定放大器输入模式置"A"输入,量程置 $10\,\mu\text{V}$,低通滤波器的截止频率设置为 3 kHz,高通滤波器的截止频率设置为 300 Hz,时间常数设置为 1 s,参考模式设置为 1 f.

④ 操作与读数.

地线连接:取一根较粗的多股铜导线,将锁定放大器的接地端子与衰减器的接地端子相连,导线要尽量短,良好的地线连接对小信号测量十分重要,不可忽视,不然会给测量带来误差.

锁定放大器调零:先不接信号输入电缆(无信号输入),输入模式置"短路"(输入端接地). 分别调节 U_x 和 U_y 输出端的调零电位器,使 U_x 和 U_y 的读数为所置量程的 1% 以下. 零点小于 1% 即可以认为调零完成. 调零完成后,测量时不再调节此两电位器.

将衰减器输出端的信号电缆接入锁定放大器的输入端,并调节其输入模式置于"A"输入. 观察显示屏中 U_x, U_y, U_r, φ.

如果只需要知道被测信号的振幅,只需读取 U_r 值(方均根值). 此时的 U_r 应该为 $10\,\mu\text{V}$(可能有些误差).

如果要测量被测信号振幅 U_r 和相位 φ(或 U_x 和 U_y),则要读四个量,这是因为相位要有参考点,即需要一个信号相对于另一个信号的相位差.

A 分箱指示的相位 φ 是被测信号 $u_s(t)$ 相对于参考信号 $u_r(t)$ 的值,即 $\varphi = \varphi_s - \varphi_r$. 通过对参考信号通道的移相器设置,可以使相位 φ 产生 $0° \sim 370°$ 的相位变化.

时间常数决定锁定放大器的等效噪声带宽. 如果使用一阶低通滤波器的相关器,两者关系为式(29-2). 对于 A 分箱中的锁定放大器,由于在相关器前使用了多点信号平均器,因此有

$$\Delta f_n = \frac{1}{3T_e}. \tag{29-12}$$

由此可知,时间常数 T_e 选得越大,抑制噪声的能力越强. 但是在选择 T_e 时,还要考虑到被测信号的响应快慢,过大的时间常数会平滑掉信号变化的响应,在测量时要综合考虑,选择适当的时间常数.

调节锁定放大器参考通道的移相器,得到几个相位值,测量输入电压对应的几个 U_x, U_y, U_r 和 φ,验证 $U_r = \sqrt{U_x^2 + U_y^2}$,$\varphi = \arctan\dfrac{U_y}{U_x}$. 选择不同的时间常数,观察显示屏 U_x, U_y, U_r 和 φ 数值的跳字情况,将会发现时间常数越小,跳字越严重(噪声大);时间常数越大,跳字越小.

数据记入表 29-5 中.

表 29-5　被测信号相对于参考信号相位和矢量电压值的关系

被测信号：$U_{s(rms)} = $ _____ mV，$f_s = $ _____ Hz，衰减器：$K = $ _____

锁定放大器零点电压：$U_x = $ _____ μV，$U_y = $ _____ μV，$U_r = $ _____ μV

φ	T_e/s	$U_x/\mu V$	$U_y/\mu V$	$U_r/\mu V$	跳字是否严重
0°	0.01				
	1				
	30				
90°	0.01				
	1				
	30				
180°	0.01				
	1				
	30				
270°	0.01				
	1				
	30				

若要测量两个信号 A 和 B 之间的相位差，可参考图 29-13. 先测被测信号 A 相对于参考信号的相位差 φ_{Ar}，再测被测信号 B 相对于参考信号的相位差 φ_{Br}，从而得到 A 和 B 之间的相位差 $\varphi_{AB} = \varphi_{Br} - \varphi_{Ar} = \varphi_B - \varphi_A$. 为了计算方便，通常设置 $\varphi_{Ar} = 0$，即通过参考通道的移相器，调节参考信号的相位与被测信号 A 的相位相同，即 A 分箱指示 $\varphi_A = 0$，矢量电压 $U_{yA} = 0$. 再测被测信号 B 的 φ_{Br}，此时 $\varphi_{AB} = \varphi_{Br}$，对应的矢量电压为 U_{xB}，U_{yB}.

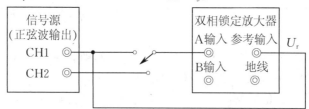

图 29-13　测量两个信号的相位差连接框图

!注意事项

实验中如出现过载指示和失锁指示可按照以下方式处理.

1. 过载指示

当仪器由于干扰信号或噪声过大，使仪器某一级电路过载时，则过载指示灯亮. 过载测量将会带来误差，过载后必须设法解除过载，可以采用增加滤波器的滤波能力，如工频 (50 Hz) 干扰过载，也可以用加工频陷波的办法来解除过载，或者用降低满刻度灵敏度的办法来解除过载. 信号过载由测量值显示屏显示，测量值为量程的 5 倍即为过载.

2. 失锁指示.

失锁指示灯亮,表示参考通道失锁,仪器不工作.失锁的原因可能是参考信号太弱,或参考输入接触不良,或参考信号频率超过仪器工作频率,针对上述原因,逐一检查纠正,失锁指示灯不亮后才能进行测量.

?思考题

1. 影响直流电压测量精度的因素包括哪些?
2. 利用双相锁定放大器测量微弱信号有哪些优点?

参考文献

[1] 高晋占. 微弱信号检测. 3 版. 北京:清华大学出版社,2019.

图书在版编目(CIP)数据

近代物理实验/管永精主编. —北京：北京大学出版社，2024.5
ISBN 978-7-301-35089-8

Ⅰ. ①近… Ⅱ. ①管… Ⅲ. ①物理学—实验 Ⅳ. ①O41-33

中国国家版本馆 CIP 数据核字(2024)第 106576 号

书　　　名	近代物理实验 JINDAI WULI SHIYAN
著作责任者	管永精　主编
责 任 编 辑	顾卫宇
标 准 书 号	ISBN 978-7-301-35089-8
出 版 发 行	北京大学出版社
地　　　址	北京市海淀区成府路 205 号　100871
网　　　址	http://www.pup.cn
电 子 邮 箱	zpup@pup.cn
新 浪 微 博	@北京大学出版社
电　　　话	邮购部 010-62752015　发行部 010-62750672　编辑部 010-62754271
印 刷 者	湖南汇龙印务有限公司
经 销 者	新华书店 787 毫米×1092 毫米　16 开本　15.5 印张　392 千字 2024 年 5 月第 1 版　2024 年 5 月第 1 次印刷
定　　　价	58.00 元

未经许可，不得以任何方式复制或抄袭本书之部分或全部内容。
版权所有，侵权必究
举报电话: 010-62752024　电子邮箱: fd@pup.cn
图书如有印装质量问题，请与出版部联系，电话: 010-62756370